KB139542

사이버전의 실체, 전술 그리고 전략

CYBER WARFARE TRUTH, TACTICS AND STRATEGIES

이 책을 끝없이 쫓고 쫓기는 디지털 전장에서 활동 중인

모든 디지털 전사들을 위해 바친다.

섀넌 켄트[1], 데이비드 블레이크 맥클렌든[2], 그리고 적과 싸우는 동안

자신의 모든 것을 바쳤던 수많은 전사들이여!

국경 없는 전쟁터에서 적과 싸우기 위해 선발된 소수의 전사에게도

신의 가호가 있기를. 형제자매들이여, 부디 건투를 빈다.

1 Shannon Kent(1983.5.11.~2019.1.16.): 2019년 시리아 만비지 일대의 폭격으로 사망한 미 해군 상사이며, 암호 기술자였다. 이 분쟁에서 사망한 첫 여군 희생자이기도 했다.

2 David Blake McLendon(1979.11.29.~2010.10.21.): 아프가니스탄 항구적 자유 작전(Operations Enduring Freedom)에서 전사한 미 해군 상사.

사이버전의
실체, 전술 그리고 전략

CYBER WARFARE TRUTH, TACTICS AND STRATEGIES

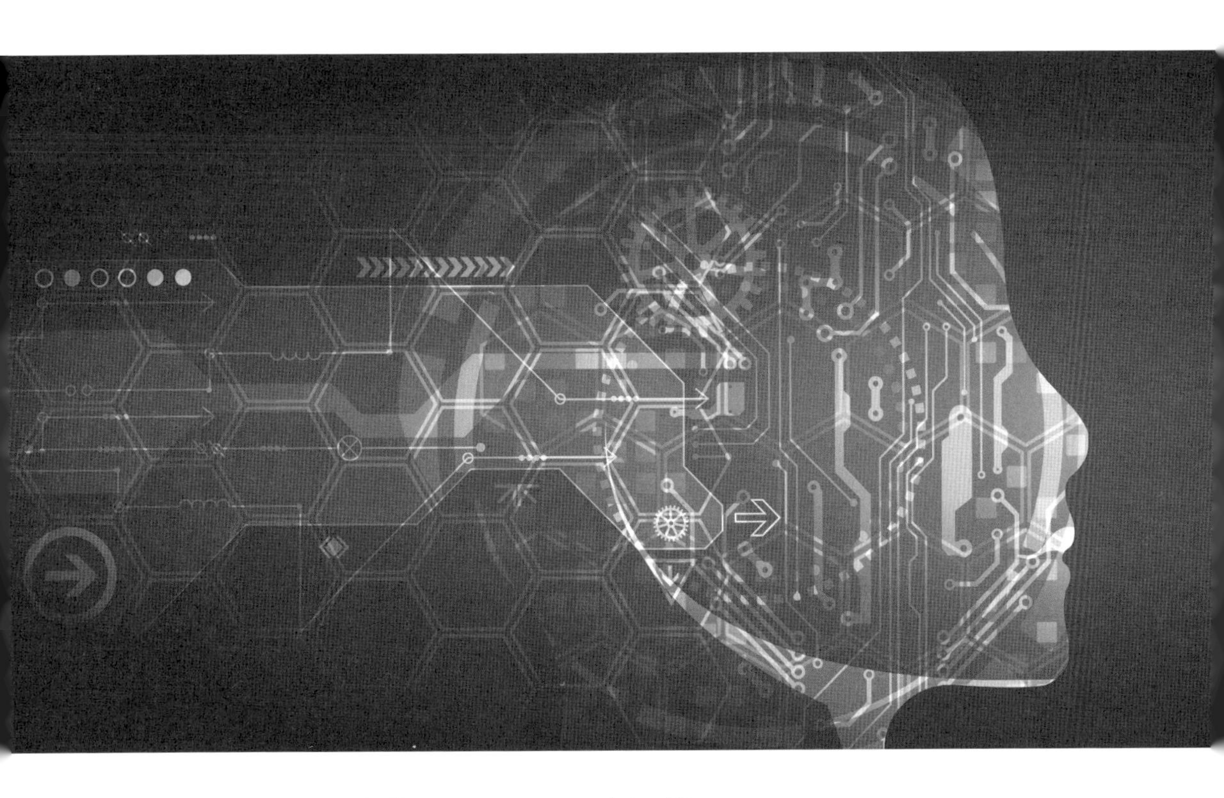

• 체이스 커닝엄(Chase Cunningham) | 지음
• 김원태 | 옮김

역자 서문

군에서 통신장교로 임관한 지 32년이 넘었다. 처음 소위로 임관해서 대대장 마칠 때까지도 사이버 분야가 이렇게까지 군에 깊숙이 자리 잡게 될 줄은 생각지도 못했다. 사이버 분야에 제대로 관심을 가지기 시작한 것은 2018년, 육군 제1야전군 사령부 지휘통신참모처장으로 보직을 받고 난 다음부터였던 것으로 기억된다.

군 생활 대부분을 통신과 관련된 업무를 주로 하다가 야전군 사령부에서는 통신 분야뿐만 아니라 사이버 분야도 나의 책임하에 있었다. 하지만 사이버 분야에 대해 아는 것이 너무 없었다. 그래서 당시 몇 개월간 점심 식사만 마치면 사령부 CERT 상황실로 내려가서 평균 1시간씩 실무자로부터 강의를 듣고, 질의응답을 통해 조금씩 식견을 넓혀 가기 시작했다. 그때를 시작으로 자료를 찾아보고, 책도 구매해서 읽어 보는 등 조금씩 사이버 분야에 대해 개인적인 노력을 기울이기 시작했다.

이후 한미연합사에서 미군들이 사이버 분야를 어떻게 대하고 있는지를 직접 체험할 수 있었고, 합참으로 보직을 옮겨서는 우리 군의 사이버 분야를 총괄해야 하는 임무의 중압감을 온몸으로 직접 느끼게 되었다. 사이버 분야의 실무 경험이 부족했던 이유로 그만큼 더 많은 공부의 필요성을 느끼며 합참에서의 생활이 시작되었다.

그러던 중 작년 연말에 구글링을 통해서 이 책을 발견하게 되었다. 일단 제목부터 관심을 끌었다. 목차를 읽어 보니 이야기의 전개 과정이 눈에 확 들어왔다. 그런데 더 놀랐던 것은 저자의 군 경력이었다. 저자는 해군 원사 출신이다. 해군 부사관이면서 사이버 분야의 전문가로서 이런 책을 펴냈다는 것이 충격으로 다가왔다. 한 국가의 합참에서 사이버 분야를 담당하고 있는 참모로서 많은 반성이 되던 신선한 충격이었다. 일단 한번 읽어나 보자 싶어, e-Book으로 원서를 구매했다. 읽어 보니 내용이 괜찮았고, 군 후배 장교들에게 도움이 되겠다 싶어 번역을 시작하게 되었다.

책은 사이버 분야의 위협이 시작된 것에 관한 역사를 간략히 정리하는 것으로 시작한다. 그리고 현재와 같은 사이버 위협이 가장 큰 문제가 되는 근본적인 원인을 짚어 본다. 저자는 '방어선에 기초한 보안모델은 죽었다(Parameter Based Security Model was Dead)'라고 진단하며 방어선을 그어 놓고 그 안에서 너무 안일하게 대처했던 것에 그 원인이 있다고 봤다. 완전히 공감이 가는 진단이다. 최근에 읽었던 여러 사이버 분야 관련 책에서도 방어선에 기초한 보안모델은 언젠간 뚫리게 되어 있다는 점을 공통으로 얘기하고 있었다. 이러한 진단을 기초로 **우리 군이 적용하고 있는 사이버 보안모델에 대해서도 전반적인 재설계가 필요**한 시점이라는 생각이 들었다.

그런 다음, 현재의 실패와 더불어 다가오는 여러 유형의 사이버 위협에 관해 설명하는 부분이 나온다. 사이버 위협이 점차 작은 조직으로 방향을 틀어 아래로 향하고 있고, 모바일로 옮겨 가고 있다고 지적하고 있다. 또한, 자율주행 차량과 드론에 의한 위협, 무기 수준으로 정교해진 DDoS 공격 등 현실적으로 와 닿는 위협에 관한 구체적인 사례들을 제시해 주고 있다. 재미있는 사례와 설명에 지루한 줄 모르고 읽었다. 특히 **모바일, 자율주행 차량 등에서 제시된 사례는 향후 전력화 추진 시 고려**해야 할 사항을 알려 주는 듯했다.

미래에 새로운 유형의 사이버 위협으로 소셜 미디어를 활용한 영향력 공격, 딥페이크와 AI/ML을 활용한 공격, 그리고 점점 진화하고 있는 사이버전의 양상을 현실감 있게 소개한다. 위협 소개에만 그치지 않고 미래를 위한 전략적 기획 방향을 설명하면서 물리적 전쟁과 사이버전을 비교하며 사고의 틀을 확장시켜 준다. 소프트웨어 정의 방어선 구축, 마이크로 세분화, 제로 트러스트 등 미래를 위한 명확한 방향 제시를 통해 구체적 대응 방안을 제시하고 있다. 미래 사이버 위협과 전략적 대응 방안은 **향후 우리 군의 사이버 보안이 나아가야 할 방향**과 그 맥을 같이하고 있어서 더욱 관심을 가지고 보게 되었다.

마지막 장에서는 **사이버전에서의 생존 가능성과 실패했을 때의 잠재적 영향**에 관한 내용으로, 지켜야 할 법칙 5가지와 발생 가능한 위협 시나리오를 제시하면서 전체 글을 마무리한다.

이 책을 번역하면서 사이버 분야에 대해 많은 부분을 배울 수 있었다. 특히 사고하는 방법 면에서 배울 수 있었던 좋은 기회였다. 그 예로 이라크전에서 도로상의 급조폭발물 IED와 사이버상에서 네트워크와 위협을 비교하는 것을 들 수 있다. 위협이 되는 IED에 초점을 맞춰야지 도로 자체를 지키는 것은 무의미하다고 하면서 **네트워크 자체를 지키려 하기보다 위협 자체에 대비하는 것에 중점**을 두어야 한다고 얘기하고 있다.

적절한 사례와 방향 제시를 통해 사이버 보안에 관한 생각을 정리하게 해준 저자에게 이 글을 통해 감사의 마음을 전한다. 부디 사이버에 관해 관심이 있는 많은 독자가 이 책을 통해서 작은 영감이라도 얻을 수 있기를 바란다.

이번이 나의 3번째 책이다. 나도 이렇게 책을 계속 써 나갈 수 있을지 몰랐다. 그런데 뭔가를 자꾸 하다 보니 산물이 나온다. 그래서 뭔가 하기를 주저하는 사람들에게 감히 이런 말을 하고 싶다.

"아무것도 하지 않으면, 아무 일도 일어나지 않는다."

끝으로, 이번 나의 세 번째 책 출판에 도움을 준 분들께 감사의 말을 전하고자 한다. 이제 전역이 얼마 남지 않았다. 전역하기 전에 가족에게 내 마음을 전하고자 한다. 군 생활 내내 힘이 되어 주었던 아내, 얼마 전에 군에 입대한 아들 그리고 쌍둥이 딸들! 우리 가족 모두에게 '진심으로 사랑하고, 고맙다.'라는 말을 꼭 전하고 싶다.

그리고 흔쾌히 발간 비용을 담당해 주신 양옥매 '책과나무' 대표님과 영어 실력이 짧아서 가끔 물어보면 잘 알려 주던 통역장교 오윤희 중위 등, 여기에 일일이 언급하지는 못하겠지만 그동안 도움을 준 모든 분께 이 지면을 통해 감사의 말을 전하는 것으로 마무리하고자 한다.

2023년 3월

전역을 앞두고 용산에서

김 원 태

추천사

지난 50년은 엄청난 혁명이 휩쓸고 간 시기였다. 이 혁명은 지금까지도 우리 주변에서 계속 일어나고 있으며, 국경까지 재정의해야 한다고 위협하면서 오랫동안 준비해 온 기업과 기관들, 그리고 우리의 사회적 구조와 규범까지 무너뜨리고, 개인의 사생활까지 침해하며, 무엇이 옳고 무엇이 잘못된 것인지에 대한 의문까지 만들어 내고 있다. 종종 '정보화 혁명'이라고 불리는 이 혁명적인 기술적 변혁은 전 세계에 걸쳐 거침없는 행보를 이어 나가고 있다.

정보화 혁명이 세계를 변화시키고, **월드 와이드 웹**(WWW)의 등장으로 전 세계 가정에 인터넷 접속이 가능해지자, 전문가들은 사람들이 경험한 새로운 영역을 설명하기 위해서 **윌리엄 깁슨**[3]이 1984년에 쓴 소설 『**뉴로맨서**』[4]에서 언급했던 '**사이버**(Cyber)'라는 용어를 사용하기 시작했다. 1990년대에 월드 와이드 웹이 확장을 계속하면서, '사이버'는 곧 디지털 기술이 일상 활동에 미치는 영향을 강조하는 말에 추가되는 접두어가 되었다. 예컨대 컴퓨터나 인터넷 접속이 없는 사람들에게 인터넷 접속을 제공하는 인터넷 카페는 '사이버 카페'로 불리기도 했다. 사회 전반에 걸친 인터넷 연결의 폭발적인 성장으로 인해 사이

3 William Gibson: 미국의 소설가.

4 Neuromancer: 미국의 소설가 윌리엄 깁슨이 쓴 소설 제목. 사이버 공간 안에서 이루어지는 사람과 사람 사이의 커뮤니케이션을 의미함.

버 공간, 사이버 펑크, 사이버 폭력, 사이버 범죄, 사이버 스토커, 사이버 포르노, 그리고 다른 유사한 단어들이 새롭게 만들어지기 시작했다.

이런 새로운 '사이버 영역'이 세계 군사강대국들의 관심을 받으면서 잠재적인 분쟁의 씨앗이 되기까지는 그렇게 오래 걸리지 않았다. 예를 들어, 1994년 공군 지휘참모대학 교육과정에서, 나는 〈통합 사이버사령부(Unified Cyber Command)〉를 상정하고 어떻게 사이버 능력이 물리적 공격 대신 국력을 투사하는 도구로 사용될 수 있는지에 대한 논문을 작성했다. 이런 생각은 군사 분야에서만 찾아볼 수 있던 것이 아니었다.

예를 들어, 1999년에 중국 인민해방군 대령이었던 **카이오량(喬良)**과 왕**샹수이(王湘穗)**는 군사전략에 관한 중요한 책인 『**한계를 초월한 전쟁(超限戰, Unrestricted Warfare)**』[5]을 펴냈는데, 이 책에서는 중국이 네트워크화된 디지털 세계에서 공격을 포함한 비전통적인 수단을 이용하여 적을 어떻게 공격할 수 있는지를 강조하였다. 얼마 후인 2005년 12월, 미 공군은 군사교리에서 사이버 공간에서의 작전이 얼마나 중요한지에 대해 강조하며 사이버 공간을 전쟁의 한 영역으로 추가했다. 이렇게 사이버 영역이 공군의 임무에 포함됨과 동시에, '**사이버전(Cyber Warfare)**'의 시대가 우리에게 성큼 다가오게 된 것이다.

악명 높은 프로이센의 장군이자 군사 이론가였던 **칼 폰 클라우제비츠**는 '**전쟁이란 다른 수단에 의한 정치**'라고 표현했다. 한 세기가 지난 후, 유머가 넘치는 사람이자 유명한 철학자였던 **줄리어스 그루초 마르크스**는 '**정치는 문제를 찾으러 다니며 아무 곳에서나 문제를 찾아내고, 그렇게 찾아낸 문제들을 잘못**

5 한국에서는 『초한전(세계화 시대의 전쟁과 전법)』이란 제목으로 21년에 번역되어 발간되었다.

진단하고, 잘못된 치료법을 적용하는 예술'이라고 말했다. 나는 클라우제비츠와 마르크스가 했던 말 모두가 오늘날의 '사이버전'에도 적용된다는 것을 말하고자 한다.

안타깝게도, 우리는 너무 많은 사람이 '사이버전'의 전문가라고 말하는 것을 봐 왔다. 자기 스스로 전문가라고 말하는 사람은 누구나 전문가가 아니라고 나는 말하고 싶다. 사이버 영역은 방대하며, 수많은 기술과 전문 분야가 얽혀 있다. 내가 사이버 분야에서 수십 년간 경력을 쌓는 동안, 소위 '사이버 전문가'라고 불리는 많은 사람을 봐 왔는데, 기술적 이해도가 부족했던 그들의 지식적 배경은 종종 그들을 다른 사람들에게 진리라도 전하는 척하면서 결국에는 부정확한 결론으로 이어지는 피상적인 분석의 희생양이 되게 만들기도 했다.

다행인 점은, 우리에게는 제대로 '사이버 전문가'로 인정할 수 있고 또 그렇게 인정할 수밖에 없는 체이스 커닝엄 박사와 같은 사람들이 있다는 것이다. 사이버 작전, 포렌식, 연구 및 도메인 리더십에 대한 다양한 경험을 가진 그는 광범위한 사이버 분야를 이해하고, 어떤 것이 사소한 문제인지, 어떤 것이 실제 문제가 되는지를 구분할 수 있는 능력을 가지고 있다. 그는 자신의 실제 경험을 활용해서 그 문제들을 제대로 진단하고, 제대로 된 처방을 할 수 있는 기술적 능력도 가지고 있다. 자칭 '사이버 전문가'라고 하는 사람들로 가득 찬 시대에, 체이스 커닝엄은 독자들이 사이버전을 진정으로 이해하는 데 절실히 필요로 하는 내용을 이 책에서 제시하고 있다.

내가 쓴 책인 『**경영진을 위한 사이버 보안 실무지침**(Cybersecurity for Executives: A Practical Guide)』에서 나는 사이버 보안이 단순한 기술적 문제가 아니라 위험 관리의 문제라고 했었다. 나는 사람, 절차 및 기술이 모두 사이버 보안 프로그램의 중요한 부분임을 강조했다. 커닝엄 박사는 자신이 쓴 이 훌륭한 책에서 사이버 초보자(의도적으로 '사이버'라는 접두사를 사용했음)도 이해할 수 있는 방식으로 사이버 영역에 대한 뛰어난 분석과 설명을 제공하고 있다.

이 책에 제시된 각 장(章)은 대학에서 가르칠 만한 정도로 가치가 있으며, 마치 금방 구워 낸 비스킷처럼 바삭하면서도 명확하다. 제1장에서 그는 계속 변화하고 역동적인 위협 환경과 그런 위협 환경이 가지는 전략적 의미를 설명한다. 제2장은 커닝엄 박사가 전통적인 성곽에 설치된 해자(垓字)와 같은 **〈방어선에 기초한 방어모델〉**이 왜 쓸모없게 되었는지, 그리고 이런 것들이 우리의 전략적 위험과 투자 결정에 어떤 도전 요소가 되는지를 설명하면서 논리적 논쟁이 가능하도록 제시하고 있다. 제3장에서 그는 적대세력들이 자신들의 목표 달성을 위한 전략적 이익을 얻어 내기 위해 전술 · 기술 · 절차를 어떻게 적응시키고 있는지, 그리고 그들을 물리치기 위해서 우리가 할 수 있는 일과 해야 할 일을 논의한다.

기술적 배경이 깊지 않은 사람들은 다음 3개의 장에 특히 주의를 기울일 필요가 있다. 제4장은 사이버 공간에서 공격하는 자들이 독자의 관점을 조작하고 그들의 목표에 유리한 특정 결정을 하도록 설득하는 영향력에 중점을 둔 작전 형태를 논한다. 사이버전에 관한 주제는 2016년 미국 대선에서 영향력을 행사했다는 혐의가 일상적 담론의 일부로 오늘날까지 남아 있는 치열한 정치적 환경과 매우 관련이 많다. 제5장은 '딥페이크'[6]와 인공지능/머신러닝(AI/ML) 기술이 어떻게 차세대 사이버 격전지가 될 수 있는지에 대한 흥미로운 토

6 딥페이크(Deep Fake): 특정 인물의 얼굴 등을 인공지능(AI) 기술을 이용해서 영상에 합성한 편집물.

론 거리를 제시한다. 제6장은 적대적 사이버 세력들의 위협이 진일보된 작전 환경하에서 그 위협들을 작전 분야에서 운용할 때 얼마나 정교하면서 그 위협을 증가시키고 있는지를 보여 준다. 여기서 커닝엄 박사는 가장 가능성이 큰 방책이 무엇인지를 예측하며, 어떤 부분이 '공상 과학 소설'로만 남아 있을 것인지를 정의하고 있다.

다음 3개의 장(章)에서는 실질적인 분석과 대단히 가치 있는 지침을 제공한다. 제7장은 미래의 사이버 위협을 막기 위한 전략적 계획의 중요성에 대해서 강조하고 있다. 제8장은 사이버 작전을 수행하는 데 사용되는 사이버 도구의 유형을 설명한다. 일부 독자들은 내가 '이중 목적 도구'라고 부르는 도구들, 즉 공격과 방어 목적 모두에 사용할 수 있는 도구들이 많다는 것을 알고 놀랄지도 모른다. 제9장은 전술이 적절하게 적용될 때 사이버 전쟁에서 어떻게 전략을 가능하게 하는지에 대한 중요한 논의 사항을 기술하고 있다.

이 추천사의 첫머리에, 나는 정보와 기술 혁명이 국경을 재정의하고, 오랫동안 준비하고 있던 기업들과 기관들을 파괴하고, 우리의 사회적 구조와 규범을 파괴하고, 우리의 사생활에 도전하고, 무엇이 옳고 무엇이 잘못된 것인지에 대해 의문을 제기하고 있다고 했다. 커닝엄 박사는 이 책의 후반부에서 이러한 상황들을 다루면서, 사이버 전쟁의 미래에 대해 논의하고, 그것이 사회 · 정부 · 기술에 어떤 영향을 미칠지에 대해 예측한다.

나는 그의 예상이 주목할 만하고, 우리 모두 특히 관심을 기울여야 할 것이라고 믿는다. 따라서 이 책 『**사이버전의 실체, 전술 그리고 전략**(Cyber Warfare Truth, Tactics and Strategies)』은 사이버 작전과 운용, 우리가 살고 있는 세상을 이해하려는 모든 사람에게 필요한 핸드북과 같다. **'평화를 원한다**

면 전쟁을 준비하라.'라는 **푸블리우스 플라비우스 베지티우스 레나투스**[7]의 말을 인용하는 것으로 추천사를 마무리한다.

그레고리 J. 토우힐(Gregory J. Touhill)

CISSP(국제공인 정보시스템 보안전문가)[8]

CISM(국제공인 정보보호 관리자)[9]

(예비역) 미 공군 준장

7 Publius Flavius Vegetius Renatus: 4세기 로마의 군사 전략가.

8 CISSP: Certified Information System Security Professional.

9 CISM: Certified Information Security Manager.

책을 만든 이(저자)

체이스 커닝엄 박사는 포괄적인 보안 통제와 다양한 표준, 프레임워크, 그리고 안전하게 사업 운용을 가능하게 하는 도구에 대한 활용 계획 수립 시 선임 기술 이사들에게 자문하는 역할을 주로 하고 있다. 그가 중점을 두는 분야는 보안을 운영과 통합하고, 고급 보안 솔루션 활용과 인공지능/머신러닝(AI/ML)을 활용한 운영 능력 향상과 향후 보안 시스템 내부의 발전 계획을 수립하는 것 등이다.

커닝엄 박사는 해군 함정에서 사이버 위협 분야의 정보작전의 책임자로 근무했다. 그는 원거리 통신체계를 위한 컴퓨터 네트워크 개발 책임자였으며, 사업 분석 분야의 하나인 결정적 분석[10] 분야 중에서 사이버 분석에 대한 책임자였다. 커닝엄 박사는 사이버 포렌식과 사이버 분석 운영 분야에서 20년 이상의 경력을 가진 퇴역 미 해군 부사관이다. 그는 NSA, CIA, FBI 및 기타 정부 기관의 워크센터에 근무하면서 다수의 작전적 경험을 보유하고 있다. 이러한 역할을 통해서, 그는 의뢰인들이 보안 통제의 운영, 암호화/분석 시스템 설치와 활용, 보안 운영 지휘시스템과 센터를 확장하고 최적화할 수 있도록 지원하는 업무를 주로 했다.

10 결정적 분석(Decisive Analytics): 사용자 모델에 대한 시각적 분석에 의한 추론을 반영함으로써 의사결정을 지원하는 것.

체이스 커닝엄은 콜로라도 기술대학에서 컴퓨터 공학 석사와 박사 학위를 취득했다. 그리고 미 군사대학에서 '사이버 공간에서의 대테러 작전'을 전공하면서 이학사 학위를 취득하기도 했다.

●

나는 지난 몇 년간 운 좋게 만날 수 있었던 시대를 이끌어 가면서 혁신적인 생각을 공유해 주었던 모든 사람에게 감사의 마음을 전하고 싶다. 그들은 우리의 집단적 미래를 만들고 우리 모두를 보다 안전하고 번영하는 미래로 이끌어 주는 통찰력 있는 리더들이었다.

●

감수

CEH[11]이며, CHFI[12]이며, CCNA[13](사이버 운영, 보안, 라우팅/스위칭 등 3개 분야) 자격증 보유자인 글렌 D. 싱(Glen D. Singh)은 사이버 보안 분야의 강사, 저자 및 컨설턴트로 활동 중이다. 또한 그는 침투 테스트, 디지털 포렌식, 네트워크 보안 및 엔터프라이즈 네트워킹에 대한 전문가이다. 그는 학생들을 가르치고 지도하고, 책을 쓰기도 하며, 다양한 외부 활동에 참여하고 있다. 게임 체인저가 되고 싶었던 글렌은 자신의 고향 트리니다드 토바고에서 사이버 보안에 대한 이해를 발전시키는 데 열정을 쏟고 있다.

글렌은 또한 아래에 나오는 책들의 주요 저자이기도 하다.

- Kali Linux 2019 배우기(Learn Kali Linux 2019)
- Kali NetHunter를 활용한 침투 테스트 실습(Hands-On Penetration Testing with Kali NetHunter)
- CompTIA 네트워크+ 인증 가이드(CompTIA Network+ Certification Guide)

11 CEH(Certified Ethical Hacker): 윤리적 해커.

12 CHFI(Computer Hacking Forensic Investigator): 컴퓨터 해킹 포렌식 조사관.

13 CCNA(Cisco Certified Network Associate): 시스코 네트워킹 관련 자격증.

- CCNA 210-260 보안인증 가이드(CCNA Security 210-260 Certification Guide)

●

나를 이 프로젝트의 일부로 참여시켜 준 디브야 무달리아(Divya Mudaliar), 그리고 톰 제이콥(Tom Jacob)과 이안 허프(Ian Hough), 그리고 팩트 출판사(Packt Publishing)에서 도움을 주신 분들께 감사의 마음을 전한다.

●

CONTENTS ★

제3장: 새로운 전략과 미래 동향

제4장: SNS를 활용한 영향력에 대한 공격

제5장: 사이버 보안에서의 딥페이크, 인공지능(AI), 머신러닝(ML)

제6장: 점점 더 진화하는 사이버전

제7장: 미래 사이버전을 위한 전략기획

제8장: 사이버전을 위한 전략적 혁신과 전력 증강

서문

이 책은 사이버전의 역사적 실체를 알고자 하는 사이버 보안 전문가들을 위한 책이다. 이 책은 사이버전의 도구, 전술, 전략에 관한 주제를 다루는 것을 지향한다.

누구를 위한 책인가?

이 책은 조직 내에서 사이버 보안을 책임지거나, 이 분야에서 일하면서 지속적인 성장에 관심이 있는 엔지니어, 리더 또는 전문가를 위한 것이다. 특히, CISO[14], 사이버 보안 지휘부, 블루 팀과 레드 팀 운영자, 전략적 방어 기획자, 사이버 보안 주요 직위자 및 사이버 보안 운영 인력 등이 이 책에서 제공하는 통찰력과 관점으로부터 많은 것을 배울 수 있도록 하려는 목적으로 이 책을 썼다.

이 책에서 다루는 내용은?

제1장에서는 사이버 위협의 실제 역사와 사이버 공간에서의 실제 사례에 대

14 CISO(Chief Information Security Officer): 최고 정보보호 책임자.

해 자세히 살펴보고, 국가 APT Designator에 대한 배경 지식을 제공해 준다.

제2장에서는 〈방어선에 기초한 보안모델〉이 몇 년 전부터 실패했음을 입증할 수 있는 모든 복잡하고 자세한 세부 사항에 대해 살펴본다. 그리고 제3장은 사이버전에서 사용될 도구와 전술의 미래가 점점 어렵고 복잡한 상황으로 전개될 것이며, 끊임없이 진화하는 이 영역에서 새로운 트랜드와 관련된 사례를 제공할 것이다.

제4장에서는 소셜 미디어와 영향력이 사이버전 전술에 있어서 무기화가 가능한 방법에 대해 다룬다. 제5장에서는 사이버 보안에서 인공지능(AI)과 머신러닝(ML)의 현실에 대해 배우고, 이런 기술의 실용적 응용에 있어서 자주 나타나는 오해에 대해서 알아볼 것이다.

제6장에서는 사이버 공격의 유형과 실상황에서 적용된 사례에 대해 살펴보고, 제7장에서는 사이버전을 더 잘 계획하는 방법과 디지털 전투에서 전략이 중요한 이유에 대한 구체적인 사항을 세분화하여 제시한다.

제8장에서는 조직의 방어태세가 획기적으로 향상되는 데 도움을 주는 도구와 기술의 구체적인 사례를 제시한다. 또 제9장에서는 사이버 공격의 영향에 대비하기 위한 도구의 준비, 전술 및 전략을 적용하는 방법과 문제가 발생했을 때 조직이 더 잘 대처 가능한 방법에 관한 사례를 제공한다.

제10장에서는 방어 전략 계획을 위한 필수적인 아이디어를 다루고, 사이버전 전술의 규모가 커졌을 때 발생할 수 있는 실제 사례를 제공한다. 마지막으로 부록 '2019년에 발생한 주요 사이버 사건'은 제6장에서 제시된 사이버 공격의 분류 방법대로 정리된 2019년 주요 사이버 사건 목록을 제시한다.

이 책을 최대한 활용하려면

- 기존의 사이버 보안 기획자들과 전략가는 사이버 공간의 실제에 대한 통찰력을 얻고 미래의 혁신 부분이 어떻게 될 것인지를 더 잘 이해할 수 있을 것이다.
- 이 책의 목표는 독자들에게 악의적 목적으로 전환될 수 있는 지식을 제공하고자 하는 것이 아니라, 눈앞에 닥친 위협에 현혹되기보다는 앞으로 다가올 것을 보고 대비할 수 있는 새로운 시각을 제공하는 것이다.
- 사이버 보안에 대한 경험을 상정하고 이야기하고 있지만, 이 책에는 초보자도 활용할 수 있는 입문 개념도 수록되어 있다

컬러 이미지 다운로드

이 책에 사용된 스크린샷과 도표 등 컬러 이미지가 포함된 PDF 파일을 제공한다. 아래 링크에서 내려받을 수 있다. 〈https://static.packt-cdn.com/downloads/9781839216992_ColorImages.pdf.〉

책을 쓰면서 사용한 규칙

문장 속의 코드는 텍스트, 데이터베이스 테이블 이름, 폴더 이름, 파일 이름, 파일 확장명, 경로 이름, Dummy URL, 사용자 입력 및 트위터 사용자 이름 등의 코드를 나타낸다. 예를 들어, '〈Changeme.py〉는 일반적인 계정의 인증뿐만 아니라 기본 인증과 백 도어 인증을 검색하는 데 초점을 맞추고 있다.'에서 〈Changeme.py〉 같은 부분을 말한다.

굵은 글씨는 컴퓨터 화면에 표시되는 새로운 용어, 중요한 단어 또는 단어

(예: 메뉴 또는 대화 상자)를 나타낸다. 예를 들어, '첫 번째이자 가장 중요한 기술은 일반적으로 〈**소프트웨어 정의 네트워킹, SDN, Software-Definded Networking**〉이라고 한다.'처럼 사용된다.

제1장

사이버 위협의 간략한 역사와 APT Designator의 출현

"오늘날 대부분 사람은 사이버 분야가 계획, 운용, 감시 및 평가 능력을 포함한 군사 작전의 모든 영역을 확실히 뒷받침한다는 것을 알고 있다고 생각한다. 사이버가 불가능한 군사 작전은 단 하나도 생각할 수 없다. 모든 주요 군사 무기 체계, 지휘 · 통제체계, 통신망, 정보 센서, 처리 및 보급 기능은 모두 중요한 사이버 구성요소를 가지고 있다."

– 공군 우주사령부 사령관, 윌리엄 L. 셸턴(William L. Shelton) 대장

해커들은 할리우드 영화에서처럼 행동하지 않는다

'해커'에 대한 일반적인 인식을 보면, 보통은 어떤 사람이 집에서 또는 지하 어딘가에서 값싼 후드티를 입고 다량의 카페인을 마셔 가면서 동시에 적어도 3개의 다른 모니터나 디스플레이에 흩어져 있는 코드를 계속 두드리는 모습을 떠올린다.

이런 할리우드식 표현 방법에 의하면, 해커들은 악의를 가지고 은행이나 어떤 세계적인 컴퓨터 시스템을 무너뜨리는 데 사용될 수 있는 독특한 공격을 할 때, 보통은 미소를 지으며 혼잣말을 한다. 이런 지나치게 과장된 천재적인 '해커들'은 거의 항상 반사회적이고 반정부적이며 종종 그들의 행동은 모두 아주 무례하면서도 내성적이며 기술적으로는 천재의 모습으로 보인다.

사실, 이런 모습은 키보드를 넘어 사이버전이라는 실제 작전 현장에서 볼 수 있는 모습이 아니다. 어떤 경우에는 이런 대표적인 고정 관념 속 '해커'의 모습이 어딘가에 분명히 있을 수도 있겠지만, 종종 사이버 공간에서 가장 악의적

이고 잔인한 공격의 배후에는 이런 종류의 사람이 거의 없다. 그러한 악의적 해커들은 대부분 제복을 입고 있으며, 어떤 경우에는 정부로부터 자금과 보호를 받고, 훈련을 받은 사람들이다. 그들은 아주 똑똑하고, 잘 훈련되고, 고도로 집약되어 있으며, 창의적인 사람들이며, 세계 어느 곳에서든, 어떤 적대적 세력이든 첩보 활동과 전투를 위한 작전에 투입될 수 있는 그들의 능력을 활용해서 취약점을 찾아낸다. 그들은 미래의 지배적인 전투 환경이 될 디지털 부대의 창끝이며, 다른 모든 전쟁에 대응할 수 있는 2진수로 만들어진 쫓고 쫓기는 게임에 끊임없이 집중하는 최전방 전사들이다.

21세기 사이버 공간에서의 지휘는 19세기 해상의 제해권, 20세기 공중의 제공권만큼이나 결정적이고 영향력이 크다. 사이버 공간은 사실상 미래의 전쟁이 현재 벌어지고 있는 전쟁터이다. 그곳은 신냉전의 무대이다. 사이버 공간은 또한 지구상의 모든 국가, 모든 범죄 기업, 그리고 실제로 지구상의 거의 모든 사람이 이해관계를 가지고 경쟁하고 있는 경기장과 같다. 인류 역사를 통틀어 지구상의 모든 기업 또는 조직이 같은 무대에서 글로벌한 갈등을 치열하게 벌였던 공간은 지금까지 없었다.

불과 50여 년의 역사밖에 되지 않았는데, 인터넷과 글로벌 네트워킹은 놀라운 속도로 확대되고 있다. 지난 5년 동안에 그 이전의 전체 인류 역사보다 더 많은 연결과 데이터가 생성되고 공유되거나 배포되었다.

사이버 공간은 이제 정치 · 경제 · 군사 · 문화적 상호 작용과 참여를 위한 새로운 플랫폼이 되었다. 이 공간은 다음 세기에 사회 안정, 국가 안보, 경제 개발, 그리고 문화적 소통에 영향을 미치는 영역이 되었다. 그러나 컴퓨터 보안과 위협, 공격이나 이용 및 악용에 관한 연구가 항상 컴퓨터 과학의 최첨단에 있었던 것은 아니다. 사이버 첩보 활동과 사이버전에서 전술과 전력의 필요성이 국제적 수준에서 실현된 것은 지난 수십 년 동안뿐이었다. 이러한 디지털 전사들의 능력과 그들이 만들어 내는 효과, 그리고 그들이 기술을 갈고닦았던 것을 펼쳐 보이는 작전을 이해하기 위해서는, 우리가 컴퓨터에 대한 공격이 어디에서 왔는지를 이해하고, 이 사이버 공간이 진화하는 모습을 분석해야만 한다. 사이버전은 이제 기업과 소비자에게 이익을 나누어 주는 데 필요한 모든 수단을 동원하여 혁신에 초점을 맞춘 진화, 전 세계적으로 전략적인 전투 중의 하나로 변화했다.

사이버 위협 활동과 작전에는 다양한 '초기 버전의 사례들'이 있는데 이 주제에 대해 50명의 다른 전문가를 한군데 모은다면 사이버전의 시작으로 논의할 만한 50개의 서로 다른 사례들을 주장할 것이다. 따라서 이러한 공격의 최초 또는 가장 영향력 있었던 공격이 무엇인지 구체적이고 세부적으로 따져 보는 것은 무의미하다고 할 수 있다. 우리가 사이버 공간의 현실과 미래의 발전상을 더 잘 이해하기 위해서는 특별하게 특징이 드러나는 중요한 사건의 몇 가지 주요 공격과 위협 활동을 선정해서 자세히 살펴보는 것이 더 중요하다.

더 명확히 하려면, 공통으로 정의할 수 있는 범위 내에서 사이버 공격과 방어는 국가 수준의 군부대로부터 주요 기관까지 그리고 단 한 명에 의해 수행되는 개인 수준까지 다양한 규모로 수행될 수 있다. 결과에 초점을 맞춘 단순한 해킹 공격일 수도 있고, 적대국의 물리적 기반체계를 파괴하기 위한 장기적이고 다년간 소요되는 대규모 국가 차원의 작전이 될 수도 있다. 사이버 공격, 사이버 위협 작전 또는 운영자에 대해서 명확하게 '진리처럼 여겨지는' 정의는 없다.

그러나 사이버 영역에서 일어난 사례들은 일반적으로 변조, 서비스 거부, 데이터 훔치기 및 서버 침투와 같은 형태로 컴퓨터 또는 컴퓨터 네트워크에 무단 침입하는 형태가 대부분이며 또한 익숙한 형태이기도 하다. 이런 사례 중에서, 국가나 개인에 의한 실제 '첫 번째' 사이버 공격이 어떤 것인지에 대한 실질적인 합의는 없었다. 많은 사람이 최초의 실제 사이버 공격 중의 하나로 **'모리스 웜'**[15]을 생각하는 반면, 또 어떤 사람들은 1980년대 초에 있었던 '미국 연방 네트워크에 대한 공격'을 사이버 위협의 전형적인 첫 번째 실제 사례로 생각한다. 발생했던 사례 중 참조할 만한 것들이 너무 많아서 하나를 정답으로 선정하기에는 무리가 있다. 역사상 사이버 위협의 전형적 사례로 어떤 사건을 선정할 것인가 하는 것보다도 사이버 공간과 사이버 공간 주변에서 발생했던 공격 방식이 발생 초기부터 여러 번 반복되면서 진화해 왔고, 기술이 발전함에 따라 계속 변화하고 적응하고 있다는 사실이 더 중요하다.

무선 빔으로 하는 전투(The Battle of the Beams)

통신과 전자적 수단을 활용한 최초의 공격에는 컴퓨터화된 시스템이 없었다. 직접적인 사이버 작전으로 널리 인정되고 있지는 않지만, 신호 첩보 활동에서 통신 매체와 전자 시스템들이 사용되면서 제2차 세계대전 이전까지 특정 작전의 목표를 달성하기 위해 통신 및 전자적 수단들이 활용되었다. 전쟁에 핵

15 모리스 웜(Morris Worm): 1988년 11월 2일, 코넬 대학교의 대학원생 로버트 터팬 모리스(Robert Tappan Morris)가 만들었으며, 메사추세츠 공과대학교의 컴퓨터 시스템에서 실행되었던 컴퓨터 웜.

심이 되는 결과를 만들어 내기 위한 첩보 활동 수단으로 특정 통신 매체를 활용했던 초기 사례 중의 하나로, 미국과 영국이 수년 동안 적이었던 독일을 혼란에 빠뜨린 공격을 들 수 있다.

'빔 전투(the Battle of the Beams)'로 알려진 이 전투에서, 독일 폭격기는 원점에서 전송된 무선 빔을 따라 유럽 대륙에서 영국으로 날아갔다(Manners, 2016). 그런 다음 독일 조종사들은 유럽 대륙에서 전송된 두 번째 빔을 활용해서 표적 위치를 식별하고 요격할 수 있었다. 이를 통해 독일의 야간 공습 조종사들이 어둠 속에서 자신들의 표적을 찾고 안전하게 기지로 돌아갈 수 있었다. 단, 그것이 '해킹'되기 전까지만 그랬다.

영국 기술진은 독일군이 무선주파수로 원격 측정하는 것과 그 방법을 전투에 활용하고 있다는 것을 알아내고 나서는 독일군 지휘통신망을 마음대로 수정할 수 있는 방법을 개발해 냈다.

독일군의 특정 주파수에 비슷한 신호를 정확한 시간에 송출하는 방법으로 영국의 사이버전 운영자들은 독일 폭격기를 속여, 영국군이 선택한 장소에 무기를 떨어뜨리게 했다. 게다가, 영국의 사이버 공격으로 독일군은 기지로 무사히 복귀하는 것이 거의 불가능해져 많은 폭격기가 그들의 모(母) 기지를 찾지 못했고, 몇몇 조종사들은 영국 공군 기지를 자신들의 기지로 알고 착륙하기도 했다. 이러한 주파수 스펙트럼의 사용은 사이버 공간이 전쟁 영역으로 간주되기 반세기 전에 사이버 공간에서의 작전 능력을 보여 준 효과적인 사례이다.

모뎀을 통한 해킹

컴퓨터 위협, 공격과 악용 및 이용에 관한 집중적인 연구의 첫 번째 사례는 사실 1970년대에 시작되었고 심지어 컴퓨터와 관련도 없었다. 이는 컴퓨터가 아닌 전화 교환 네트워크의 문제로 시작되었다. 전화 시스템은 너무 빨리 성장했고 그 범위가 너무 커져서 살아남기 위해서는 시스템을 통합하고 자동화해야 했다. 이 최초의 자동화된 전화 시스템은 서비스를 제공하기 위해서 대규모로 테스트를 시행했고, 테스트하는 동안 많은 문제가 즉각적으로 발견되었다. 전화 신호는 울리는 동시에 꺼져 버렸고, 전화가 없는 사람들에게 전화번호가 할당되기도 하는 등 많은 문제가 드러난 것이다.

이러한 초기의 문제들은 시스템을 소유하고 있는 사람과 네트워크를 관리하는 사람들에게 실제로 문제가 된다고 생각될 만큼의 위협으로 간주되지 않았다. 1980년대에 모뎀은 점점 더 보편화된 대규모 네트워크를 연결하고 관리하는 강력한 수단이 되었고, 이러한 모뎀은 시스템을 해킹할 수 있는 위협이 되는 주요 지점이 되었다.

컴퓨터 시스템의 첫 번째 실제 바이러스에 대해서는 다양한 의견이 있지만, 실제로 바이러스가 컴퓨터 문제로 인식된 사례는 컴퓨터가 가정에 보급되었던 1980년대 중반이 될 때까지 공식 문헌상에 널리 알려지지 않았다. **'모뎀의 시대'**를 거치는 동안, 지역 번호에서 이름을 따온 모뎀 해커단체인 **414s**와 같은 단체가 FBI에 의해 발각되어 바로 체포되기도 했다(Hansman, 2003).

당시 전화회사들이 사용하던 자동화 기술이 결함을 갖고 있다는 것을 잘 알고 있던 414단체는 악성코드와 자신들의 지식을 활용, 로스앨러모스 국립연구소와 암 연구센터의 전화망과 모뎀을 표적으로 삼아 공격했다. 이 최초의 컴퓨터 위협 작전이 끝난 지 얼마 되지 않아 연방 정부는 **컴퓨터 범죄 및 남용에 관한 법안**인 **CISPA**[16]를 통과시켰다(CISPA 2010). 이 법률은 컴퓨터 보호를 위한 구성과 보호된 시스템에 대해 악의적인 조치를 실행하려는 사람에 대한 처벌을 상세히 기술하였다(Grance, Kent, Kim, 2004).

안티 바이러스의 성장

해커나 해커단체 활동들로 인해 야기될 수 있는 폐해에 대해서는 소수의 혁신적이고 산업화된 회사들만 이해할 수 있었다.

시만텍과 IBM과 같은 기업들이 위협을 분리하고 완화하기 위해 바이러스와 악성 프로그램을 분석하고 연구하기 시작한 것은 바로 이 시기였다. 멀웨어와 안티바이러스 회사였던 맥아피도 이 시기에 창립되었다. 존 맥아피(John McAffee)는 그의 친구들과 동료들이 운용하던 다량의 컴퓨터가 비정상적으로 작동하고 매우 느리게 작동한다는 것을 알게 되었다. 어느 정도 연구를 한 이후에, 그는 악성 프로그램이 설치되면 의도적으로 시스템에 손상을 입히거나 해당 프로그램이 단순하게 그들이 실행하고 있는 시스템을 저하시키거나 손상시키기 시작한다는 것을 알아냈다.

일정 수준의 기술 연구와 개발 이후에 맥아피는 이러한 프로그램 내의 이

16 CISPA(Computer Crime and Abuse Act): 2010년에 공표된 컴퓨터 범죄 및 남용에 관한 법안.

상 징후를 위한 특정한 기술과 관련된 특징들을 찾아낼 수 있었으며, 그런 특징들을 중심으로 한 멀웨어와 안티 바이러스를 분류하는 체계가 '탄생'했다(Hutchins, Cloppert, & Amin, n.d.). 맥아피가 찾아낸 특징들을 인식하고 비정상 동작을 탐지하는 시스템이 새롭게 알게 된 위협을 완화하고 탐지하는 중추적 역할을 한다는 사실이 널리 알려졌다. 하룻밤 사이에 다른 기업들은 이런 방법을 따르기 시작했고, 기업의 방어적 사이버 보안 운영이란 개념이 '탄생'하게 되었다.

1987년이 되어서야 미연방 정부는 이러한 유형의 활동에 주목하기 시작했고 최초의 **컴퓨터 비상 대응팀**인 CERT[17]를 만들었다(Grance et al., 2004). 1990년대 초까지 연간 컴퓨터 바이러스 탐지는 매달 1,000건 이상으로 증가했다. 컴퓨터 바이러스의 검출과 분리가 컴퓨터 과학이라는 영역에서 실제로 조치를 취해야 하는 영역이 되면서 바이러스 프로그램의 검출과 찾아낸 특징들도 기하급수적으로 증가했다. 1995년까지 250,000개 이상의 바이러스 검출 또는 확산이 일반화되었다. 이러한 초기의 컴퓨터에 대한 공격과 악용 및 이용과 관련된 모든 사건은 21세기 초에 출현할 사이버 위협의 성장에 비하면 약한 수준이었다.

17 CERT(Computer Emergency Response Team): 컴퓨터 비상 대응 팀.

지능형 지속 위협, APT의 태동

특정 표적에 특화된 사이버 위협, 특히 사이버 위협에 관한 연구 분야는 2000년대 초반이 되기 전까지는 미국 정부와 기타 국가기관 내에서 주로 이루어졌으며, 정부를 벗어난 상황에서는 실제로 존재하지 않았다. 정부 영역 이외의 사이버 위협과 사이버 범죄에 대한 최초의 언급은 2001년 국가안보국인 NSA의 비밀문서에서 나온 것이 아니라 NSA의 한 브리핑 도중에 나왔다(Werlinger, Muldner, Hawkey, 2010). 이 브리핑은 사실 미 국방부의 대규모 네트워크를 확보하는 문제에 초점이 맞춰질 예정이었다. 그러나 브리핑이 공개되고 나서 국방부 내에서 일반화되고 있던 위협들이 확산 중이라는 사실이 수면 위로 드러나게 되었다.

이 브리핑의 특정 부분을 보면, 고도로 훈련되고 자극적인 사이버 위협이 이미 국방부의 많은 네트워크에 깊이 뿌리박혀 있으며, 향후 공격을 확산시키려는 그들의 계획 속에 일부 민간기업까지 적극적으로 겨누고 있음을 암시하고 있었다.

'지능형 지속 위협'이라는 뜻을 가진 **APT**[18]라는 용어는 공군 정보국의 논의에서 처음으로 사용되었다(Iracleous, Papadakis, Rayies, Stavroulakis 등). 새로운 유형의 컴퓨터 해커들을 분류하기 위해 어떤 용어를 사용할지 결정하려는 중령급 토의가 있었다. 그런 해커들은 국가의 적 또는 잘 조직된 범죄단체들에 의해 자금과 훈련을 받았으며, 매우 잘 훈련되었고 임무 수행에 성공적이

18 APT(Advanced Persistent Threat): 지능형 지속 위협.

었다. 이러한 해커들은 지능적이고, 지속적이며, 확실한 위협이었기 때문에 APT, 즉 '지능형 지속 위협'이라는 용어가 생겨났고, 이는 곧 외국 정부의 사이버 운영자와 숙련된 위협 팀을 가리키는 업계의 표준 용어가 되었다. 이 용어는 상당히 광범위한 위협을 분류하고 식별하는 데 사용되지만, APT가 싱크탱크에서 백악관에 이르기까지 거의 모든 사이버전 주간지와 사이버 보안에 공식적으로 사용되고 있다는 점에 주목할 필요가 있다.

APT로 특정 지어지는 공격으로 간주되기 위해서는 전부는 아니지만 모든 산업과 사이버 작전 인력의 일부 분석그룹이 인정하는 몇 가지 일반적인 기준에 맞아야 한다. 이런 분석그룹은 발생된 전체적인 상황과 공격 수단이 일반적으로 다음 세 가지 범주로 분류되어야만 공격이 가능한 지능형 지속 위협 APT 공격 또는 공격 사례로 간주한다.

- **지능화(Advanced)**: 위협의 배후가 되는 해커가 광범위한 정보 수집 기술을 자유롭게 사용할 수 있어야 한다. 여기에는 컴퓨터 침입 기술과 기법이 포함될 뿐만 아니라 전화 차단 기술과 위성영상 같은 전통적인 정보 수집 기술로도 확장 가능해야 한다. 공격의 개별 구성요소는 특별히 '지능화'되었다고 하지 않을 수 있지만, 일반적으로 해커가 필요에 따라 접근하고 더 지능화된 도구로 개발할 수 있어야 한다(예: 멀웨어 구성요소는 일반적으로 사용 가능한 Do-it-mal-ware 구성 킷으로 만들어지거나, 쉽게 구할 수 있는 공격용 재료들을 활용함). 그들은 종종 표적에 접근해서 취약점을 확인하고, 접촉을 유지하기 위해 여러 가지 표적 · 방법 · 도구 · 기술을 결합한다. 해커들은 또한 의도적으로 '덜 지능화된' 위협과의 차이점을 구별해 낼 줄 알아

야 한다.

- **지속성**(Persistent): 해커들은 재정적 또는 기타 이익을 위해 기회를 엿볼 수 있는 정보를 찾는 대신 특정 작업에 우선순위를 부여한다. 이런 구분은 공자(攻者)가 외부 자산에 의해 안내된다는 것을 의미한다. 표적화는 사전에 정의된 목표를 달성하기 위해 지속적인 모니터링과 상호 작용을 통해 수행된다. 이런 것이 바로 지속적인 공격으로 이어지거나 멀웨어 업데이트를 통한 집중공격을 의미하는 것은 아니다. 사실, '낮은 수준으로 느리게' 접근하는 방법이 대체로 더 성공적인 결과를 낳는다. 해커들이 표적에 대한 접근 권한을 획득하지 못하게 되면, 대개 접근을 다시 시도하며 대부분 성공적으로 접근 권한을 획득한다. 해커들의 목표 중 하나는 일반 해커나 컴퓨터 해킹을 통해 금전적 이익을 추구하는 사람들처럼 특정 작업을 실행하기 위해 접근만 하면 되는 위협과는 대조적으로, 표적에 대한 장기적인 접근 자체를 유지하는 것이다.
- **위협**(Threat): APT는 능력과 의도를 모두 가지고 있어서 위협적이다. APT 공격은 부주의하고 자동화된 코드 조각으로 수행되는 것보다 사람의 협조적인 조치를 통해 실행된다. 해커들은 특정한 목표를 가지고 있고, 숙련되고, 동기가 부여되어 있으며, 조직적이고, 자금력 또한 풍부하다. 이런 자금은 전형적으로 위협을 주도하는 국가의 정부나 마피아나 범죄 조직과 같은 매우 잘 조직된 악성 단체에서 나오는 것으로 알려져 있다. 그러나 일부 사례에서는 하나 또는 하나 이상의 자금 제공자를 통해 자금이 조달되었을 수 있다는 징후가 있었으며, 심지어 자금원이 국가 기관 주도로 범죄 기업과 서로 연관이 있는 것으로 보이는 사례도 있다.

사이버 보안의 위협과 APT를 연구하거나 분류하는 대부분의 단체에는 보통 상대적이며 구체적인 표적, 전술 및 절차(TTP) 또는 그런 TTP를 가진 소수의 핵심 참여자가 있다.

- **러시아:** 러시아는 주로 세계에서 자국의 권력에 따른 지위를 높이는 데 중점을 두고 있다. 이들은 보통 장기간의 위협 작전에 관여하는 것으로 알려져 있으며, 여기에는 스파이와 인적 자산이 포함되어 있다. 게다가, 러시아의 APT는 에스토니아와 크림반도에 대한 공격에서 지적된 바와 같이, 자금이 매우 풍부하고 필요할 때 역동적인 사이버 조치(기반시설이나 자산에 대한 물리적 타격)를 할 수 있는 것으로 알려져 있다. 또한, 러시아의 APT는 표적의 영향력과 정보작전 중에서 기만의 영역에 중점을 둔 상당한 기술력과 능력을 보유하고 있으며 소셜 미디어와 사용자들 간의 상호 소통이 확대되는 부분을 공격하거나 이용, 악용할 수 있는 주요 통로로 보고 있다.
- **중국:** 중국의 APT 단체는 사이버 작전을 통해 지적 재산권을 훔쳐 가는 데 가장 성공적인 성과를 거두고 있다. 이들은 중국 군부와 정부 내의 기관들과 단합되고 집중적인 국가적 노력을 기울이고 있으며, 작전을 통해 적을 '따라잡아 넘어서기 위한' 목표를 둔 전략과 계획을 가지고 있다. 우위를 점하기 위한 이러한 도약적 접근 방법은 중국인들에게 국가 차원의 관심이 많은 영역이다. 중국 지도부는 가능한 한 과학과 기술 분야에서 그들의 능력 향상을 목표로 한다는 점에서 자신들의 전략 계획을 상세히 설명하는 데 개방적이다. 중국의 APT는 중국에서 제조된 장비에 하드웨어와 칩을 몰래 넣는 것을 포함하는 스파이 활동을 할 계획이 있으며, 미국과 영국의

인턴십과 교육 프로그램을 활용해서 기업과 정부 기관의 연구 개발단체에 자신들의 공작원을 투입시키는 것으로 알려져 있다.

- **북한:** 북한의 APT는 보통의 경우 그들이 원하는 만큼 지속적이지 않다. 북한의 APT 그룹은 국가의 제한된 네트워킹 능력과 여행 및 물류 제재로 인해서 다른 공격보다는 자신들의 국가 존엄을 폄훼하고 훼손하는 주체를 공격하는 것으로 주로 알려져 있다. 이들은 광범위한 교육을 받은 전담 사이버 작전 그룹을 보유하고는 있지만(대부분 중국에서 획득됨), 기본적으로 랜섬웨어 공격을 넘어서는 중요한 작전 수행 능력 면에서는 제한적이다. SONY사 공격 작전을 통해서는 앞에서 지적된 바와 같이, 약한 표적에 대해 공격할 기회를 포착한 다음 공격하는 것이 가장 일반적인 활동이다.
- **이스라엘:** 8200부대는 이스라엘 사이버 분야의 엘리트 부대다. 이 부대는 가장 잘 훈련되고 경험이 풍부한 사이버 작전 인력으로 구성되며, 알려진 위협에 대응하기 위해 충분한 자금 지원을 받고 있으며 작전에만 집중한다. 종종, 8200부대는 사이버 위협 작전에 이란 사람들과 직접 교전하지만, 미국과 나토 국가들을 상대하고 있는 일반적인 '해커단체'들뿐만 아니라 대다수의 중동 국가들로부터 공격을 받고 있다고 생각하는 것이 논리적이다. 올해 이란계 해커단체가 이스라엘을 공격한 것으로 밝혀진 후, 이스라엘 사이버전 담당 부서는 사이버 공격에 대한 최초의 물리적 대응의 일환으로 이란계 해커단체의 건물을 폭격했다.[19] 많은 연구단체에서, 미사일 공격을 통한 해커단체의 격멸은 사이버 위협 작전에 대한 가장 중요한

19 참고로 이 사건에 대해서는 역자가 올해(22년) 이스라엘 출장 시 직접 설명을 듣기도 했었다.

대응 중의 하나로 간주되었고, 사이버전에서의 어떤 조치, 즉 문자 그대로 생사가 달린 문제가 곧 결과로 나타난다는 것을 실제로 보여 주었다.

또한, APT 공격과 표적화는 공격으로 인한 결과나 공격과 침해가 진행되는 과정과 그 이후에 모두 익명성을 유지하려고 시도하는 잘 정의된 방법론과 관행을 따른다. 다시 말하지만, 이런 것들에는 여러 가지 요인이 있는데, 그중에서 가장 중요한 것은 주최국이 그러한 은밀하고 피해를 줄 수 있는 공격에 참여하고 있다는 것을 알리고 싶어 하지 않는다는 것이다.

그러나 APT에 대한 예전의 정의와 이런 공격 형태의 분류 방법이 아직 명확하지 않다. 많은 다른 기관, 기업과 정부에게 있어서 APT 공격을 구체적으로 정의하기란 매우 어렵다. NATO와 같은 조직의 연합 작전센터 내에서 일하는 28개 이상의 다른 국가가 있다고 가정하자.

이러한 서로 다른 각 그룹은 표적이 되어 서로 다른 APT 그룹과 행위자에 의해 독립적이면서도 적극적으로 해킹되거나 공격받았지만, 말 그대로 NATO 전체에 APT를 규정하고 그 필요성을 간결하고 명확하게 설명하는 보고 기준이나 수단은 없다. 국가별 공격 사례를 보고하거나 분석해 온 각각의 그룹은 APT를 서로 다르게 정의하고 있다. 미국 정부의 다른 기관들 내에서도 APT 공격 사건이나 해킹에 대해 구체적으로 설명하려는 시도는 잘 찾아볼 수 없다. 미 **NSA**(National Security Agency)가 APT 공격을 규정하는 기준을 독자적으로 가지고 있긴 하지만, CIA와 FBI도 그들 나름대로의 기준을 가지고 있다.

APT 작전 및 공격에 대한 응집력 있고 일정한 정의가 없다는 것은 이런 분야의 연구가 현재 얼마나 유동적이고 역동적인지를 보여 주는 좋은 사례이기도 하다. 또한, 업계에서 중요하게 사용되는 용어 하나를 정의하는 데도 서로 합의에 이르지 못하고 대부분의 용어 자체도 제대로 정의되어 있지 않다는 이런 사례들은 사이버 작전과 분석 과정에 상당히 만연되어 있는 현상이기도 하다. 하나의 위협단체를 명확하게 식별하고 분리하는 것이 거의 불가능해서, 일반적으로 APT에 대한 용어는 그러한 광범위한 의미로 사용되고 있다.

초기의 APT 공격 양상

2000년대 중후반, 컴퓨터와 인터넷 산업의 대부분은 보안이나 사이버 위협에 거의 주의를 기울이지 않고, 네트워크 속도와 상호운용성 및 제품의 사용성을 높이는 데만 초점을 맞추고 있었다. 컴퓨터와 사이버의 미래에 대한 우려가 나타나고 대규모 공격이 발견된 이후에야 개발자와 정치적 권력이 있는 사람들 모두에게 심각한 고려 사항이 되었다. 어느 정도의 규모를 가지면서 제대로 된 최초의 사이버 위협 공격은 2007년에 있었던 **제우스 봇넷**(Zeus Botnet)이다(Singh & Silakari, 2009). 이 공격은 무엇보다도 미국 교통부를 정조준했고, 정부 시스템에서 대량의 데이터를 추출하는 형태로 발생했다.

마스터 제어 시스템의 패스워드, 시스템 관리자 패스워드, 네트워크 및 제어 매핑 시스템, 독점 코드 샘플을 포함한 광범위한 데이터가 모두 수집되었다(Singh & Silakari, 2009). 이전에도 많은 컴퓨터 바이러스들과 위협들이 있긴 했지만, 제우스 봇넷과 위협단체 배후에 있는 자들에게 공학적이고 강력한 프로그래밍 능력이 있다는 것을 알게 된 이후 사이버라는 용어가 만들어졌고, 사이버 위협에 관한 체계적 연구가 연구원들의 관심을 끌기 시작했다.

물리적 사이버전 작전 영역에서 획을 긋는 최초의 사례는 2007년에 발생했다. 러시아는 에스토니아와 낮은 수준이긴 했지만 아주 긴장된 분쟁 상태에 있었다. 이 분쟁이 일반적인 뉴스 보도 이상으로 국제적인 중요성이 크지 않았던 반면, 후속된 사이버 공격과 계획에서는 중요성이 확실하게 부각되었다. 정치 · 사회적 칼날이 점점 더 격렬해짐에 따라 러시아 정부는 에스토니아를 침공하기 위해 물리적 군사력을 동원했다. 지상 공격 작전이 시작되면서 에스토니아의 인터넷 기반 망의 거의 모든 분야가 **DDoS**[20] 공격을 받아 폐쇄되거나 최소한 그 기능이 심각하게 저하되었다(Goodchild, 2009).

은행 시스템, 정부 웹사이트, 국가의 지원을 받던 언론 매체, 전기 시스템에서 군사적 또는 전략적으로 중요한 다른 연결된 시스템에 이르기까지 모든 것이 이 공격으로 인해 '오프라인' 상태가 되었다. 이 작전의 일부로 러시아 국내외의 컴퓨터와 서버 수만 대에서 수십억 개의 패킷이 동시에 발사되었다. 에스토니아의 시스템이 무너지고, 통신망과 협조체계가 붕괴하자 러시아군은 진지로 이동해 에스토니아 정부에게 자신들의 의지를 강요했다. 공식적으로는 어떤 사이버 공격도 러시아군이나 정부에 의해 일어났다거나 수행되었다고 인정되지는 않았지만, 남겨진 증거는 이 군사 작전과 함께 사이버 공격이 시작되었음을 보여 주었다. 이는 비교적 단순하지만 협조된 사이버 공격이 어떻게 하면 통신을 방해할 수 있을 뿐만 아니라 방어 시스템을 심각하게 저해하고, 공격을 받는 사람들의 지휘와 통제를 완벽하게 무너뜨릴 수 있는지를 제대로

20 DDos(Distributed Denial of Service): 분산 서비스 거부, 해킹 방식의 하나로서 여러 대의 공격자를 분산 배치하여 동시에 서비스를 거부하는 공격.

보여 준 현대적 사이버전의 시초이자 가장 강력한 사례 중 하나였다.

사이버 방어에서 혼돈

보다 최근의 역사에서, 사이버 위협에 대한 정의와 사이버 위협으로 여겨지는 것의 차이점을 체계적이거나 지능적으로 구분하려는 시도는 훨씬 더 어려워졌다. 사이버 보안 및 사이버 위협과 관련하여 악성 프로그램이 사용된다는 점을 생각해 보라. 악성코드는 확실히 사이버 위협 문제의 일부로 간주되지만, 그 자체만으로 용어를 정의할 수 있는 것은 아니다. 일반적으로 사이버 분야의 연구와 학술 작업은 이제 사이버 문제의 한 부분으로 악성 프로그램에 대해서 논의하고 있으며, 모든 연구나 논의는 악성 프로그램 유형에 대한 자체 분류에 따라 나뉜다. 또한, 사회 공학 및 사이버 공격과 같은 용어와 그에 대한 정의는 사이버 위협을 연구하는 과정에서 포괄적인 정의의 한 형태로 나타난다.

이들은 일반적으로 사이버 위협단체 또는 특정 작업에 관한 특정한 결과로 간주되지 않는다. 사이버 연구 내에서 이러한 용어와 용도는 거의 매일 진화하고 있으며, 포괄적인 연구가 어떤 특정 용어를 어떤 사이버 위협과 연관 지을 수 있는지를 결정하는 대신 특정 사이버 조치나 작전을 사이버 위협단체와 연계시키는 연구의 형태가 되었다. 그것은 매개체들이 단순하면서도 너무 빨리 움직이고 수시로 그 모습이 바뀌어 버리기 때문에, 어떤 사람이 손을 뻗어 내리는 빗물을 잡으려고 노력하는 것처럼 보이기도 한다.

미국과 연합 사이버 방어부대 창설

1990년대 중반이 되어서야 국가 안보와 관련된 기반시설을 지휘 · 통제하며 사이버 공간에서 미국의 국익을 방어하는 능력을 높일 수 있는 작전들을 활용하기 위한 공식적인 전투 부대가 창설되었다. 유럽에서는 NATO 사이버 TF와 영국 **정부통신본부**(GCHQ)[21] 소속의 사이버 보안부대가 공식화된 2000년대 중반까지는 사이버 공간에서 실제로 은밀하게 활동할 수 있는 기능을 가진 전투 부대를 창설하는 것이 구체화되지 않았다.

2009년에 국가 안보 차원의 사이버 공간에서 어떤 공세적 조치를 위한 단일 군사지휘부가 설립되었을 때는 이미 훨씬 늦어 버렸다. 미 사이버사령부가 메릴랜드주 **포트 미드**(Fort Meade)에 있는 NSA에 본부를 두고 만들어졌다.

이 사이버 공간의 진화, 그리고 이러한 새로운 구성군사령부의 창설과 현재 그들이 가진 포괄적인 권한과 역량이 가지는 중요한 시사점은 이 모든 것이 공격이 아닌 거의 전적으로 방어 차원의 노력에서 출발했다는 것이다. 이처럼 전투를 주체로 하는 부대는 각각의 국가 자산과 기반시설 방어를 전제로 거의 같은 방법으로 창설되었다.

2000년대 후반이 되어서야 진정한 사이버 공격 능력이 실제로 실행되거나 사용되기 시작했다. 정보전에 초점을 맞추고, 적에 대한 지식과 정보를 얻거나, 적에 대한 물리적 공격을 포함한 비물리적 공격을 수행하는 등 느리지만 시간이 지남에 따라 중요한 진화적 변화가 일어났다. 전장에서는 국가 차원의

21 GCHQ(Government Communications HeadQuarters): 정부의 통신본부.

정보 커뮤니티의 필수요소로서 정보가 수행하던 역할에서 수집된 정보를 처리, 저장 및 전송하는 데 사용되는 시스템에 대한 공격과 방어, 그리고 핵심 기반체계에 대한 정보가 중요하게 인식되면서 임무 면에서도 미묘한 변화를 나타내기 시작했다.

세계에 울려 퍼진 사이버 총성

사이버 안보와 관련한 작전에 초점을 맞춘 국제 지휘센터와 작전조직의 창설은 사이버 공간을 방어하는 데 실제로 필요한 것이었다. 그러나 이러한 조직의 성장과 공식화는 오랫동안 방어 태세에만 집중하는 상태로 그대로 머물러 있지만은 않았다. 2010년대 초반, 이런 단체들은 사이버 공간에서 신냉전을 벌이면서 외부로 드러나기 시작했다. 이렇게 비밀스럽게 추진하던 중 사이버 공간에서 가장 강력한 국가 수준의 무기 중 일부가 인터넷에서 상품으로 노출되는 결과가 초래되었다. 누구나 어디서든 접근할 수 있고 그들이 의도하는 표적을 겨냥할 수 있는 상품들이 되어 버린 것이다. 이러한 국가 사이버 무기 중 가장 처음이자 가장 영향력 있는 것은 미국의 사이버 무기 **스턱스넷(Stuxnet)**이었다.

스턱스넷 웜이 미국의 사이버 작전의 결과라는 공식 선언은 없지만, 바로 스턱스넷 웜에서부터 사이버 무기가 시작됐음이 널리 인정되고 있다. 스턱스넷은 2000년대 후반과 2010년대 초 미국과 이란 정부의 핵 능력 개발 사이에서 나타난 직접적인 결과물이었다. 공개적으로 위협이 되는 정권이 잠재적 핵

무기를 개발하는 것을 막기 위해, 미국은 코딩으로 만들어진 새로운 대량살상 무기를 만들어 냈다.

스턱스넷의 개발은 2000년대 초반, 아마도 2003년 또는 2004년에 시작되어 개발하는 데 몇 달에서 몇 년 이상 걸린 것으로 보고 있다. 스턱스넷 내에서 작동하는 코드를 분석한 결과, 이러한 유형의 무기에 필요한 정교함의 수준은 당시 사이버에서의 글로벌 초강대국, 즉 미국에서만 나올 수 있는 것이었다. 미국이 초강대국이라는 것을 가정해 볼 때 스턱스넷만큼 복잡한 무기를 사용할 수 있는 첨단 코드를 개발할 수 있는 유일한 곳은 NSA[22]였다.

2009년 말이나 2010년 초 이전에, NSA는 사이버 공격 작전 임무를 맡는 특정 부서를 가지고 있지는 않았다. 2010년 미국에서 사이버사령부가 창설되기 이전에 NSA 임무의 대부분은 느슨하게 연계된 임무 위주의 집합체로 운영되었으며, 특히 정보 수집과 분배에 초점을 맞춘 경우가 많았다. 스턱스넷 무기는 사실 이란에서 수집 가능한 표적에 대한 정보를 통합하고 **나탄즈(Natanz)**[23] 원자력 발전소에서 이용할 수 있는 취약한 하드웨어가 있다는 것을 알아낸 이후에 개발되었다.

NSA의 정보 수집 기구들은 나탄즈 원자력 발전소에서 사용되는 특정 하드웨어를 납품하는 업체가 공개적으로 광고하는 것을 통해 오픈소스로 기술 정보를 수집하는 데 성공했다. 이란에 있는 나탄즈 원자력 발전소를 지원하고 하드웨어를 제공한 기업들은 계열사 제공업체와 계약의 일부분으로 **지멘스**

22 NSA(National Security Agency): 미 국가안보국.

23 나탄즈(Natanz): 이란의 이스파한주의 도시 이름.

(Siemens) S7 **프로그래머블 로직 컨트롤러**(PLC)[24]를 제공했다고 언급했다.

이 정보는 다른 경로를 통해 수집된 정보들과 결합하여 스턱스넷 웜의 개발과 배포에 매우 중요한 역할을 했다.

핵시설 내부 시스템에 스턱스넷을 설치하고 투입하는 작전은 CIA가 이란에서 접촉한 휴민트, 즉 인간 정보를 활용한 작전의 결과일 가능성이 크다. 이러한 휴민트 요원들에게 초기 버전의 스턱스넷이 포함된 USB 장치가 제공되었으며, 이 USB를 나탄즈 네트워크에 연결된 장치에 삽입하는 간단한 방법으로 사이버 공간에서 첫 번째 총알이 발사되었다. 이 악성코드는 나탄즈 네트워크의 핵심에 깊숙이 침투하여 마침내 표적을 찾아냈다. 그 표적은 바로 우라늄 농축에 사용되는 원심분리기 내에서 중요한 기능을 제어하는 PLC 컨트롤러였다. 이 악성코드는 천천히 그리고 은밀하게 제 역할을 해냈고, 공정의 정확도에 필요한 특정 속도에 영향을 주는 방법으로 우라늄 농축시설의 능력을 저하시켰다. 이스라엘의 8200부대와 같은 다른 국가들도 스턱스넷 공격의 원인으로 지목되거나 이란의 표적 네트워크에 악성 프로그램을 설치한 것에 개입했을 가능성이 있다. 누가 구체적으로 어떻게 공격을 시작했는지는 불문에 붙이더라도 결과는 부정할 수 없었다. 농축 우라늄을 만들어 내는 물리적 시스템은 피해를 입었고 손상되었다. 이는 이란 핵 프로그램의 효율성과 능력의 저하를 초래했고, 당시 특정 핵 능력을 획득하고자 하는 그들의 능력에 영향을 미쳤다.

그러나 이 무기는 단순히 의도했던 표적에서 멈추지만은 않았다. 시만텍의 나탄즈 핵 시설 공격에 관한 연구에 따르면 100,000개 이상의 고유

24 PLC(Programmable Logic Controller): 프로그램 가능한 논리 제어 부품.

IP(Internet Protocol) 주소가 스턱스넷 바이러스의 여러 버전과 마주했거나 노출되었다고 한다. 스턱스넷이 매우 범위를 좁혀서 표적을 공격하는 무기였음에도, 그 무기가 이란 네트워크의 방어선을 넘어서 퍼져 나가는 데는 그리 오래 걸리지 않았다. 대부분이 MS 윈도 소프트웨어를 사용하던 이란의 네트워크 내에서 이 무기를 확산시키기 위해 사용한 악성코드가 이러한 네트워크 밖의 취약한 컴퓨터에 노출될 경우, 복제가 가능해지고 전 세계로 이동할 수 있다는 것을 의미했다. 바로 그런 일이 일어난 것이다.

스턱스넷 특성과 관련된 4만 건 이상의 다른 감염 사례가 나탄즈 공격 이후 3년 동안 도처에서 발견되었고, 대만 같은 나라의 연구자들에 의해 3가지 다른 변종 악성코드가 발견되었다.

이후 7년 동안 스턱스넷 무기의 다양한 변종이 전 세계의 다양한 조직에서 발견되었다. 스턱스넷의 다른 버전인 **듀크(Duqu)는** 2011년 부다페스트(Budapest)에서 발견되었다. 듀크는 스턱스넷 도구와 매우 유사한 기술적 구성요소를 많이 가지고 있었지만, 듀크는 물리적으로 시스템을 파괴하기 위해 만들어졌다기보다는 키 입력값을 포함한 정보를 수집하기 위한 목적으로 변형되었다.

스턱스넷의 또 다른 기술 변종인 **플레임(Flame)**은 2012년에 발견되었다. 플레임은 스턱스넷 코드와 프로토콜 부분에서 유사성을 띠고 있었지만, 플레임은 스카이프 통화를 포함한 음성 및 채팅 대화를 수집하고 녹음하도록 수정되었다.

2017년에는 스턱스넷의 또 다른 변형 도구인 **트리톤(Triton)**이 이란 핵 네트워크 시스템에 깊숙이 잠복해 있는 것이 발견되었다. 트리톤은 같은 지멘스

S7 PLC 컨트롤러의 변형을 활용한 석유화학 공장의 안전 시스템을 비활성화하도록 수정되었다. 그것은 연구원들에 의해 **'세계에서 가장 살인적인 악성 프로그램'**으로 불렸다. 트리톤의 안전 제어 불능화는 곧 화학 공장에서 폭발 제어에 실패할 수 있다는 것을 의미했다. 스턱스넷은 미국에서 만든 사이버 무기일 가능성이 크지만, 그 변형된 버전들이 미국이나 동맹국들에게만 한정되어 있던 것은 아니었다. 사이버 회사인 **파이어아이**(FireEye)의 후속 연구에서는 트리톤이 러시아 기관들의 소행일 것이라고 보고 있다. 듀크는 중동에서 기원한 것으로 알려져 있다. 그리고 플레임은 아직 구체적인 출처가 밝혀지지 않았지만, 어느 조직이든 그것을 만들어야 하는 이유가 있었을 것이다.

잘 구축된 사이버 무기를 사용했던 첫 공격인 스턱스넷 공격은 무기들이 표적 지역 밖으로 유출된 은밀한 전쟁이 만들어 낸 첫 번째 공격이었다. 스턱스넷이라는 무기는 전 세계가 알게 된 최초의 국가 차원의 사이버 무기였다. 그리고 그런 무기의 사용은 사이버전 담당자들이 원래 의도했던 작전 영역을 훨씬 넘어 사용할 수 있는 변형과 공격 도구로 이어졌다.

사이버 보복전

그 후 몇 년 동안, 이란인들은 스턱스넷 공격에 대해 그저 수수방관하면서 대응하지 않는 입장만 취하지는 않았다. 그들은 재빨리 사이버 작전을 확대시켜서 같은 방식으로 대응했다. 2012년, 스턱스넷에 대한 이란의 대응책인 **작전명 클리버**(Operation Cleaver)가 시작되었다. 클리버 작전의 대상에는 군사, 석유, 가스, 에너지, 유틸리티, 교통, 항공사, 공항, 병원, 통신, 기술, 교육, 항공우주, 방위산업기지, 화학회사, 정부 등이 포함되었다. 이 사이버 공격은 스턱스넷 공격에 대한 보복으로 시작되었으며, 미국의 은행 시스템과 사우디아라비아 석유 사업을 겨냥했다. 이러한 공격들은 상당히 큰 의미가 있었지만, 표적이 되었던 은행들에 대한 재정적 타격과 석유 시설의 석유 수송 능력에 대한 타격 외에는 큰 결과를 낳지 못했다.

클리버 작전은 스턱스넷 공격에 대한 직접적인 대응이었지만, 전략이 완전히 같지는 않았다. 스턱스넷이 이란의 핵 원심분리기에서 비교적 짧은 시간 내에 물리적 손상을 일으키는 데 초점을 맞춘 데 비해, 클리버 작전은 장기적인 책략에 가까웠다. 클리버 작전이 무역에서 이란인들의 경제적 이익을 얻기 위해 사용될 수 있는 지적재산이나 데이터를 포함하는 '비교적 작은 성과'를 목표로 했지만, 규모 면에서는 훨씬 더 컸다. 미 해군/해병대 인트라넷, 핵심 인프라 제공업체, 항공사 운영 단체에서 교육 기관에 이르기까지 모든 것이 타격을 입었다.

사용된 이란의 악성코드는 스턱스넷 도구에 의해 공격을 당한 후, 분석을 통해서 악성코드의 구성과 설계에 대한 교훈을 얻었음을 보여 주었다. 멀웨어를 활용한 클리버 작전은 스턱스넷과 유사한 시스템의 혈관에 해당하는 부분을 공격했다. 클리버 멀웨어는 취약한 대상을 찾아 공격하고 네트워크 깊숙한 곳에서 워밍업을 한 다음 지휘 · 통제 인프라를 활용해서 손상된 환경에서도 데이터를 빼돌릴 수 있었다.

스턱스넷이 그들의 공격을 포장하고 궁극적인 목표를 찾기 위해 네트워크 자체를 활용했던 것처럼, 클리버도 마찬가지였다. 그러나 스턱스넷이 우아하면서도 은밀한 악성코드 조각이자 디지털로 만든 수술칼이었던 반면, 클리버에서 사용했던 도구들은 큰 망치를 숨기지 않은 채 시스템을 계속 두드리는 형태의 개방적인 공격들로 구성된 공공연하게 드러난 패키지였다. 일반 사이버 보안업체들에 의해 클리버 악성코드의 샘플이 수집 가능했었고, 이란 관련 기관에 공개적으로 등록된 매우 명백한 도메인과 사이트를 활용했다는 것이 쉽게 발견되었다. 미국과 연합국 정부 관리들은 물론 많은 분석가들은 클리버 공격 이후 이 악성코드 작전이 은밀하게 진행되지 않은 이유가 이란인들이 무력시위를 원했기 때문이라고 지적했다.

판도라의 상자가 열리다

2010년대 후반은 그 전반과 마찬가지로 사이버 전쟁의 미래상을 만들어 가는 기간임이 증명되었다. 그러나 이 시기에 사이버 무기가 공개된 것이 국가들에 의해서만 일어난 것은 아니었다. 혼란을 일으키기 위한 악의적인 해커단체들에 의해서도 일어났다.

악의적인 해커단체들을 일컫는 **쉐도우 브로커스**(Shadow Brokers)는 2015년과 2016년에 이러한 작전의 선두에 섰다. 쉐도우 브로커라는 이름은 당시 인기 있던 비디오 게임 **매스 이펙트**(Mass Effect)를 가리키는 말이다. 이 게임에서 쉐도우 브로커스는 정보를 거래하는 조직의 우두머리로 알려져 있으며, 최고 입찰자에게만 정보를 판매한다. 사이버 공간에서 쉐도우 브로커스는 거래에 매우 유능한 것으로 보였다. 쉐도우 브로커스가 인터넷에 올린 첫 번째 유출사건은 미국 정부, 특히 사이버 무기 제작자인 NSA를 직접 겨냥한 것이었다.

2016년 8월 13일, 쉐도우 브로커스는 **페이스트빈(Pastebin)**[25]에 공지사항 하나를 게시했는데, 거기에는 그들이 잘 알려지지 않은 방법으로 **이퀘이션 그룹(Equation Group)**[26]에서 온 특정 도구에 대한 접근 능력을 확보했다고 밝혔다. 이퀘이션 그룹은 메릴랜드주 포트 미드의 맞춤형 접근 작전 팀(TAO)의 일부이거나 직접 관련이 있는 것으로 알려져 있다.

이 팀은 2010년 미국 사이버사령부 창설로 인해 발전한 부대로 스턱스넷의 설계와 운용을 직접 담당했던 것으로 보인다. 미국 정부를 위한 디지털 무기 제조 공장이었다. 이 페이스트빈 공지 사항은 다음과 같은 문장으로 시작되었다.

> 이퀘이션 그룹의 사이버 추적 무기 경매에 초대합니다.
> 사이버전의 정부 후원자와 이익을 얻는 사람들에게 주목하라.
>
> 적들로부터 사이버 무기를 사는 데 얼마를 지불하나요? 일반적인 네트워크에서 발견되는 악성 프로그램이 아닙니다. 우리는 스턱스넷, 듀크, 플레임을 만들었던 사람들이 만든 사이버 무기를 발견했습니다. 카스퍼스키(Kaspersky)가 이퀘이션 그룹을 불러냈습니다. 우리는 이퀘이션 그룹의 트

25 페이스트 빈(Pastebin): 텍스트 파일 공유 사이트를 말함. 익명으로 텍스트, 문서를 공유할 수 있으며, 주로 프로그래머들이 코드를 보관하고 공유하는 데 사용함.

26 이퀘이션 그룹(Equation Group): 미 NSA의 TAO라고 하는 부서에 소속된 것으로 의심되는 단체.

래픽을 따라갔고, 그 소스를 찾아냈습니다. 그리고 이퀘이션 그룹을 해킹한 결과, 이퀘이션 그룹이 만든 수많은 사이버 무기들을 발견했습니다. 사진으로도 확인할 수 있습니다. 이퀘이션 그룹에서 만든 파일을 무료로 제공하니 재미있게 즐기세요! 이제 당신은 많은 것을 무너뜨릴 수 있고 많은 침입을 할 수 있습니다. 말을 너무 많이 한 것 같네요. 하지만 여기에 적힌 것이 전부가 아닙니다. 우리는 최고의 파일들을 경매하고 있습니다.

게시물은 아래와 같이 추가 내용을 담고 있었다.

페이스트빈은 암호화된 경매 파일에 대한 암호를 얻기 위한 지침을 계속 제공합니다. 경매 지침은 다음과 같습니다.

저희는 최고 입찰자에게 최고의 파일을 경매에 부칩니다. 경매에 나온 파일은 스턱스넷보다 더 좋습니다. 경매에 부쳐지는 파일은 이미 보내 드린 무료 파일보다 더 품질이 좋은 것들입니다. 비트코인은 아래 주소로 보내 주시기 바랍니다.
19BY2XCGBDe6WtTVBTyzM9eR3LYr6VitWK
입찰이 중지되기 전에, 저희가 암호 해독 방법을 알려 드릴 겁니다.
매우 중요한 사항입니다!
비트코인을 보낼 때, 거래에 additional output을 추가하세요. OP_Return Output을 추가하세요. Op_Return Output에 당신(입찰자)의 연락처 정보를 입력하세요. 비트 메시지 또는 I2P-bote 이메일 주소를 사용할 것을 권장합니다. 다른 정보는 대중에 공개되지 않을 것입니다. 인증되지 않은 메시지를 믿지 마십시오. 당첨자에게 암호 해독 지침은 별도로 연락드리겠습니다. 당첨자는 원하는 대로 파일을 사용할 수 있습니다. 우리는 파일을 외부에 공개하지 않습니다.

2017년 10월 페이스트빈에 올린 글에 이어 쉐도우 브로커스는 다시 특정 NSA 수준의 도구, 즉 이퀘이션 그룹이 만들거나 사용하는 도구에 접근할 수 있음을 공지했다.

그해 말에 쉐도우 브로커스는 또 다른 게시물을 공지했는데, 이 게시물에서는 다양한 고급 공격 도구에 대한 접근과 그것들을 캡처한 스크린샷이 쉐도우 브로커스와 접촉하는 모든 사람에게 제공되었다. 쉐도우 브로커스에 의한 가장 영향력 있었던 유출은 2017년 4월, 코드 워드 악성 애플리케이션에 관한 링크가 있는 [@Shadowbrokers] 계정에 연결된 트윗을 게시했을 때였다. 그중 가장 강력했던 것은 **이터널 블루**(Eternal Blue)[27]였다. 이 악성 프로그램은 온라인에 게시된 지 2주 만에 200,000대 이상의 기계를 감염시켰다. 이터널 블루의 잔재들은 **워너크라이**(Wanna Cry)와 **낫페티야**(NotPetya) 랜섬웨어 공격에서 나타났는데, 이 공격에서 수백만 대의 기계가 영향을 받아서 전 세계 여러 조직에서 수십억 달러의 손실이 발생하도록 만들었다.

쉐도우 브로커스의 구체적인 동기는 실제 제대로 알려지지 않겠지만, 그들

27 이터널 블루(Eternal Blue): 미 NSA에 의해 개발된 것으로 알려진, 취약점 공격 도구. 쉐도우 브로커스라는 해커단체가 2017년 4월 14일 유출하였으며, 다음 달인 5월 12일 전 세계에 워너크라이 랜섬웨어 공격의 일부로 사용되었다.

이 했던 행동의 결과는 확실히 알려지게 되었다. 지금까지 쉐도우 브로커스 유출의 범인은 밝혀내지 못했는데, 이는 아마도 미국 연방 정부에 의한 보복이라는 매우 현실적인 두려움 때문일 것이다. 언론에서 이러한 유출과 관련 있을 수 있다고 지적한 개인들이 몇몇 있었다. 그중 한 명은 전직 부즈 앨런 해밀턴(Booz Allen Hamilton) 업체의 계약자인 해롤드 T 마틴(Harold T. Martin)으로, FBI가 그의 집을 급습하여 50테라바이트가 넘는 NSA 도구와 악성 프로그램을 훔쳤다는 사실이 발견되면서 범인으로 몰렸다. 하지만 그러한 주장은 입증되지 않았고, 쉐도우 브로커스는 그가 체포된 후에도 계속해서 게시물을 올렸다. **에드워드 스노든**(Edward Snowden)은 자신의 트위터에 '상황적 증거와 통념이 러시아의 책임임을 시사한다.'라고 언급했지만, 그 역시 검증되지 않았다.

쉐도우 브로커, 러시아 스파이, 조직에 불만을 품은 직원, 국가 수준의 해커, 또는 정치적 목적을 가진 단체 등 유출자가 누구였든 간에, 그렇게 유출되어 지구상의 모든 사람들에게 무료로 제공되었던 것이 정부가 만들어 낸 무기와 같은 것이었다는 사실만은 확실하다.

결론

사이버전은 현재 정보체계 망과 거기에 연계된 시스템에 국한되어 있지만, 조만간 확대될 것으로 전망된다. 위협 행위자와 사이버 전사는 물리적 수단과 비(非)물리적 수단 중 하나를 결정하기보다는 원하는 결과를 가장 잘 만들어 낼 방법을 선택하게 될 것이다. 사이버에 기반을 둔 영향은 컴퓨터와 기반 구조의 네트워크에만 국한되지 않고, 오히려 지상, 공중, 해상, 우주 및 사이버 공간 전 영역에 걸친 모든 전자 정보 처리 시스템을 포함할 것이다. 사이버전의 미래는 불행하게도 방어 부대의 정책, 기술 및 위협으로 방해가 되거나 예측 가능하지 않다. **블루킵**(BlueKeep)과 그 변종과 같은 주요 국가 수준의 공격, 소셜 미디어가 가진 영향력, 봇을 활용한 전술과 같은 전력 증강이 확산되는 현상은 미래의 사이버 공격의 다양성과 공격성을 증가시킬 것이다.

새로운 기술은 사이버 공간에서 사용되는 무기뿐만 아니라 영역 자체의 구성에도 불균형한 영향을 미칠 것이다. 사이버 공간에 대한 국가정책은 사이버 능력에 대한 참여 목표와 규칙, 그리고 운영의 조직과 실행을 규정하지만, 그 '규칙'은 사이버 능력을 기꺼이 활용하려는 국가와 전투원에게만 적용된다. 사이버 공간에 대한 제네바 협약은 없으며, 실제로 방어하는 측에게 이렇게 제한을 두는 것은 그 제한 사항을 지키지 않는 사람들에게 힘만 실어 주는 결과를 낳기 때문에 불균형하다고 한 것이다. 사이버 공간은 북한이나 이란과 같은 나라가 지구상에서 가장 강력한 국가들과 동일한 파괴적 영향력을 미칠 수 있는 유일한 영역이다. 디지털 공간의 활용은 전쟁터를 효과적으로 평준화시켰다.

디지털 세계는 국가와 조직이 미래를 위해 계속 싸울 공간이다. 그 '인프라'를 가지고 있으면서 적들로부터 주도권을 잡는 것은 첩보 활동과 전쟁의 역사에서 새로운 것이 아니다. 그것은 신냉전을 계속 몰아갈 전쟁의 진화로 인해 필요한 도구와 전술의 변화일 뿐이다.

전쟁 중인 사이버 초강대국과 전 세계의 해커 조직들 사이에 이 아무도 없는 땅 한가운데에 있는 우리에게는 해결하기 어려운 **'이러한 공격이 성공할 수 있도록 시스템과 인프라를 구축해 놓았다는 사실'**만이 존재하고 있다. 반세기 동안의 과도한 혁신 속도와 실패한 보안 패러다임에 대한 의존은 이러한 침략과 공격이 계속해서 성공할 수 있게 만들었다.

이 장에서, 우리는 이런 사이버 공간의 역사에 대해 매우 사실적인 분석을 통해 우리가 이 무대에 서로 모여들게 된 이유에 대해 깊이 알아보았다. 다음 장에서는 우리가 구축한 네트워크와 이러한 인프라의 기본 아키텍처에 어떤 결함이 있으며 왜 계속 실패할 것인지에 대해 알아본다.

제2장

무너진 방어선

지난 30년 이상 네트워크와 디지털 인프라 보호를 위한 계획에는 **방어선에 기초한 보안**(Perimeter-Based Security)이라는 개념이 핵심이었다. 모두가 방어선을 만들기 위한 벽의 높이가 충분하고, 네트워크의 외부 방어벽이 충분히 튼튼하기만 하면 적이 '침투할 수 없을 것'이라는 개념에 동의했다. 모든 글로벌 아키텍처는 이러한 개념 아래 구축되고 운용되었으며 **'종심 깊은 방어선'**과 **'성곽과 해자에 의한 방어선 구축'**이라는 방법론에 대규모 예산이 투입되었다. 그러나 다 헛수고였다.

방어선에 기초한 보안모델은 인터넷의 진화, 장치 및 접근의 급증, 클라우드 컴퓨팅의 폭발적 증가, 모바일 및 개인휴대용기기[28]를 활용하는 인구의 증가를 따라가지 못했다. 방어선이 모두 사라진 것이다. 사용자가 노트북 컴퓨터를 집으로 가져가거나, 가정용 PC에서 로그인하거나, 모바일 기기나 앱을 사용하여 네트워크의 구성요소에 접근할 수 있는 순간, 방어 가능한 경계선은 기본적으로 산산조각이 난다.

이번 장에서는 장애 및 데이터 침해 예방을 위한 시스템이 어떻게 구축되었는지를 세부적으로 살펴본다.

- **방어선에 기초한 보안모델**에는 어떤 근본적 결함이 있는지 살펴본다.
- 현재의 기술이 기반 구조에 부여하는 한계에 대해 논의한다.
- 상호 연결이라는 네트워크 특성으로 인한 침해와 실패에 대해 분석한다.
- 적대적인 국가와 적들이 이러한 실패한 아키텍처를 어떻게 이용하는지에

28 BYOD(Bring Your Own Device): 개인 소유의 노트북, 태블릿PC, 스마트폰 같은 단말기를 업무에 활용하는 것.

대한 통찰력을 제공한다.

먼저, 무너진 방어선을 적절하게 설명해 줄 수 있는 적절한 시나리오 하나를 소개한다.

방어선에 기초한 보안모델에는 어떤 취약점이 있는가?

다음에 제시되는 시나리오를 한번 생각해 보자. 자신의 단말기에 대한 관리 권한을 가진(대부분이 그러하듯이, 특히 자신의 개인용 기기일 때) 사용자가 재택근무를 하는 동안, 아이들이 숙제를 한다고 해서 그 기기를 사용하도록 허용해 준다. 아이는 대단히 성능이 좋으며 상당히 많은 앱이 설치되어 있지만 관리되지 않고 있는 부모의 단말기를 사용하면서, 숙제를 할 수 있는 안전한 사이트 대신, 학교에서 들었던 해롭게 보이지 않는 사이트를 방문한다.

이 어린 사용자는 그 사이트에서 제공하는 모든 것을 보고 싶어 한다. 하지만 그러기 위해서는 부모가 사용하던 브라우저에 플러그-인 프로그램을 내려받고, 방문했던 사이트의 콘텐츠 사용을 위해서 설치해야 한다고 알려 주는 앱까지 내려받는다(아이들이 이미 이 단말기에 대한 관리자 권한을 가지고 있어서 이 작업을 실행할 수 있다는 것을 기억하라!). 그리고 그 아이들은 그렇게 프로그램과 앱을 내려받는다.

사이트의 모든 것이 제대로 작동하면서 악성 프로그램이 설치되어도 (새로운 악성 프로그램이 다운로드되어도 경고를 울릴 만한 알려진 특징이 없고, 표적이 되는 단말기의 특정되지 않은 메모리 공간에서 그 악성 프로그램이 작동하기 때문에) 알람은 울리지 않는다. 어린 사용자는 관심이 가는 것은 무엇이든 둘러보고, 부모의 컴퓨터를 꺼 버린다. 여기까지는 모든 것이 정상이다. 그들은 그렇게 생각했다.

이제 완벽하게 설치되어 제대로 작동할 수 있게 된 악성 프로그램은 단말기가 다시 켜질 때까지 대기하면서, 백그라운드에서 비밀스럽게 자판 입력 로그를 자동으로 기록하는 앱, 가상사설네트워크 VPN[29] 로그인에 필요한 인증서와 관리자 암호 및 해시태그를 찾아 주는 악성 앱을 내려받는 작업을 계속한다.

다음 근무일에 실제 업무를 위해서 사용자는 단지 업무 목적으로만 해당 단말기를 켜고, 사무실에 설치된 업무용 네트워크에 연결한다. 그러면, 설치되어 있던 악성 프로그램은 업무용 네트워크에 터널링을 위해서 완벽한 관리자 권한과 제어 기능을 갖춘 파이프라인을 직접 연결하게 된다. 일단 연결되면 악성 프로그램은 해당 업무용 네트워크에 교두보를 설치하기 시작하며, 이미 인증되어 있던 사용자는 충분한 권한을 가지고 있어서 교두보를 설치하는 작업을 아무 제한 없이 수행할 수 있게 된다. 악성 프로그램은 네트워크 내부를 자유롭게 옮겨 다니면서 인증된 사용자와 똑같은 권한을 공유하게 되는 것이다.

가상 LAN과 해당 네트워크의 하위 네트워크가 서로 연결된 것과 내부 시스템에서 사용자 인증을 위해 운용되는 인증체계의 취약점은 악성 프로그램이 확산되는 데 대체로 도움이 된다. 왜냐하면, 믿고 있던 방어선이 설치된 영역 안에 그들이 있었기 때문이다. 이런 네트워크와 통제장치는 악성 소프트웨어가 거의 방해받지 않고 돌아다닐 수 있게 만들어 준다.

29 VPN(Virtual Private Network): 가상 사설 망. 인터넷과 같은 공중망을 마치 전용선으로 사설망을 구축한 것처럼 사용할 수 있는 방식.

이 악성 소프트웨어는 아주 가치 있는 애플리케이션과 연결하고, 치명적인 데이터 자산, 또는 기기를 찾기 위해 네트워크 안으로 계속 침투해 들어간다. 그런 다음 해당 네트워크 안에서 악성 프로그램 운용에 필요한 지휘 · 통제를 수행해 가면서 천천히 데이터를 뽑아내 가는 방법으로 가치 있는 정보들을 추출한다. 이렇게 추출된 정보들을 그냥 강제로 탈취하거나 판매 목적으로 사용하거나, 단순히 시스템을 잠가 버린 다음 그것을 인질로 삼아 랜섬웨어 공격을 할 수도 있다.

단말기, 네트워킹 또는 네트워크 자체에서 실질적으로 가치 있는 것이 발견되지 않는 경우, 이미 침해당한 네트워크 안으로 접근할 수 있는 권한과 네트워킹에 대한 취약점은 해커들의 지하시장 또는 다크 웹에서 재판매된다. 그리고 다른 악성 행위자들이 해당 취약점을 활용함으로써 향후 은밀하게 작업을 할 수 있게 된다. 그 네트워크는 적어도 이런 취약점 때문에 범죄 행위에 대한 **점프 호스트**[30]가 될 것이다. 그것이 무엇이 되었든지, 방어선에 기반을 둔 보안이라는 구식 전략에 따라 구축된 네트워크와 방어선 안에서는 신뢰할 수 있다는 특성을 활용하여 일단 침투가 되기만 하면 방어선 자체가 악성 소프트웨어가 방해받지 않고 활동할 수 있게 도움을 줄 뿐만 아니라 구축된 방어선에 대한 침투가 가능해졌다는 것 자체가 명백한 실패인 것이다.

이런 시나리오는 사용자가 우연히 자신의 단말기를 집으로 가져갔다는 이유만으로 조직 또는 정부가 설정해 놓은 보안용 방어선을 활짝 열어 버릴 수 있음을 보여 준다. 현실 세계에서도 조직과 정부는 이런 결과를 직접 목격할 수

30 점프 호스트(Jump Host): 격리된 네트워크에 있는 장비들을 접속하고 관리할 수 있는 시스템.

있다. 다음 섹션에서는 기업이 감염되지 말았어야 할 랜섬웨어에 감염되어 희생양이 되어 버린 실제 사례를 살펴보려고 한다.

글로벌 방어선의 붕괴

방어선에 기초한 보안모델의 기술적 경직성이 적으로부터의 공격 · 이용 · 악용을 어떻게 확산시키고, 현존하는 위협 행위에 대처하는 데 얼마나 비효율적인지를 보여 주는 또 다른 사례인 해운 분야의 대기업 **머스크(Maersk)**사에서 발생한 사건을 분석해 보자.

우크라이나 회사 **린코스 그룹(Linkos Group)**에서는 회계업무용 소프트웨어를 사용하고 있었는데, 2017년 당시까지만 해도 정상적으로 운영되고 있었다. 이 회사의 IT 리더들과 사용자들은 잘 알지 못했지만, 회계업무용 소프트웨어의 업데이트를 담당하면서 수백 개의 클라이언트와 연결되어 있던 서버가 **낫페티아**[31]라는 랜섬웨어 공격의 확산을 가능케 한 최초 시작점이 되었다. 러시아 정부 소속의 사이버 작전부 예하 군부대가 공격 대상으로 삼고 있던 우크라이나에 회사가 있었다는 것 외에는 아무런 잘못도 하지 않았던 린코스 그룹은 러시아가 우크라이나 지역에서 군사적 우위를 점하기 위해 수개월 동안 비밀리에 행해진 사이버 공격의 희생자가 되었다.

러시아 사이버전 담당 부서는 2017년 미 국가안보국 NSA에서 유출된 **이터**

31 낫페티야(NotPetya): 페티야(Petya)는 2016년 처음 발견된 암호화 랜섬웨어의 일종이며, 페티야 이후에 페티야와는 다른 방식이라는 의미의 변종으로 2016년 3월 처음 나타난 랜섬웨어.

널 블루[32]라는 도구와 2011년부터 일상적으로 사용되었던 표준화된 관리자 패스워드 검사 도구인 **미미카츠**[33]를 조합한 최초의 랜섬웨어를 만들었다.

러시아 사이버전 담당 부서는 이 도구들을 조합해서 단지 피해자의 단말기를 잠그는 기능만 하면서 신속하게 전파 가능한 도구로 만들었다. 그리고 그 도구를 활용해서 표적이 되었던 네트워크 전체에 들불처럼 퍼져 나가게 했다. 패스워드를 재사용하거나, 간단하게 조합해서 패스워드를 만들거나, 네트워크 자원을 공유하는 현상과 함께 사용자에게 과도한 권한을 주었던 관행은 이와 같은 사이버 무기가 퍼져 나가는 데 완벽한 조건을 만들어 주었다.

러시아 사이버전 담당 부서로부터 지시를 받자마자, 악성 프로그램(또는 이 경우에는 랜섬웨어)이 실행되었다. 몇 시간 안에 린코스 그룹의 서버에서 업무용으로 연결되어 있던 각각의 네트워크를 통해 다수의 지점에 피해를 주었고, 이렇게 추가로 연결된 서버들과 네트워크가 서로 연결되어 있다는 이유로 공격은 계속해서 퍼져 나갔다.

마이크로소프트는 그해 초에 이터널 블루에 대비한 패치를 출시했지만, 업데이트 관리를 위한 업무 절차와 필수 패치 프로토콜의 부족으로 인해 글로벌 인터넷으로 연결된 점을 활용한 낫페티야가 머스크 그룹으로 다시 옮겨 가면서 추가적인 확산까지 가능하게 만들었다. 다시 말해서, 네트워크가 서로 연결되어 있다는 특성과 네트워크 내에서 공유하고 있던 기술 · 인적 요소, 그리

32 이터널-블루(EternalBlue): 미 NSA에 의해 개발된 것으로 간주되는 취약점 공격 도구. 쉐도우 브로커스라는 해커 그룹이 2017년 4월 14일에 유출하였으며, 2017년 5월 12일에 전 세계 워너크라이 랜섬웨어 공격의 일부로 사용되었다.

33 미미카츠(MiMikatz): Windows용의 대표적인 포스트 익스플로이트 툴의 하나.

고 업무 수행 절차에서의 실패가 모두 종합적으로 작용하면서 감염을 위한 완벽한 조건이 만들어지게 된 것이다.

피해자들의 몸값을 요구하는 고지서가 거짓임을 알아차리고 나서야 **'낫페티야'**가 갈취를 위한 도구가 아닌 무기로 사용되었음을 알게 되었다. 이 악성 소프트웨어는 감염된 컴퓨터의 가장 깊숙한 부분인 **마스터 부트 레코드**, 즉 모든 컴퓨터가 핵심 운영체제를 가지고 있는 바로 그 영역을 이용한 것이다. 몸값을 지급한다고 해도 소용없었고 문제를 해결하지도 못했다. 결국, 서버 시스템은 비싼 고지서를 깔고 앉아 있는 문진과 같은 신세가 되었다.

이 공격에는 실제로 작동 가능한 암호 해독키도 없었다. 감염된 단말기들의 시스템 사용성을 떨어뜨리기 위한 목적으로만 만들어진 무기였고, 머스크 그룹은 피해를 입은 글로벌 기업 중의 하나가 되었다.

특히, 머스크 그룹의 초기 감염은 기술적인 이유가 아닌 일반적으로 적용하고 있던 업무 수행 절차 때문에 발생했다. 우크라이나 오데사(Odessa)에 있던 머스크 그룹의 한 원격 사무실에서 IT 담당자가 **M.E.Doc**이라는 회계업무용 소프트웨어를 컴퓨터 한 대에 설치하는 작업을 수행했다. 린코스 그룹이 그 소프트웨어의 판매와 관리를 담당하고 있었고, 또한 감염되는 데 필요한 모든 인프라를 갖추고 있었다.

일단 낫페티야 웜이 머스크 그룹이 사용하던 네트워크로 침투에 성공하기만 하면, 퍼져 나가는 감염 속도가 아주 충격적이었다. 몇 시간 후, 낫페티야가 사용했던 악성 도구의 강력한 능력과 집중 공격으로 인해서 보안에 필요한 도구와 기술을 구비하는 데만 수백만 달러를 쓴 10억 달러 규모의 네트워크 전체가 무용지물이 되었다.

머스크 그룹의 IT 담당자는 감염 사태의 비참함과 함께 방대한 인프라를 지휘 · 통제하던 관행이 분야별 관리자들의 후속 대응에 실패를 가져왔다는 사실을 깨달았다. 업계의 일반적인 모범 사례를 따라, 머스크의 IT 담당자는 Windows 엔터프라이즈의 두뇌 역할을 하는 모든 인증 세그먼트[34]를 기본적으로 공유하고, 모델 구축 시 월드 와이드 웹 도메인 관리자 설정을 같이 운용되도록 세팅했다. 그러나 이를 통해 서로 연결된 각 도메인 관리자들이 거의 동시에 감염되었고, 공격의 확산 반경이 넓어지는 데 오히려 도움을 주었으며, 머스크 그룹의 내부 지휘 · 통제 인프라의 치명적인 부분들이 체계적으로 **'각개격파'**되었다.

가나(Ghana)에 있던 머스크 그룹의 한 원격 사무실은 공격당하기 직전에 정전이 발생했는데, 그런 곳은 모두 살아남을 수 있었다. 그런 **'운명의 장난'**이 없었더라면, 머스크 그룹은 이런 유형의 공격으로부터 회복할 가능성은 거의 제로였을 것이다.

대형선박용 항구 터미널 대부분이 감염되어 운용할 수 없게 되자 글로벌 물류와 운송에 심각한 영향을 미치게 되었다. 회사를 운영하는 사람들은 회사를 본궤도에 올려놓기 위해 스프레드시트로 된 서류 뭉치, G-mail 계정, 개인 휴대전화 등에 의존해야 했다. 기업 네트워크를 사용하는 수천 대의 서버와 단말기들 중 일부분만 사용할 수 있었고, 머스크의 물류 제공자, 공급자, 트럭 운전사, 사용자들로 구성된 글로벌 네트워크가 몇 주 동안 정상적으로 운용되지 못했다.

34 세그먼트(Segment): 프로그램이나 데이터를 세그먼트 또는 섹션이라는 가변 크기로 관리하는 방법이다. 여기서는 인증을 위해 필요한 데이터나 프로그램 단위를 의미한다.

머스크가 손해를 본 총비용은 대략 2.5억 달러 또는 그 이상으로 추정되었고, 그것도 보완하고 해결하는 데 들어가는 비용이 포함되기 전의 추정 예산이었다. 머스크 그룹의 손해액은 총 10억 달러에 육박하는 것으로 추정된다(Greenberg, 2018). 이 모든 사고가 시스템에 회계용 소프트웨어 하나를 설치하기 위해서 외부의 거래처와 고객이 네트워크로 연결됨으로 인해서 발생한 것이다.

손해액을 전체적으로 따져 본다면 수십억 달러가 되었다. 수천 개의 기업, 병원, 그리고 민간단체들이 영향을 받았기 때문이다. 병원들이 감염되면서 환자들은 치료를 받지 못했고, 심지어 미 국방부 네트워크까지도 피해를 봤다. 만약 과거에 글로벌하게 채택되어 시행되던 관행들로 인해 보안에 실패하고 결국 사이버 무기의 파괴력을 기하급수적으로 증가시키게 될 것이라는 징후를 살펴보고 싶다면, 낫페티야가 완벽한 사례가 될 것이다.

우리는 글로벌 기업과 전 세계에 널리 퍼져 있는 다른 조직들이 오래도록 유지해 온 관행이 잘못되었을 경우 얼마나 심각한 손실을 보았는지를 살펴보았다. 다음 섹션에서는 보안을 제대로 잘 지키던 조직이 겉보기에는 공격할 틈이 없어 보였던 방어선을 오랫동안 유지하면서 만들어 온 관행이 취약점으로 작용할 때 얼마나 많은 실패를 만들어 낼 수 있는지에 대해 살펴보고자 한다.

규정을 잘 지키던 조직의 방어선도 뚫린다

현재에도 잘 준수하고 있는 보안상의 관행이 무너지고 효과가 없다는 것을 보여 주는 또 다른 사례로 **에퀴팩스**[35]의 사례를 들 수 있다. 보안에 수백만 달러를 지출하고 데이터 보안 계획의 지위와 영향을 온전히 잘 알고 있는 사용자도 **방어선에 기초한 보안모델**에서 취약점이 발견되면 큰 실패를 경험하게 된다.

에퀴팩스 사례의 기술 · 관리적 측면을 생각해 보자. 이 회사는 보안 팀을 위해 많은 예산을 투입했으며, 모든 필수 규정 준수에 필요한 솔루션도 마련되었고, 광범위한 보안 모니터링과 분석까지 하고 있었다. 그러나 1억 4천만 명 이상의 미국인과 80만 명 이상의 영국 시민을 위한 회사의 전체 데이터 저장소가 거의 1년 동안의 침투 과정을 통해 공격당했다.

감염의 초기 원인은 신용 분쟁 사건을 다루는 공공 대면 웹 서버의 취약점 때문이었다. 이 서버는 **아파치 스트럿츠 프레임워크**[36] 중에서 약간 오래된 버전을 사용하고 있었는데, 초기 공격이 있었던 그 주(週)에 미국 CERT팀은 이 오래된 버전에 대한 패치를 배포하였다.

이 경우에 해커는 공개된 취약점을 이용해서 접근하면서 권한 등급을 높인 다음 네트워크로 더 깊숙이 침투했다. 이런 방법은 악성 소프트웨어를 활용하는 방법 중에 매우 흔하고 잘 알려진 방법이어서 에퀴팩스 보안 팀에게는 이미 잘 알려져 있었다. 그렇지만 성공적으로 침투할 수 있었다. 침투에 성공한 다음 해커는 획득한 권한을 활용해서 관리 · 제어 권한을 끌어올려 몇 달 동안 시스템 접근 권한까지 확보하도록 환경설정하는 데 성공했다. 에퀴팩스에는 방화벽과 침입 모니터링 및 네트워크 분석 기능이 있었지만 이미 만료된 인증서

35 에퀴팩스(Equifax): 다국적 소비자 신용 보고 기관.

36 아파치 스트럿츠 프레임워크(Apache Struts Framework): Java EE 웹 애플리케이션을 개발을 위한 오픈소스 프레임워크.

때문에 시스템이 최적으로 작동하지 않았고, 수정해야 한다는 징후를 발견하지 못했다.

모니터링에서 핵심적 역할을 하는 인증서가 만료된 지 10개월 이상 지났으며, 수동으로 위반사항이 감지되더라도 한참 후에야 수정할 수 있었다. 처음에는 제한된 몇 개의 서버에 비교적 부분적으로 접근하면서 시작되었던 것이 수억 명의 중요한 개인 식별정보를 포함한 50개 이상의 데이터베이스 서버로 퍼져 나간 것이다(Ng, 2018).

모니터링과 세분화[37]에 실패한 것에 추가해서 기본적인 데이터 관리에서의 실수도 있었다. 시스템 관리자에 대한 다중인증체계가 없었고, 암호화되지 않은 사용자 ID/패스워드가 포함되어 있던 데이터베이스를 관리자가 관리하고 있었다(Schwartz, 2018). 이렇게 잘못 관리되고 또 잘못 권고된 관리 도구를 해커들이 발견하여, 회사가 운용하고 있던 데이터 스토리지에 대한 공격을 신속하게 수행할 수 있게 된 것이다.

마침내 해커들은 공격이 진행되는 동안 데이터베이스와 데이터 스토리지를 9,000회 이상 조회할 수 있었다(GAO, 2018). 조회 수가 초과 허용된 것만 잘 분석했더라도 경고 신호를 주기에 충분했지만, 인증서 문제와 네트워크 안에서도 지나칠 정도로 상호 연결된 데이터 인프라 때문에 해커들의 공격을 식별해 낼 수 없었던 것이다.

이러한 보안 관행의 엄청난 실패를 후속 처리할 때, 회사 경영진은 이런 침해와 관련된 실패에 대해 단 1명의 직원에게만 책임을 돌리려 했다는 점에 주

37 세그먼테이션(Segmentation): 단순하게 말하자면, 세분화로 설명할 수 있다. 어느 순간에 필요한 한 부분만을 주 기억 공간에 존재하도록 프로그램을 세그먼트 단위로 나누는 기법.

목했다(Brandom, 2017).

분명히 누군가가 전담해서 소프트웨어 패치와 업데이트에 사용되는 장치를 관리하고는 있었지만, 실제로는 기술적 요소에서 시스템적 실패와 더불어 시스템이 말 그대로 이러한 유형의 악의적 상황이 발생 가능토록 설계되었다는 것에 대한 인식 부족이 주된 원인이었다.

다시 말해, 과도한 권한 부여, 잘못된 세분화, 과도하게 허용된 접근 권한, 그리고 안전하다고 방어선을 그어 놓고 그 안에서 내부 이동을 자유롭게 허용하는 모델에서 잘못된 데이터 보안 관리체계들이 결합되면서 결국 에퀴팩스의 사고는 일어날 수밖에 없는 운명이었던 것이다.

이런 형태의 대규모 실패로 인해서 금전적 · 개인적 영향도 컸지만, 현재까지 거의 모든 미국인의 신용정보가 손상되었고 신용 청구 능력까지 영향을 받았다는 것이 더 중요하다고 할 수 있다. 1,500만 명의 영국 시민들과 수만 명의 캐나다 사람들도 피해를 본 것으로 추정된다. 미국 인구의 거의 절반에 가까운 신용등급 정보를 책임지고 있었던 이 회사는 현재까지 13억 달러의 손실을 본 것으로 예측되는데, 여기에는 기업 네트워크의 업그레이드와 변경에 대한 비용까지는 포함되지 않았다.

이전 섹션에서 언급했듯이, 기업의 조직이 실패할 수밖에 없도록 구축되어 있었다. 안전한 정부 조직이라고 생각되었던 경우에도 같은 패러다임이 존재하고 있다. 다음 섹션에서는 실패한 보안모델의 접근 방식이 거대한 정부 조직에서 얼마나 널리 사용되고 있는지 자세히 설명하고, 이러한 네트워크에서 침해 결과로 나타난 영향에 대해 논의하고자 한다.

정부의 방어선도 뚫렸다

심지어 정부도 이러한 접근 방법의 희생양이 되었다. **미 인사관리국**[38]은 미국 연방제도 내에서 가장 중요한 기관 중 하나이다. 이 기관은 기본적으로 미국 연방 정부에 고용된 사람에 대한 모든 인적 자원 기록을 수집하고 보관해야 한다. 여기에는 수백만 명의 현재 근무 중인 연방 직원과 과거에 근무했던 연방 직원을 포함한 군인들의 개인 정보뿐만 아니라 국방부가 아주 비밀스러운 기관과 프로그램에 대한 접근 권한을 검증하기 위한 모든 보안 통관 조사 결과와 데이터가 포함된다. 누구라도 해당 기관이 이런 데이터를 갖고 있다는 사실과 그 엄청난 데이터의 가치를 알고 있다면, 국방부 내에서 가장 안전한 기관 중 하나라고 생각했을 것이다. 그런데 그렇지 않았다.

에퀴팩스나 머스크와 마찬가지로, 다시 말하지만 인사관리국의 경우에도 수십 년 전부터, 처음부터 준비되지 않은 상태로 설계되었으며 주변을 둘러싼 **'높은 담장인 방어선'**을 넘어갈 수 있는 침입이 발생하기만 하면, 실패할 수밖에 없도록 설계되었다. 인사관리국의 경우를 살펴보면, 자신도 모르게 네트워크에 유입된 악의적 Plug-X 원격접속 트로이 목마가 포함된 피싱 이메일의 형태로 이런 작은 구멍이나 빈틈이 생겨났다.

일단 이메일에 첨부된 악성 파일이 열리면, 악성 소프트웨어의 일부가 약간 수정되면서 스스로 분기해 나가고 악성 DLL 파일들을 삭제하는 방법으로 바이러스 방역 시스템을 피해 다녔기 때문에 사용자는 발생하고 있던 악성 행

38 인사관리국(Office of Personnel Management): 1978년의 공무원제도개혁법에 의해 창설된 미국의 중앙인사기관. 대통령의 연방공무원 인사관리를 보좌하기 위한 기구.

위에 대해 알 수 없었다. 또한, 트로이 목마가 사용할 확실한 명령들로 가득 찬 후속되는 2진수로 구성된 파일들이 여러 도구를 설치하였다.

과거의 다른 모든 공격 시나리오와 마찬가지로, 악성 프로그램은 사용자의 접근 권한과 내부를 세분화하는 방법의 취약점을 활용하여 더 가치 있는 표적이 발견될 때까지 계속 네트워크 내부로 침투하면서 들어갔다. 인사관리국의 경우, 이런 침투 경로가 관리자를 위한 **PAM**(Privileged Access Management)이라고 하는 접근 권한 관리 도구까지 연결된 **'도약대의 발판'과 같은** 역할을 했다(Koerner, 2016). 네트워크 내에서 모든 사용자에 대한 자산을 관리하거나 제어할 수 있는 관리자 인증이 포함된 시스템까지 뚫린 것이다.

후속 분석과 추적을 통해서 최초의 악성 이메일에 첨부된 파일의 정식인증이 인사관리국 네트워크에서 시스템 관리자로 일하고 있던 계약업체에서 시작되었다는 것을 알 수 있었다. 인사관리국 네트워크에 대한 침투가 일어나기 최소 1년 전에 그 계약업체의 네트워크는 표적이 되었고 해커들에 의해 뚫렸었다.

해커들은 자신들의 흔적을 감추기 위해 조용히 그리고 부지런히 로그 파일들을 삭제했으며, 심지어 인사관리국에서 운용하던 데이터 유출 탐지 도구를 회피하기 위해서 쓰임새가 많은 데이터 파일들을 작은 덩어리로 쪼개는 작업까지 했다. 해커들은 인사관리국을 뚫고 들어갔을 때 보여 주었던 인내심과 교활함으로 다른 기관들까지 뚫고 들어감으로써 연방 정부가 운용하고 있던 가장 중요하고 핵심적인 데이터 일부까지 복사해 낼 수 있었다.

앞에서 설명했던 어떤 사례에서도 엄청나게 혁신적인 기술이나 놀랍도록 높은 수준의 도구나 기술적 사용은 없었다. 지난 40년간 발생했던 모든 공격과 해킹 사례에서 시스템이 방어에 실패했던 이유를 살펴보면, 실패했거나 아주 비효율적인 관리상의 관행과 함께 **방어선에 기초한 보안 도구**를 사용하고, **방어선에 기초한 기술과 계획**에 전적으로 의존했었기 때문이다.

네트워크 내의 측방 이동, 과도한 사용자 권한 부여, 그리고 인프라 이면의 취약한 곳에서 일어나고 있는 일을 **'감시'**하는 데 실패했기 때문에, 단지 성가신 일 정도로 끝나야 했던 것이 엄청난 실패로 이어졌다. **방어선에 기초한 사이버 보안모델**은 인프라의 경계선을 방어하는 가장 기본적인 전제에서부터 완전히 실패했다.

그러나 앞으로 기업, 중소기업, 심지어 국가들을 괴롭힐 더 크고 훨씬 더 혼란스러운 문제가 있다. 사용자의 활용성을 높이는 방법인 개인 휴대 기기의 업무 활용이라는 새로운 문제를 만들어 냈다. 다음 섹션에서는 이 문제가 어떤 것을 의미하는지에 대해 논의할 것이다.

사용자, 개인 휴대용 단말기 BYOD, 그리고 방어선의 붕괴

사용자들이 운용하는 장비와 애플리케이션의 성능은 지난 50년 동안 획기적으로 발전되어 왔으며, 이렇게 성능이 막강해져 감에 따라 발생 가능한 장애에 대비하기 위해서 인프라의 상당 부분을 패치해야 하는 일이 점점 늘어 가고 있다. 클라우드가 제공하는 복잡성의 증가, 신뢰성에 대한 문제, 그리고 모든 부품의 이동 제어 및 관리 유지에 대한 이슈들이 추가로 발생하는 것이다. 이러한 일들이 기본적으로 모두 **방어선 너머**에서 발생하기 때문에, 상황을 급속도로 점점 더 악화시킨다.

과거에는 사용자의 대부분이 네트워크 시스템이나 컴퓨터와 관련된 기술에 접속하기 위해서는 물리적으로 사무실에 있어야 했다. 지난 20년 동안 개인용 컴퓨팅 장비 구축 비용이 상당 부분 줄어들었고, 그런 장비들 또한 사용자들에게 많은 혜택을 주었다. 그러나 네트워크 보안을 유지하는 데에는 상당한 어려움을 주게 되었다. 이동성이 증가하고, 지리적으로 다양한 곳에 설치 가능한 모바일이 유행하고 있는 상황 속에서 생활하고 일하는 문화를 수용해야 하는 기업과 정부의 입장에서는 이렇게 업무적으로 관련 없는 분야의 유행까지도 수용해야 하고, 그런 유행이 만들어 내는 문제들까지 해결해야 하는 추가적인 일들이 생긴 것이다.

대부분 사용자 휴대 단말기 또는 지리적으로 떨어진 위치에 있거나 조정이나 협조를 통해 통제가 가능한 사무실에 있기는 하지만 물리적으로 해당 장소에 없는 사용자들을 위해서 원격접속을 가능하게 해 주는 **가상사설네트워크**인 **VPN**[39]이라는 기술적 방법을 사용했다. 이 솔루션은 1990년대 초부터 사용 가능했으며, 보안 오류를 최소화하는 데 확실한 도움이 될 수 있지만, 동시에 공격을 쉽게 만들어 주는 것으로도 알려져 있다.

기업과 상용 사용자가 사용하는 VPN은 **터널링 프로토콜**이란 것을 활용하여 연결을 설정해 주는 단순한 애플리케이션에 지나지 않는다. 이렇게 구성해 주는 데는 다양한 방법이 있다. 기업 또는 상용 VPN의 대부분은 특정 프로토콜을 사용해서 데이터를 암호화하고 전송한다. VPN 연결을 위해 사용되는

39 VPN(Virtual Private Network): 가상 사설 망. 인터넷과 같은 공중망을 마치 전용선으로 사설망을 구축한 것처럼 사용할 수 있는 방식.

각각의 프로토콜은 두 종단지점 간의 데이터 전송과 암호화에 대한 일련의 합의된 규칙이다. 많은 상용 VPN 제공업체는 사용자의 보안 요구에 따라 여러 VPN 프로토콜 중에서 선택할 수 있는 옵션을 사용자에게 제공하지만, 기업 또는 정부의 필수 솔루션 대부분은 그렇지 않다.

VPN의 가장 일반적인 프로토콜은 다음과 같다.

- 지점 간 터널링 프로토콜(PPTP)[40]
- 이종 네트워크 터널링 프로토콜(L2TP)[41]
- 인터넷 보안 프로토콜(IPSec)[42]
- 개방형 가상사설네트워크(SSL/TLS)[43]

VPN의 주요 기능은 암호화 도구와 연결 프로토콜을 활용함으로써 중간에서 데이터를 읽을 수 없게 만드는 것이다. 암호화는 일반 텍스트로 된 데이터가 전송될 때 데이터들이 암호화되어 읽을 수 없는 암호화된 텍스트 데이터로 변환될 경우에 사용된다. 각 VPN 솔루션은 암호화 방법과 특별히 선택된 알고리즘을 사용해서 이러한 데이터 흐름을 암호화하고 해독한다. 각각의 VPN

40 지점 간 터널링 프로토콜(Point-to-Point Tunneling Protocol): 원격 사용자가 서비스 공급자에 전화를 걸거나 직접 연결해서 다른 네트워크를 통해 회사 네트워크에 접근 가능하게 하는 프로토콜.

41 L2TP(Layer Two Tunneling Protocol): 여러 형태의 네트워크(IP, SONET, ATM 등) 상에서 PPP 트래픽을 터널해 주는 프로토콜.

42 인터넷 보안 프포토콜(Internet Protocol Security): IP 패킷 단위로 데이터 변조 방지 및 은닉 기능을 제공하는 프로토콜. 안전한 IP 통신을 위한 표준 프로토콜 모음.

43 개방형 VPN(Open VPN, SSL/TLS): TCP와 UDP 프로토콜을 모두 이용 가능한 오픈소스 VPN 프로토콜, SSL이나 TLS는 개방형 VPN의 세부 방법에 대한 분류.

프로토콜에는 고유한 장단점이 있다. 프로토콜의 능력은 알고리즘을 통해 활성화된 암호화를 통해서 발휘되는 것이다.

VPN을 해킹하는 데는 다음 2가지 방법 중에서 하나를 사용한다. 해커들에 의해서 알려진 취약점을 활용해서 암호화를 풀거나 비윤리적인 방법을 통해 암호 키를 훔치는 것이다. 해커와 암호분석가들은 암호 키 없이 암호화된 일반 텍스트를 풀어낸다.

그러나 암호화를 푸는 것은 계산상으로 어렵고 많은 시간이 소요되는 작업이다. 아무리 강력한 컴퓨터라 하더라도 암호화를 깨는 데 수년이 걸릴 수 있다(클라우드 컴퓨팅이나 양자 컴퓨터 기술을 사용하면 시간이 상당히 단축될 수 있긴 하지만). 따라서 대부분의 공격은 암호 키를 훔치는 방향으로 진행된다. 암호화에 사용된 수학은 계산적으로 대단히 복잡해서(종종 양자/클라우드 컴퓨팅에 성능의 한계가 있어서) 암호 키를 훔치는 것이 훨씬 쉬운 작업이다. VPN 솔루션에 피해를 주는 효과적인 방법은 속임수, 컴퓨팅 능력, 기만 및 사회공학적 수단의 조합 등이 있다.

해커들이 VPN 공격을 시작하는 데 필요한 것은 표적 네트워크에 대한 간단한 포트 검색뿐이다.

기업과 사용자가 활용하는 대부분의 VPN은 연결을 위해 사용하는 포트 때문에 자신을 노출하게 된다. 표적이 되는 네트워크에 대해 다음 포트를 검색한다.

• 개방형 VPN	° UDP 포트	1194, 1197, 1198, 8080, 9201
	° TCP 포트	502, 501, 443
	° L2TP 사용자	1701
	° UDP 포트	500, 1701, 4500
• IKEv2 사용자	° UDP 포트	500
• PPTP 사용자	° TCP 포트	1723 또는 프로토콜 47(GRE)

이런 검색을 통해서 해커들은 보는 즉시 VPN이 있다는 것을 알 수 있으며, 어떤 방식으로든 암호 키를 얻기 위한 작업을 시작하게 만든다. 일반적인 VPN 공격에서 아주 쉬운 방법으로 활용되고 있는 것은 커피숍과 같은 공공장소에서 표적이 되는 기업의 사용자를 단순히 관찰만 하고 있다가, 해당 사용자가 VPN을 활성화하고 로그인하는 것을 확인한 다음, VPN 연결이 아직 활성화되지 않고 있는 동안 한눈을 팔게 만들어 실제 물리적으로 시스템을 훔치는 방법이다.

사용자가 로그오프하지 않거나 컴퓨터가 잠기면 대부분 연결이 활성화된 상태로 유지되게 되는데, 해커들은 이때 생긴 여유 시간을 활용해서 해당 자원에 접근할 수 있는 것이다.

2019년 **어배스트**[44]와 **노르드 VPN**[45]에 대한 공격이 있었는데, VPN 공급회사도 표적이 될 수 있다는 것을 보여 주었다. 이 공격에서 악의적 해커들은 임시 데이터 센터를 공급해 주는 회사의 원격 관리 도구 시스템에 대한 취약점을 활용해서 임시로 인증을 받을 수 있었다. 이런 접근 방법으로 해커들은 해당

44 어배스트(Avast): 안티바이러스 회사 또는 프로그램. 체코 프라하에 있다. 해적어로 '그만!'이란 뜻

45 공유 노르드 VPN(Nord VPN): 유료 개인용 가상사설망 서비스.

VPN 공급회사의 암호화된 메시지를 관리하는 서버에 대한 데이터 센터를 아무런 제한 없이 접근할 수 있게 되었다.

이런 공격 단계에서 **전송계층보안(TLS)**[46] 암호 키가 도난당했는데, 이는 암호화 중간에 끼어드는 방법으로 회사의 1,200만 명이나 되는 대부분의 상용 사용자 중 누구라도 후속 공격을 할 수 있게 만들었다(Kan, 2019). 그러나 이러한 상용 고객 중 몇 명이나 같은 기기를 사용하면서 비즈니스 관련 자료를 서로 주고받았으며, 기업 내부 네트워크에 접속하기 위해 같은 암호를 공유하거나 재사용하고 있을까?

수천 개의 VPN 공급회사에 대한 검사와 조사를 해본 다양한 연구들의 결과를 보면, 다음과 같은 점에 주목하고 있다.

- 대부분의 **보안소켓 계층 VPN**[47]은 여전히 20년 이상 된 구식 보안소켓 계층 version-3 프로토콜을 사용하고 있었다.
- 많은 보안소켓 계층 VPN은 신뢰할 수 없었고, 검증 안 된 보안소켓 계층 인증서를 사용했기 때문에 중간에 가로채기 공격이 가능했다.
- 안전하지 않다고 알려진 **해시 안전 알고리즘-1**[48] 과 관련된 특징도 널리 퍼져 있었다.

46 전송계층보안(TLS, Transport Layer Security): 인터넷 통신을 보호하는 암호화 프로토콜.

47 SSL(Secure Sockets Layer): 보안소켓 계층. 인터넷에서 데이터를 안전하게 전송하기 위한 인터넷 통신 규약 프로토콜

48 SHA-1(Secure Hash Algorithm-1): 미 NSA가 전자 서명 알고리즘에 적용하기 위해 메시지 다이제스트 방식으로 고안한 암호 해시 알고리즘.

- 보안소켓 계층 VPN의 약 50%는 **RSA**[49] 인증서를 사용할 때, 1,024비트 암호화 보안키를 사용하고 있었는데, 2,048비트 미만의 RSA 암호화 보안키는 암호화 보안이 취약해서 업계 전체에서 안전하지 않은 것으로 알려져 있었다.
- 10% 정도의 보안소켓 계층 VPN은 여전히 공개 보안소켓 계층에 의존하고 있으며, 이들 중 대부분은 거의 5년 전에 있었던 **하트블리드**[50] 공격에 취약한 상태로 운용되고 있었다.
- 보안소켓 계층 VPN 중 약 5%만 PCI 요구사항을 준수하고 있었다.
- 어떤 VPN 제공업체도 **미국표준기술연구소**[51]의 표준을 따르지 않은 것으로 확인되었다.

이런 통계에 따르면, 많은 사용자와 기업뿐만 아니라 심지어 정부까지도 그들이 사용하고 있던 개인 휴대 단말기와 원격작업 지원 도구의 대부분이 기본적으로 안전하지 않았을 가능성이 매우 크다고 판단할 수 있다.

49 RSA(Rivest Shamir Adleman): 공개키와 개인키를 세트로 만들어서 암호화와 복호화를 하는 인터넷 암호화 및 인증 시스템. 론 리베스트(Ron Rivest), 아디 샤미르(Adi Shamir), 레오나르드 아델만(Leonard Adelman) 등 3명의 수학자에 의해 만들어진 알고리즘을 사용하기 때문에 RSA라고 이름을 붙였다.

50 하트블리드(HeartBleed): 인터넷에서 각종 정보를 암호화하는 데 쓰이는 오픈소스 암호화 라이브러리인 오픈 보안소켓계층에서 발견된 심각한 보안결함.

51 NIST(National Institute of Standards and Technology): 미국표준기술연구소. 미국상무부 기술관리국 산하의 각종 표준과 관련된 기술을 담당한다.

애플리케이션을 추가할수록 불안전성은 증대된다

VPN 기술이 기업에서 사용하는 **방어선에 기초한 보안모델**에 포함되어 결함이 있다는 사실을 알게 되면, 사람들은 해당 접근 방법에 문제가 있음을 깨닫게 된다. 또한, 원격작업과 직원들이 사용하던 개인 휴대 단말기와 긴밀하게 연계된 애플리케이션 보안에 관한 문제도 있다. 애플리케이션은 사람들이 어떤 장소에서든 일상생활에서 작업을 수행하고, 작업 수행에 필요한 도구를 사용하고, 서비스에 접근하기 위해서 사용하는 것이다. 이러한 애플리케이션은 대부분 보안보다는 운영 속도 향상에 중점을 두고 만들어진다. 이런 사실은 사용 중인 많은 애플리케이션이 기본적으로 안전하지 않게 설계되었다는 것을 의미한다.

포네몬 연구소[52]와 IBM이 공동으로 수행한 연구에 따르면 50% 이상의 기업이 애플리케이션 보안을 위해 보안 예산을 한 푼도 배정하지 않고 있었다(Ponemon Institute, 2016). 40% 이상의 기업이 애플리케이션 실행 코드를 운영 환경에서 실제로 운용하기 전에 보안 문제를 검사하지 않았으며, 기업에서 운영 중인 애플리케이션의 약 3분의 1은 이미 알려져 있던 보안 결함에 대한 테스트를 한 적도 없었다. 2016년 휴렛팩커드 보고서에 따르면, 약 10개의 애플리케이션 중 1개가 설정 환경에서 안전하지 않은 패스워드를 하드 코딩했다(HPE, 2016). 마지막으로, 실제 현장에서 운영 중인 모든 애플리케이션의 거의 절반이 취약점을 관리하는 프로그램 자체를 갖추고 있지 않음을 기업들이 인정했다.

52 포네몬 연구소(Ponemon Institute): 사이버 보안과 관련된 연구를 주로 하는 연구소.

다른 한편, 이런 조직은 애플리케이션 내의 취약성을 알아내기 위한 연구 기관 운용 계획도 없으며, 대부분은 자신들이 적극적으로 배포해 놓은 이미 안전하지 않다고 알려진 애플리케이션에 대해서도 어떻게 처리할 것인지에 대한 구체적인 계획도 없음을 공개적으로 인정했다.

따라서 기업, 정부, 개인 소비자들의 애플리케이션을 포함하여 일상적으로 사용자가 사용하는 애플리케이션들은 항상 어느 정도의 불안전성을 가지고 있다. 이는 곧 사용자들이 특정 결함이 있는 애플리케이션과 상호 작용하거나 이를 활용하면 어떤 형태로든 침해가 발생한다는 것을 의미한다. 이러한 침해는 전송계층에서의 보안 문제, 2진수 처리 문제, 패스워드 보안 문제 또는 기타 많은 잠재적 침해와 같은 것 때문에 중간에서 가로채는 다양한 방식으로 공격이 이루어질 수 있으며, 이 모든 것이 방어선에 기초한 보안 접근 방식에 더 많은 결함을 만드는 추가적인 보안 문제로 이어질 수 있다.

애플리케이션은 원래 하드 코딩된 결함으로 만들어지지만, 보안 실무자들을 괴롭히는 더 확실한 문제점이 있다. 바로 패스워드다. 다음 섹션에서는 인간이 사용한 가장 오래된 인증과 보안에 접근하는 모델에서 만연하는 기본적인 실패에 대해 자세히 알아볼 것이다.

인증 방법들의 실패

패스워드는 기업, 사용자 및 지구상의 거의 모든 시스템을 위한 가장 많이 사용하는 인증 수단이며, 사이버 공간에서 보안에 실패한 중요한 원인이기도

하다. 거의 모든 분야의 특정 단계에서 패스워드를 사용한다. 사용되고 있는 모든 애플리케이션과 VPN, 심지어 지구상에서 운용 중인 모든 기계가 패스워드를 기본 인증 수단으로 사용한다. 관리 도구, 네트워크 공유 및 방화벽 시스템도 마찬가지이다. 패스워드가 없는 곳이 없다.

패스워드는 인증을 통해 보안을 구현하는 비교적 간단하고 유용한 수단처럼 보이지만, 패스워드는 해당 패스워드의 사용자가 아닌 다른 사용자에게 노출되지 않았을 때만 안전하다.

지난 50년 동안 사용자 ID와 패스워드를 저장하고 있던 거의 모든 주요 데이터가 한 번에 누설되었다. 2019년, 독자적으로 연구하고 있던 한 연구원은 2천만 개 이상의 손상된 패스워드와 그런 패스워드를 포함하고 있어 피해를 입은 7억 개 이상의 이메일과 사용자 ID 목록을 발표했다.

야후, 에퀴팩스, 미 백악관 예산관리국[53], 타겟[54], 홈 디포[55] 및 수백 개의 다른 사용자 ID, 패스워드 및 인증 관련 정보 누출 사례와 관련된 게시물이 피해 입으면서 이런 사용자 ID와 패스워드들이 노출된 것이다. Have I Been Pwned라고 불리는 **HIBP 서비스**[56]는 400번 이상의 데이터 유출 사고로 인해 전 세계에서 총 80억 개 이상의 패스워드가 누출되었다고 주장한다.

그런 모든 피해로 인해, 말 그대로 지구상의 모든 사람이 적어도 하나 이상의 계정이 피해를 봤다는 것은 거의 100% 확실하다. 인터넷에 80억 명의 사용

53 OMB(Office of Management and Budget): 미 백악관 예산 관리국.

54 타겟(Target): 온 오프라인으로 여러 가지 상품을 파는 소매업체.

55 홈디포(Home Depot): 건축 자재, 도구, 원예 등을 유통하는 세계 최대의 소매 체인 업체.

56 HIBP(Have I been pwned): 이메일 해킹 확인 사이트.

자는 없다. 어느 한 기업에서도 80억 명의 사용자는 없다. 지구상의 모든 사람들이 적어도 하나 이상의 계정이 피해를 봤다는 사실은 해커들이 패스워드로 인증하는 다른 여러 작업에 그런 피해를 본 계정을 활용할 가능성을 획기적으로 증가시킨다.

해커들이 표적 시스템에 대해서 인증을 획득하기 위해 무차별 대입 공격을 시도하는 인증 **스터핑**[57]은 그들에게 매우 쉬운 방법이다. 애플리케이션 대부분이 로그인 시도 횟수를 제한하지 않았을 뿐만 아니라, 로그인 시도 횟수가 제한된다고 해도 간단하게 스크립트를 수정하는 방법을 활용해서 제한 시간이 경과할 때까지 기다릴 수 있었고, 이런 방법으로 해커들은 유효한 인증 방법을 찾을 때까지 표적이 되는 대상을 계속 두드려 볼 수 있었다.

국가 수준의 위협 세력뿐만 아니라 지하 범죄자들은 방대한 분량의 손상된 패스워드와 사용자 ID 세트를 확보 중인 것으로 알려져 있으며, 이러한 간단한 방법으로 시스템의 접근 권한을 얻기 위해 **'끊임없이'** 시도한다는 것이 반복적으로 관찰되었다. 대부분 유효한 인증을 위한 사용자 ID와 패스워드를 찾는 것은 시간문제일 뿐이다.

아카마이[58]의 보안 팀은 약 17개월 동안 전 세계에 보안 관련 정보를 수집할 수 있는 자산을 뿌려 놓은 후, 최근 다양한 표적들에 대한 500억 개 이상의 인증 스터핑 공격을 감지하게 되었다(Constantin, 2019). 이러한 수십억 번의 시도 중 하나가 중요한 기업이나 정부의 데이터를 관리하는 네트워크와 인프

57 스터핑(Stuffing): 채워 넣는다는 의미임. 패스워드를 찾아내기 위해 무차별적으로 대입시키는 방법을 일컬음.

58 아카마이(Akamai Technologies): 분산 컴퓨팅을 전문으로 하는 기업.

라에 대한 접근을 가능하게 할 수도 있으며, 상황에 따라서는 이러한 시도 중 하나가 이미 실현되었을 수도 있다. 수십억 번의 시도 중에서 하나라도 유효한 인증이 되면, 기업이나 정부 전체의 방어선이 무너지기 시작한다.

또한, 사용자 대부분의 전형적인 패스워드 생성 방법 중에서 어떤 패스워드가 최악인지 알아보자. 2019년 최근 발표된 연구에서 세계적으로 가장 많이 사용되는 패스워드는 'password'와 '123456'이었다. 독립 데이터 연구업체인 **스플래시데이터**[59]는 다음과 같은 것들을 패스워드로 사용하기에 가장 나쁜 것이라는 연구 결과를 발표했었지만, 4년 동안 매년 실시되는 같은 연구에서 이러한 최악의 패스워드들은 바뀌지 않았다.

사용자들은 패스워드의 강력함, 즉 그런 주요 통제가 필요한 지점에서 패스워드로 인해 제공되는 접근성이 얼마나 중요한지에 대해 잘 알고 있었지만, 일상생활에서 추측하기 쉬우면서 대놓고 무식한 패스워드를 계속 사용하고 있었다.

사용자들이 패스워드를 적절하게 만들지 못한 것은 **방어선에 기초한 보안 관행**에 실패한 다른 사례들, 즉 모든 사례가 접근과 제어를 위한 패스워드 사용을 중심으로 이루어지고 있으며 대부분의 중소기업에서 이렇게 매우 안전하지 않은 패스워드의 사용을 차단하지도 않는다는 말이기도 하다. 앞에서 언급했듯이 에퀴팩스와 같은 대규모의 조직에서도 네트워크 자산에 대한 암호로 'admin'을 사용하고 있었다.

59 스플래시데이터(Splashdata): 미국의 보안기업. 주로 패스워드 관련 데이터 업체.

심지어 국회의원들과 유명 언론인들도 취약하고 안전하지 않은 인증 방식과 패스워드를 사용하고 있는 것으로 밝혀졌다. **'2019년 사이버 보안과 금융시스템 복원에 관한 법안'**이라는 법안을 공동 발의한 **랜스 구든(Lance Gooden)** 텍사스주 하원의원이 의회 위원회 청문회에서 **'7777777'**이라는 패스워드로 자신의 휴대전화에 접속하는 모습이 포착됐다. **카니예 웨스트**[60]가 사

Rank	2018	2017	2016	2015
1	123456	123456	123456	123456
2	password	password	password	password
3	123456789	12345678	12345	12345678
4	12345678	qwerty	12345678	qwerty
5	12345	12345	football	12345
6	111111	123456789	qwerty	123456789
7	1234567	letmein	1234567890	football
8	sunshine	1234567	1234567	1234
9	qwerty	football	princess	1234567
10	iloveyou	iloveyou	1234	baseball
11	princess	admin	login	welocme
12	admin	welcome	welcome	1234567890
13	welcome	monkey	solo	abc123
14	666666	longin	abc123	111111
15	acb123	abc123	admin	1q2az2wsx

60 Kanye West: 미국 조지아주 애틀란타 출신의 래퍼, 사업가, 정치가.

용하던 전화의 비밀번호는 도널드 트럼프 대통령과의 TV 회담에서 '0000000'으로 확인되었다. 유명인들, 특히 은행의 사이버 보안을 위한 법안을 입안하던 사람들은 확실한 패스워드를 사용하고 확실한 인증 방법에 대해 교육받았을 것이라고 대부분 생각했지만 사실은 전혀 그렇지 않다는 게 밝혀졌다.

만약 패스워드가 깨지는 것이 불가능하고 오남용을 막기 위해 복잡한 설계로 논리회로가 구성되었다면, 그런 제대로 된 논리회로는 미국의 미니트맨 핵무기 프로그램에서 사용한다고 생각할 것이다. 그러나 전임 **미니트맨**[61] 무기 담당 장교였던 브루스 블레어(Bruce Blair) 박사는 2004년 메모에서 **'미 전략공군사령부**(SAC, Strategic Air Command)가 미국 내 모든 미니트맨 핵미사일 발사기의 발사 코드를 의도적으로 00000000으로 설정한 적이 있다.'라고 밝혔다.

1962년 케네디 대통령은 국방부 장관 로버트 맥나마라에게 미국의 모든 미니트맨 핵무기에 승인이 있어야 활성화 가능한 데이터 링크 **PAL**[62] 시스템을 설치하도록 명령했다. 그러나 미 공군의 느슨한 통제 방식과 맥나마라 장관에 대한 미 공군 지도부의 반감이 일반화되면서 이렇게 변화가 필요한 조치가 실전 배치되기까지는 20년 이상이 걸렸다.

블레어 박사는 메모에서 미 미니트맨 장교들을 위한 표준운영절차에는 '우리의 발사 점검표는 실제로 우리 지하 발사 벙커에 있는 잠금 패널을 두 번 점검하도록 지시해서 실수로 0 이외의 숫자가 패널에 입력되지 않도록 했다.'라

61 미니트맨(Minuteman): 미국의 대륙간탄도미사일. 1962년 미니트맨1, 1966년 미니트맨2, 1970년 미니트맨3 등이 개발되어 실전 배치되었다.

62 PAL(Permissive Action Link): 승인이 있을 때, 활성화되도록 하는 링크. 미 핵무기에 대한 접근통제 보안장치를 말한다.

고 말했다. 다시 말하자면, 무기 팀은 50개의 미니트맨 핵미사일의 지휘 · 통제를 위해서 절차대로 '00000000' 패스워드가 제대로 하드 코딩되었는지 확인하라는 지시를 받았다.

이는 의도하지 않은 발사가 더 쉽게 일어날 수 있다는 것을 의미하지는 않지만, 미 전략 핵무기의 발사 순서에서 매우 중요한 부분인 패스워드가 모두 0으로 구성된 간단한 8자리 패스워드에 의존했었다는 것을 의미한다.

미니트맨 프로그램의 일화는 약간 옆길로 새는 것 같긴 하지만, 여기서 중요하게 봐야 할 점은 심지어 미 공군처럼 엄격하게 구조화되고 규율된 조직에서도 패스워드 관리가 비참할 정도로 부적절한 관행이 일반화되어 있었다는 것이다. 그렇게 많은 전력을 보유하고 그에 따른 책임이 있는 조직이 약 20년 가까이 제대로 패스워드 관리를 하지 않았을 정도이니, 일반 기업이나 사용자들은 어떠했을지 참으로 암담한 상황이지 않을 수 없다.

모든 방어선에 구멍을 뚫어 버리는 IoT 기기

사물인터넷 IoT[63] 기기는 현재 지구상에서 가장 많은 수의 네트워크 지원 자산 중 하나이다. 2019년 현재 60억 개 이상의 기기가 인터넷에 연결된 것으로 알려져 있다. 이 60억 개의 기기는 모두 웹 접속이 가능하고 애플리케이션이 있으며 인증을 위한 패스워드가 필요하고, 대부분 정부를 해킹하는 조직과

63 사물인터넷: IoT, Internet of Things.

적대적인 관계가 있는 것으로 알려진 국가에서 개발되고 구축된다. 즉, 제조 현장에서부터 실제 사용자가 사용하기까지 어느 정도의 불안감을 안고 시작된다는 것이다.

그리고 기업들 전부는 아니더라도 대부분이 네트워크 어딘가에 어떤 형태로든 IoT 기기를 가지고 있다. 그것이 스마트 TV, 스마트 온도 조절기, 무선 프린터, 인터넷 지원 카메라 또는 기업 내 어딘가에 있는 다른 기기이든 간에, IoT 기기가 그 네트워크에 존재한다는 것은 확실하다.

IoT 기기 내에서 독점적인 무선 신호와 프로토콜을 사용하는 것은 해커와 위협 행위자들이 침해를 위해서 주로 사용하는 방법이다. 다양한 제조업체에서 사용할 수 있는 다양한 IoT 프로토콜이 있다. 아래에는 2가지 주요 프로토콜과 관련 취약성을 설명해 놓았다. 이런 기기에 대한 모든 잠재적인 문제점은 책 한 권으로 써도 부족할 정도로 너무 많은 분량이다.

- **ZigBee[64]:** 키 교환을 위한 탐색 활동인 **스니핑(Sniffing)[65]**은 암호화를 중간에 가로채는 형태의 공격을 가능하게 만들고, 공장 초기화 명령에 취약하게 만드는 방법으로 기기가 암호화되지 않은 상태에서 전송되는 데이터를 수집 가능하게 설정된 악의적인 가짜 네트워크일 수 있다(Zillner, 2015).
- **NFC[66]:** 적절한 방법으로 악성 웹사이트 연결, 악성 소프트웨어 다운로

64 ZigBee: 소형, 저전력 디지털 무선장비를 이용해서 개인 통신망을 구성, 통신하기 위한 표준 기술.

65 스니핑(Sniffing): 송신자와 수신자 사이의 네트워크에서 패킷 정보를 도청하는 행위.

66 NFC(Near Field Communication): 근거리 무선통신의 줄임말. 표준에 기반한 네트워킹 기술로 이 방법을 사용하면 거래와 디지털 콘텐츠의 교환, 다른 장치와의 연결에 편리함을 준다.

드, 개인 정보 업로드, 강제 전화 걸기, 심지어 문자 메시지 보내기 등으로 조작할 수 있다.

무선제어 전등 같은 새로운 기기들도 이미 건물의 방어선 밖으로 무선 네트워크 인증을 유출하는 것으로 알려져 있다. 사용자에게 혜택을 주고 일반적으로 사소한 작업을 더 쉽게 원격으로 할 수 있게 해 주는 기기들의 특성이, 이런 기기들을 활용한 침해를 가능하게 하는 데 도움을 준다. 사용 편의성, 과도한 공유, 응용 프로그램의 접근성 및 하드 코딩된 취약점 같은 것들이 틈새를 만들어 네트워크에 취약점을 만들게 한다. IoT 기기가 설치된 경계를 안전하다고 여겨서는 안 된다.

불행하게도, IoT 기기가 보안에 얼마나 약하게 만들어졌는지, 얼마나 강하게 만들어졌는지에 관계없이, 이러한 도구를 네트워크에서 사용하는 사람들 거의 대부분은 안전하지 않다. 다음 섹션에서는 보안을 관리하기 어렵고 유지보수가 거의 불가능한 기본 사용자 교육, 교육 및 관행을 둘러싼 문제를 분석한다.

고쳐지지도 않고 멍청하면서도 나쁜 짓

세상이 완벽하다면, 네트워크에 손을 대는 사람은 아무도 없을 것이다. 기계가 모든 것을 할 것이고, 사람들은 단순히 기계들로부터 혜택을 얻어 쓰기만 하면 될 것이다. 기계는 기능에 초점을 두고 논리적으로만 작동한다. 그들은 쉽게 속지도 않고 일반적으로 사회적 수단을 통해 영향을 받지 않을 것이다. 하지만 우리는 기계가 우리를 위해 모든 것을 해 주는 공상 과학소설과 같은 세계에 살고 있지는 않다. 여전히 기계를 사용하는 사람들이 있고, 그 사용자들은 우리가 활용하는 네트워크를 다루고, 그들의 행동과 그 행동으로 인한 문제는 보안 네트워크를 무력화시킬 수 있는 악의적 수단을 네트워크 안으로 들어오게 만든다. 따라서 다음과 같은 사항을 고려해야 한다.

- 가장 안전한 네트워크는 아무도 건드리지 않는 네트워크이다. 사람이 키보드에 손가락을 대는 순간부터 인간이 사용하는 수단, 사회 공학적 방법, 피싱 등 여러 방법을 통한 침해의 위협이 현실화된다. 기술은 본질적으로 비교적 2진법적으로 동작한다. 반면에 인간은 그렇지 않다. 우리는 영향, 두려움, 잘못된 판단, 그리고 어리석음과 같은 환경에 노출되어 있다. 기계는 이메일이 의심스러운 출처 또는 의심스러운 첨부 파일을 가지고 있다는 것을 명확하게 알고 있다면 이메일을 열지 않는다. 그러나 사람들은 그것이 본질적으로 악의적일 수 있다는 것을 알면서도 그 이메일을 클릭할 수 있다. 왜냐하면, 그 메일은 아주 귀여운 고양이 사진 같은 것으로 사람의 관심을 끌기 때문이다.
- 현재 사이버 공간에서 인간을 보호하는 가장 중요한 방법으로 네트워크와 시스템에서 가능한 악의적인 행동이나 활동을 인식하도록 개인을 훈련시키는 데 크게 의존한다. 이 교육은 보통 피싱과 같은 사례를 포함한 온라인 교재를 활용해서 이루어진다. 대부분 이러한 교육을 통해서 클릭률 감소라는 검증 가능한 비율을 보여 주긴 하지만, 네트워크에 악성 소프트웨

어를 침투시키는 데는 1명의 사용자와 1번의 클릭만 있으면 된다. 사용자가 얼마나 잘 훈련되어 있고 자료가 얼마나 최신인지와는 상관없이 대부분의 조직에서는 일반적으로 교육을 수료한 다음 후속되는 연습 상황에서도 3~5% 정도의 클릭률이 지속해서 발생한다고 한다. 사용자 수가 500,000명인 기업이라면, **3%(=15,000명)**라는 숫자는 상당한 수의 악성 소프트웨어가 드나들 수 있음을 생각해야 한다.

- 인간은 또한 사이버 공간에서의 두려움과 협박에 대해서도 잘못된 행동을 쉽게 한다. 2019년, **'성 착취(Sex-tortion)'**라는 전술이 전 세계에 등장했다. 이 전술은 대단히 간단하지만, 대단히 효과적이다. 성 착취 이벤트가 진행되는 동안, 400메가 이상의 침해 중에서 이미 피해 본 이메일 주소 1개가 악의적인 행위자에 의해 어떤 목록에 포함되어 발송된다. 그다음, 해당 행위자는 추적 불가능한 가짜 이메일 계정을 사용해서 수백 개 또는 수천 개의 이메일을 잠재적인 표적으로 보낸다. 이런 이메일은 다음 예제와 유사한 형태로 구성된다.

이런 공격 중에서 가장 많은 공격이 **포픽스(Phorpiex)**라고 불리는 자동화된 이메일 전송 봇넷(BotNet)과 관련이 있다. 사이버 보안 회사 중의 하나인 체크포인트(CheckPoint)의 연구원들은 이 성 착취 이메일 전송 봇넷이 시간당 평균 약 30,000개의 이메일을 보낸 것으로 추정했다. 포픽스는 이전에 피해를 본 표적들의 지휘 · 통제 서버에서 이메일 주소 데이터베이스를 지속해서 내려받는 이메일 스팸 봇넷을 사용한다.

포픽스가 사용하는 데이터베이스에는 최종 수신자에게 사기 행위를 시도하는 데 도움이 되는 이메일 주소와 함께 유출된 유효한 패스워드가 포함되어 있다. 포르노와 관련이 없는 사람들조차도 감염된 기계나 전화기를 감시하는 누군가가 있다고 진심으로 믿기 때문에 종종 몸값을 지급한다. 몸값은 비트코인으로 지급되기 때문에 공격의 진원지를 추적할 수도 없다.

그러나 최근 몇 달 동안, 같은 해커들이 몸값을 지급했던 사람들의 명단을 다른 사악한 해커들에게 되팔기 시작하면서, 이 공격은 다시 표적이 되고 악의적으로 이용되기 시작했다. 그런 다음 다른 해커단체들은 동일 인물을 다시 표적으로 하되, 비트코인을 요구하는 대신 특정 시스템에 대한 사용자 ID와 패스워드를 요구하기도 했다. 본질적으로, 그들은 과거에 돈을 지급했던 사람들이 무언가 숨기는 것이 있을 거라는 스트레스와 더 큰 가능성을 이용하고 있는 것이다. 표적들이 고위 임원이나 네트워크에 대한 더 높은 권한을 가진 시스템 관리자일 경우, 해당 조직에는 더 큰 타격을 입힐 수 있다.

무해하거나 무고한 사용자가 감염될 경우 잠재적인 문제가 발생하기도 하지만, 인적 구성요소와 관련된 훨씬 더 사악한 문제인 내부자 위협도 있다. 악성 내부자는 내부로부터 네트워크를 이용할 특정한 동기나 이유가 있는 개인이다. 금전적 · 정치적, 심지어 정서적인 이유까지 그 동기가 다양하면서도 가능한 여러 이유가 있긴 하지만, 내부자로부터 발생하는 잠재적 영향은 의도하지 않은 사용자에 의한 클릭이 불러올 영향보다 훨씬 더 심각한 영향을 미칠 수 있다.

내부자가 네트워크 또는 인프라에 대한 악의적 행동을 결심했을 때, 해당 사용자는 이미 검증된 사용자이며 일반적으로 진정으로 피해를 주는 데 필요한 모든 도구를 제공받은 상태가 된다. 대부분의 사용자는 일정 수준의 관리 권한,

이건 내 마지막 경고야! – 익명의 해커로부터

마지막 경고!
이건 너의 사회생활을 위한 마지막 기회다. 장난치는 거 아니야. 돈을 지불하기까지 72시간을 주겠다. 내가 지난번에 보낸 영상을 네 친구 그리고 너와 관계되는 모든 사람들에게 보내기 전에 말이야.
지난번에 네가 ○○○ 웹사이트를 방문해서 내가 개발한 프로그램을 다운로드하고 설치도 했지. 그 프로그램은 네 카메라를 켜서 너의 행동과 영상을 녹화했어. 그리고 네 이메일에 접근해서 이메일 목록과 페이스북 친구들 목록을 모두 다운로드해 놓았어. 그리고 그것을 ○○○.mp4 파일로 만들어 내 컴퓨터에 저장해 두었어.
만약 네가 그걸 없애고 비밀을 유지해 주기를 원한다면, 내게 비트코인을 지불해야 해. 내가 72시간을 주겠어. 네가 비트코인을 어떻게 보내야 할지 모른다면, 구글에서 찾아봐. 2,000달러를 이 비트코인 주소로 즉시 송금해.

* 비트코인 주소 : ○○○○○

1비트코인이 ○○○○원이니 ○○○○비트코인을 위에 적힌 주소로 송금해! 나를 속일 생각은 마라! 네가 이 메일을 열어 보자마자, 나는 네가 메일을 열어 봤다는 것을 알 수 있어. 이 비트코인 주소는 너에게만 연결되어 있어. 그래서 네가 제대로 송금만 하면 내가 알 수 있어.
네가 제대로 송금만 해 주면, 나는 그 파일과 설치되어 있는 내 프로그램을 지울 거야. 만약 네가 송금을 해주지 않으면, 나는 그 영상을 모든 네 친구와 관련 있는 사람들에게 모두 보내 버릴 거야.
여기 다시 한번 송금과 관련하여 자세하게 보낸다. 네가 경찰과 연락을 해도 아무도 너를 도와줄 수 없어.

:: 성 착취 이메일 샘플 ::

출처: https://nakedsecurity.sophos.com/2019/03/13/final-warning-email-have-they-really-hacked-your-webcam

네트워크 공유, 지적재산 및 해당 조직의 특정한 내부 접근 권한을 가진다.

지난 10년 동안, 내부자들은 잘 모니터링되지 않았기 때문에 인프라 내에서 방해받지 않고 돌아다닐 수 있었다. **에드워드 스노든**[67], **브래들리 챌시 매닝**[68], **제이슨 니드햄**[69], **월터 리우**[70], **로버트 핸슨**[71] 및 기타 많은 사람은 모두 그들이 속해 있던 조직의 네트워크에서 귀중한 데이터를 수집하고 나중에 이러한 시스템에 큰 피해를 입힐 수 있었다. 기술력과 감시 능력을 모두 갖춘 NSA조차 한 직원이 기밀 정보를 집으로 가져가는 것을 막을 수 없었다.

메릴랜드주 엘리콧시의 **응히아 호앙 포(Nghia Hoang Pho)**는 NSA 내의 **TAO**[72]라는 부서에서 일했다. 포는 재판에서 '승진하기 위해 퇴근 후 일을 하려고'(비록 의도치 않게) 파일을 집으로 가져갔다고 주장했지만, 보안 수준이 높은 파일을 훔칠 수 있었던 것은 그에게 제공된 네트워크 내의 접근 권한과 신뢰 때문이었다. 그의 가정용 컴퓨터가 NSA 수준의 도구를 가진 **쉐도우브로커스**[73]에 의한 기밀 유출의 유력한 유출 지점이었던 것으로 생각된다.

67 Edward Snowden: 미 CIA와 NSA에서 일했던 컴퓨터 기술자. 2013년 가디언지를 통해 미국 내 통화 감찰 기록을 포함한 다양한 기밀문서를 폭로한 인물.

68 Bradley Chelsea Manning: 미국의 군사기밀이 포함된 내부 자료를 폭로한 내부 고발자. 2007년 미육군에 입대, 2009년 제10산악사단 정보분석병으로 근무하면서 내부 전산망에 접속하여 기밀문서를 유출해서 위키리크스에 제공했는데, 대부분 미국의 전쟁범죄에 관한 자료였다.

69 Jason Needham: 테네시주에 있는 엔지니어링 기업 앨런 & 호셀에서 2013년까지 근무했으며, 이후 본인의 사업을 위해 퇴사한 이후에도 회사의 파일서버와 이메일에 접근, 회사 기밀을 유출했던 인물.

70 Walter Liew: 미국 USAPTI사의 영업비밀을 훔쳐, 중국으로 팔았던 산업 스파이로 활동하다가 징역 15년형을 받았던 인물.

71 Robert Hanson: 1979~2001년까지 FBI에 근무하면서 소련과 러시아 정보기관을 위해 스파이 활동을 했던 인물.

72 TAO(Tailored Access Operations, 맞춤형 접근 작전): 미 NSA의 사이버전 담당 부서 중의 하나.

73 쉐도우브로커스(Shadowbrokers): 규모나 배후가 누구인지도 알려지지 않은 유명 해커단체.

페이지 톰슨(Paige Thompson)이 자기가 속한 조직 내 시스템을 침해했을 때 그녀는 **캐피털 원**[74]에서 근무하지 않았다. 그녀는 예전에 아마존 클라우드 인프라 서비스에서 일했던 하청 업체의 직원이었으며, 그녀가 근무했던 아마존 클라우드 인프라 서비스는 캐피탈 원에 서비스를 제공하고 있었다. 그녀는 2019년 7월 캐피털 원에서 1억 명의 고객에게 영향을 준 침해 사고로 인해 체포되었다. 그녀가 캐피털 원에서 빼낸 데이터는 은행 클라우드 보안 관리자에 의해 보호 기능이 잘못 구성된 탓에 취약점을 가진 채로 아마존 서버에 저장되었다. 페이지 톰슨은 개방형 아마존 서버 또는 AWS S3[75] 버킷에서 도난당한 회사 컴퓨터 로그인 세부 정보에 대한 접근 권한을 얻었다. 그런 다음 그녀는 획득한 클라우드에 대한 통제권을 악용해서 데이터를 훔치고 해당 장비의 강력한 처리 능력을 활용해서 암호 화폐를 채굴했다.

톰슨은 내부자에 의한 위협 작전을 계획하고 실행하는 데 있어 노골적이었다. 그녀는 AWS[76]와 관련 있는 슬랙[77] 채널 게시판에 '서버로부터 정보를 얻어야 한다.'라고 게시했고 트위터에 '나는 기본적으로 위험부담을 안고, 캐피털 원을 검색했고 캐피털 원은 그런 권한을 내게 승인해 주었다. 내가 생각하는 그런 정보들을 민저 나눠 주고 싶다.'라고 올렸다(Merle, 2019).

톰슨은 복잡한 해킹과 공격에 대한 지식을 가진 재능 있고 고도의 기술자였지만, 그녀의 실제 업무는 결코 공격이나 침해와 관련된 작전을 수행하는 것이

74 캐피탈 원(Capital One): 미 버지니아주 매클린에 본사를 둔 미국의 은행지주회사.

75 AWS S3: 객체 스토리지 시스템. 평면 저장소에 데이터를 저장하는 스토리지 서비스.

76 AWS(Amazon Web Services): 아마존에서 운용하는 웹 서비스 중의 하나.

77 슬랙(SLACK): 스튜어트 버터필드가 만든 클라우드 기반 팀 협업 도구. SLACK은 'Searchable Log of All Conversation and Knowledge'의 준말이며, 모든 대화와 지식을 위한 검색 가능한 로그라는 의미이다.

아니었다. 그녀가 무슨 개인적인 이유로 그런 일을 저질렀는지 아직 대부분 밝혀지지 않았지만, 그녀는 다수의 다른 조직과 잠재적으로 수백만 명의 사용자에게 영향을 미칠 수 있는 AWS 클라우드 시스템의 취약점을 조작하기로 결심했던 것이다.

이 장에서 다루었던 모든 내용과 함께, 우리가 반드시 배워야 할 몇 가지 중요한 교훈이 있다. 이 교훈은 바로 악의적 공자(攻者)들에게 희생양이 된 조직들은 종종 그들 내부에서 어렵게 가르쳤던 이들에 의해 방어선이 붕괴되고 있는 시대에 살고 있다는 것이다.

- 사이버 보안이라는 연결 고리 중에서 가장 약한 고리는 바로 인간이다. 우리 인간들은 쉽게 속고, 영향을 받기 쉽고, 본성에 의해 잘못되기 쉽다.
- 더 많은 기기, 더 많은 접근과 더 많은 클라우드의 증가로 인해서 인프라가 점점 더 커지고 다양해짐에 따라 정보에 접근할 수 있는 모든 시스템에서 계속해서 장애의 중심점이 되는 것은 바로 인간이다.
- 단 1명의 악의적인 링크를 단 1번 클릭함으로 인해 지금껏 투자해 온 모든 훈련과 교육은 실패한다.
- 사용자에게 단독으로 부여된 특정 통제 방법으로는 악의적인 내부자를 막을 수 없다.

즉, 진정한 전문적인 모니터링과 전략적으로 운용되는 보안에 대한 통제가 없다면 사용자는 자신이 휘두르는 능력과 그들이 가할 수 있는 피해를 무시하는 어떤 네트워크에서도 계속해서 실패의 주인공이 될 것이다.

결론

방어선에 기초한 보안모델은 시대에 뒤떨어져 지구상에 있는 모든 기업과 사업체들을 안전하게 보호하는 데 분명히 실패했다. 그러나 보안의 최전방이라는 기본 개념이 실패였기 때문은 아니다. 인프라들이 서로 연결되어 있다는 특성과 결합된 기술의 확산이 보안에 대한 이러한 접근 방식을 비효율적으로 만드는 것이다. 인류에게 비즈니스와 일상을 가능하게 하며 이익이 되었던 바로 그 연결성이 인류 자신의 최악의 적이 된 것이다. 하나의 방어선 내에서 장애가 발생하면 결국 많은 부분에서 장애가 발생하고 이후로 계속해서 발생되고 만다.

방어선에 기초한 보안모델은 비효율적이고 실패하는 것으로 입증되었지만, 이제 향후 10년 동안은 사이버 공간을 괴롭힐 높은 벽을 훨씬 뛰어넘는 문제들이 있을 것이다. 그것들이 통제의 범위를 벗어나 심각한 문제가 되기 전인 바로 '지금'이 무엇이 문제인지, 그리고 그런 문제들이 어떻게 악의적인 목적으로 사용될 수 있는지를 제대로 알아봐야 할 때이다.

다음 장에서는 **방어선에 기초한 보안의 실패**에 대해 자세히 설명하는 것에서 나아가 정부와 조직의 보안에 영향을 미칠 향후 문제에 대해 논의할 것이다. 더불어 가까운 미래에 나타날 새롭고 더 혁신적인 공격 유형을 몇 가지 알아보고자 한다.

제3장

새로운 전략과 미래 동향

다른 기술 분야와 마찬가지로 **무어의 법칙**[78]이 사이버 보안에도 적용된다. 무어의 법칙은 집적회로의 트랜지스터의 수가 일정 기간이 지나면 두 배로 증가한다는 법칙이었지만, 대부분의 기술계에서 이 법칙은 단순하게 각각의 혁신에 따라 두 배가 되는 요소에서 업무를 처리하는 속도가 기하급수적으로 빨라진다는 것을 의미한다. 사이버 보안에서도 이 법칙은 사실이며, 불행하게도 그것은 훨씬 더 위험해진다는 것을 의미하기도 한다. 기술과 그런 기술의 쓰임새가 다양하게 진화하는 특성, 기술이 진화하는 속도 그리고 기술과 관련된 요소들은 사이버 공간에서 소비자들이 그것을 어떻게 사용하느냐 따라 위험성을 증가시키기도 한다.

이번 3장에서는 오늘날 알려진 새롭고 더 혁신적인 위협의 방향성에 대해 알아본다. 우리는 이런 온라인 시장에서 인공지능(AI)이 무엇인지에 대한 실제와 진실을 파헤치고 관련 기술이 악의적인 목적으로 어떻게 활용될 수 있는지 추적해 볼 것이다.

이번 3장에서 핵심적인 사항은 공개 시장에 나와 있는 가장 흥미롭고 최신 기술에 대해서 이해하고, 이런 것들이 사이버전이나 공격 목적으로 어떻게 활용될 수 있는지를 제대로 인식하는 것이다.

또한, 사이버전 분야의 다른 측면도 다룰 것이다.

- 자율주행 차량의 보안 문제
- 드론에 대한 보안과 악의적인 사용의 사례

78 무어의 법칙(Moore's Law): 인텔에서 근무했던 고든 무어(Gordon Moore)가 1965년에 발견한 관찰 결과. 반도체에 집적하는 트랜지스터 수가 2년마다 2배로 증가한다는 것을 의미한다.

먼저, 시간이 지날수록 사이버 공간에서 표적들이 큰 보상을 받을 수 있는 다국적 기업과 같은 거대기업에서 공격에 훨씬 더 많이 노출된 소규모 피해자 쪽으로 공격 행위들이 옮겨 가는 현상부터 시작해 보자.

아래로 방향을 튼 사이버 공격

지난 수십 년 동안 사이버 공간에서의 공자(攻者)들은 국가든 범죄단체든 간에 주로 세계에서 규모가 큰 기업을 표적으로 삼는 데 초점을 맞추었다. 이는 그들이 그 정도 규모의 네트워크를 공격하는 데 성공했을 경우 수백만 개 또는 적어도 수십만 개의 데이터로 인해 벌어들일 수 있는 '목돈' 때문이었다. 이는 공자(攻者)가 기본적으로 하나의 대기업을 계속해서 표적으로 삼을 수 있고, 거의 매번 쉽게 접근 가능한 방법이 있었기 때문에 문제가 되지 않았다. 그런데 그런 기회들이 대기업과 정부의 노력과 투자로 인해 많이 사라져 가고 있다. 이는 그렇게 쉽게 큰 수익을 올릴 수 있는 표적들을 공격하는 것이 더 이상 어려워졌고, 그래서 이제 그들의 전략과 전술의 방향을 다른 표적으로 바꾸었음을 의미한다. 이는 사이버 공간에서 대기업과 정부에 대한 공격을 시도할 때, 현재는 과거보다 더 작은 중소기업들을 대상으로 하고 있으며, 미래에는 또 다른 공격하기에 좋은 표적으로 이동할 것이라는 걸 의미하기도 한다.

작은 기업들은 해킹 공격에서 훌륭한 표적이 된다. 이들은 일반적으로 인력이 부족하고, 업무량이 과다하면서, 네트워크와 인프라가 잘못 구성되어 있기도 하고, 종종 사이버 위협을 회피하기 위한 기술을 활용하는 데 소홀한 경우가 많다. 또한, 이런 표적들은 계약 관계나 기술 지원을 목적으로 대기업과 연결되는 경우가 많다.

이렇게 대기업과 연결되는 상황은 해커들이 소규모 기업의 네트워크상에서 취약점이나 악용할 수 있는 무언가를 발견했을 때, 대기업으로 접근하는 수단 확보에 도움을 준다. 결국, 문제가 많은 네트워크 중 한 군데에서 보안에 실패하게 되면, 서로 네트워킹되어 사용해야 하는 인프라의 특성상 사악한 해커들로부터 공격이 가능하도록 도움을 주게 되는 것이다.

버라이즌[79]의 데이터 침해 조사 보고서에 따르면 2019년 기준으로 침해 사고 중 약 43%가 소규모 기업과 관련되어 있었다(Verizon, 2019). 이 43% 중 약 60%는 피싱 또는 이미 손상된 인증서를 활용한 공격이었다(Verizon, 2019). 사이버 방어에 있어 소규모 기업의 비효율적인 특성에 관한 추가 연구에서 흥미로운 데이터와 결과가 나왔는데, 대처했던 조치 중에서 47%가 부주의한 직원이나 계약 용역업체에서 비롯되었다는 점에 주목할 필요가 있다(Mansfield, 2019). 즉, 이러한 소규모 사업체가 원격 근무자와 용역업체를 조합해서 운영함으로써 개발하거나 관리되지 않는 이메일 및 비즈니스 애플리케이션에 대한 의존도가 높아 악용 가능한 이상적인 표적이 된다는 것이다.

더 규모가 크고 잘 설계된 기업에서는 먹히지 않는 공격이나 전술을 활용한 피싱 시도나 단순한 네트워크 침입이, 소규모 기업이나 사업체를 조준했을 때는 더 잘 먹힐 가능성이 크다는 것이다. 이런 방법으로 해커들은 최종 표적에 접근 가능한 방법만 필요하게 되고, 소규모 기업에서 너무 많이 보이는 취약점

79 버라이즌(Verizon): 미국에서 가장 큰 무선 전기 통신 네트워크를 운영한다. 버라이즌 와이어리스는 미국 최대의 무선 회사이자, 최대의 무선 데이터 공급 업체이다.

과 대기업과 연결되어 있다는 특성 때문에 결국 해커들이 승리를 거머쥐게 되는 것이다.

많은 연구에서 소규모 기업에 잘못된 관리가 만연하고, 보안 도구와 시스템이 심각하게 무시되고 있음을 데이터로 확인 가능하다는 것이 증명되었다. 한 연구에서, 중소기업 대부분이 사이버 보안 공격과 미래에 미칠 잠재적 영향에 대해 우려하고 있었지만, 중소기업 중 절반 이상에서 보안 예산을 한 푼도 할당하지 않는 것이 공개적으로 확인되었다고 언급하였다(Mansfield, 2019).

대부분의 중소기업 운영자들은 자신들이 해커나 국가 차원의 해킹 공격 작전의 실제 표적이 아니라고 생각했을 뿐이며, 이는 자신들은 그러한 사악한 단체에 가치가 있을 만한 어떤 데이터도 가지고 있지 않다고 생각했기 때문이다. 그런 기업 중에서 다음과 같은 현상이 나타난다는 사실을 수치로 확인할 수 있다.

- 이런 기업들은 68%가 이메일 주소를 저장하고 있었으며,
- 이런 기업들은 64%의 전화번호를 저장하고 있었고,
- 이런 기업들은 54%의 거래처 청구서 주소를 저장하고 있었다.

이 모든 정보는 **개인 식별 가능 정보**[80]를 포함하고 있었으며 또한 해커들에게는 귀중한 데이터로 간주될 수 있다(Crane, 2019).

다양한 출처에서 수집된 추가 데이터들은 중소기업들의 이런 문제가 얼마나 심각한지를 보여 주는 다른 통찰력을 제공한다.

80 개인 식별 가능 정보(PII): Personally Identifiable Information.

- 정기적으로 S/W 솔루션 업그레이드를 시행한 업체가 50% 미만이었으며,
- 비즈니스 신용 보고서를 감시하는 소규모 기업은 33% 정도였으며,
- 데이터베이스를 암호화하고 있던 기업은 20% 수준이었다.

향후 10년 동안을 예측해 보면, 대규모 네트워크로 침입할 가능성이 큰 표적은 대부분 잘 보호되고 최소한 모니터링은 되고 있는 대기업의 네트워크는 아닐 것이다. 소규모 기업은 내부로 네트워킹되어 있다는 점과 함께 일반적인 업무 수행 방식 때문에 대규모 네트워크에 침투하기에 좋은 연결 지점이 될 것이며, 이러한 공격이 성공할 수 있을 것이다.

전 세계의 악의적 해커들과 사이버전 전사들은 공격하기에 더 쉽고 더 취약한 표적들을 찾아서 아래로 이동함에 따라 해킹 공격 방법을 조정해야 할 것이다. 오늘날 일반 보통 사람들까지 이용 가능한 다양한 기술적 발전은 이런 공격이 발생할 수 있는 좋은 수단을 제공하고 있다. 보안에 있어서 더 잘 대비할 수 있다는 희망을 쉽게 가질 수 있게 만드는 기술들이 만들어 내는 실패 지점과 그런 기술들의 복잡성에 대한 이해가 필요한 시점이다.

자율주행차 – 잘못된 데이터, 잘못된 날짜

전 세계적으로 채택이 증가하고 있는 최신 혁신 중 하나는 자율주행 차량이다. 지난 몇 년 동안, 자율주행 차량은 자동운전 자동차보다 훨씬 더 광범위한 세계적인 현상이 되었다. 이제 자율주행 트랙터, 헬리콥터, 택시와 보트까지

나오고 있다. 지구상의 거의 모든 실행 가능한 활용 사례에 자동운전 또는 자동항법 차량이 사용되고 있다.

스스로 **'생각'**할 수 있는 차량이 많아짐에 따라, 인간에 의한 오류를 없애고 더 빠르게 이동할 수 있도록 기술력이 강화되면서 뭔가 어긋날 가능성도 같이 커지고 있다. 심지어 미 해군 · 육군과 같은 큰 조직들도 자율주행 차량 시스템을 테스트하고 실전 배치했다. 센서나 잘못된 입력값으로 인해 무기체계가 작동해서 공격 작전의 한 부분으로 실제 물리적 피해를 일으킨다면, 대단히 우려스러운 일이 발생할 수 있다. 이러한 시스템들이 서로 연결되고 상호 작용함에 따라 시스템들을 작동시키는 논리를 악용하거나 조작할 가능성도 점점 더 현실로 다가오고 있다. 자율 시스템에서 일어나는 어떤 조치로 인해 사상자가 나오는 날도 멀지 않았을지 모른다.

차량이 운송 수단으로서의 전통적인 목적을 넘어 기능화됨에 따라, 탑재되는 소프트웨어의 요구사항 또한 획기적으로 늘어났다. 현대적 자율주행 차량은 최대 70개의 전자 제어 장치의 효과적인 작동을 위해 명령을 내리는 약 1억 줄의 코드를 가지기도 한다.

이런 현상을 숫자라는 관점에서 보자면, Windows vista 운영체제는 약 4천만 줄의 코드를 가지고 있다. 그러나 이 단순한 운영체제는 **국가 수준 취약점 데이터베이스**[81]에 이미 알려진 905개의 취약점을 가지고 있으며, 2017년

81 NVD(National Vulnerability Database): 국가 수준의 취약점 데이터베이스.

워너크라이[82]와 **낫페티야**[83] 랜섬웨어 사이버 공격에 악용되기도 했다(배리 시한 F. M., 2019).

따라서 더 많지는 않다고 하더라도 자율주행 차량에 대한 동일 유형의 공격에 활용될 수 있을 것으로 예측하는 것은 매우 현실적이며, 운영체제 내의 더 복잡한 요구사항 때문에 더 많은 공격이 발생할 가능성이 훨씬 더 크다.

자율주행 차량은 수백 개의 센서가 내장되어 있는 수천 파운드 무게의 금속 덩어리에 지나지 않는다. 이러한 차량은 광선 레이더, 레이저, 레이더, 카메라 및 초음파 센서의 데이터와 입력장치를 사용한다(Jianhao Liu, 2018). 자율주행 항공기 또는 자율주행 선박에서는 다양한 다른 센서뿐만 아니라 고도와 깊이를 측정하는 센서와 같은 다른 센서들도 종종 활용한다.

이런 센서들은 해당 차량, 항공기, 선박 등에서 가장 중요한 운전과 관련된 부품에 직접 제어를 위한 입력값을 제공한다. 이런 장비들은 일반적으로 연료장치, 조향장치 및 브레이크 시스템으로 구성된다. 이렇게 중요한 제어 시스템은 장비들이 안전하게 작동되는 데 필수적이며, 이들 중 하나라도 입력 데이터를 잘못 수정하거나 제공한다면, 그 결과는 장비를 운영하는 사람 또는 그 근처에 있는 사람들에게 치명적일 수 있다.

테슬라의 자동차는 아마도 현재 지구상에서 가장 잘 알려진 자율주행 차량일 것이다. 테슬라는 다양한 데이터 접속지점과 차량 전체에 설치된 센서로부

82 워너크라이(WannaCry): 2017년 5월 12일 영국, 러시아 등 전 세계 150여 개국에 대규모 피해를 일으킨 랜섬웨어.

83 낫페티야(NotPeyta): 2016년 처음 발견된 암호화 멀웨어. 윈도우즈 기반 시스템을 대상으로 마스터 부트 레코드를 감염시켜 파일들을 암호화하고 윈도우즈가 부팅되지 않게 만든 랜섬웨어.

터 입력값을 요구한다. 총 30개 이상의 센서가 장착되어 있기 때문에 스스로 주행할 수 있는 것이다. 사용자 대부분은 그 많은 센서 덕분에 그 차가 기본적으로 충돌 방지가 가능하리라고 생각한다. 반복적으로 말하지만, 이는 사실이 아닌 것으로 입증되었다.

2016년, 테슬라는 자동차 전방에 있는 트랙터 트레일러에 대한 분석을 잘못하여 결함이 있는 자율주행 결정을 내렸다. 잘못된 결정을 내린 차량의 논리회로 때문에, 차가 트랙터 트레일러에 충돌하여 운전자는 숨지고 말았다. 2018년에도 오토파일럿으로 운행 중인 테슬라 자동차가 차량 앞 도로에 비스듬히 주차된 소방차를 잘못 분석하여 들이받는 사고가 발생했다. 이번에는 차량이 거리 판단을 잘못하여 속도를 높인 것이다.

미국 **교통안전위원회**[84]의 후속 조사에서 이런 형태의 충돌 원인이 테슬라 자동차는 앞쪽에서 가다가 갑자기 멈추는 차량에는 잘 대응하지 못하기 때문이라는 지적이 나왔다. 위원회에서는 다음과 같은 다소 구체적인 몇 가지 이유로 사고가 발생했다고 밝혔다.

1. 레이더는 정지된 물체보다 움직이는 물체를 더 잘 추적한다(교통 상황에서 급정거하는 경우가 많아서 문제가 되는 것이다).
2. 레이더는 정지된 차량을 감지하지만, 레이더 시스템은 레이더 신호가 어디에서 돌아오는지를 대략적으로만 알고 있어서 혼란스러울 수 있다. 레이더는 가드레일, 표지판, 다리, 도로 파편 등 도로에 있는 다른 모든 것

84 미국 교통안전위원회: NSB(National Transportation Safety Board).

들로부터 동시에 신호를 받는다. 이 모든 것들은 지구상에 정지해 있는 것들이다. 정지된 차량으로부터 레이더 신호를 되돌려받으면서 차량이 정지되어 있는 물체의 입력값과 움직이는 물체의 입력값을 구별하는 데 문제가 발생할 수 있다. 차량이 도로의 물체를 나타낼 수 있는 입력값을 받을 때마다 멈출 수 없다. 만약 그렇게 도로에 있는 물체의 입력값을 받을 때마다 멈추게 된다면, 6인치 간격으로 도로변에 설치된 견치석 또는 도로 표지판에 반응할 때마다 멈춰 설 것이다. 차량의 '두뇌' 역할을 하는 논리회로는 더 결정력이 있어야 하고, 더 분별력이 있어야 한다.

3. 트럭이나 차량이 도로에서 기울어져 있는 특이한 경우, 기울어진 각도 때문에 해당 물체에서 테슬라 자동차의 센서로 돌아오는 레이더 신호가 평소보다 약할 수 있다. 이로 인해 잘못된 결정이 내려질 수도 있다.
4. 차에 달린 카메라들은 도로와 도로 위에 있는 물체들을 보기 위해 설치되어 있다. 자동차의 컴퓨터 영상은 도로를 따라 운전할 때 이러한 물체들을 인식하고 다른 것들과 차별화하기 위해 끊임없이 노력하고 있다. 이 카메라들은 또한 이 물체들이 움직이고 있을 때 더 최적으로 작동한다. 카메라가 작동하는 방식은 부분적으로 시각 데이터 끝단에 입력되는 자동차와 트럭의 태그가 달린 많은 사진으로부터 학습하는 것이다. 이러한 카메라는 특히 밤에, 비나 안개 속에서 차량을 인식하는 데 문제가 있을 수 있는데, 이는 이미지 데이터 저장소가 특정 상황이나 차량과 관련된 이미지를 가지고 있지 않을 수 있기 때문이다.
5. 일부 자율주행 차량은 스테레오 카메라(또는 양안시)를 사용하지 않는다. 이러한 유형의 카메라는 원거리 뷰에서 더 우수하며, 응답 작업에 더 많은

시간을 할애하여 정지된 차량을 더 잘 식별할 수 있어야 한다. 테슬라 자동차는 스테레오 카메라를 사용하지 않는 것으로 알려져 있다.

현재 많은 자율주행 차량이 초음파 센서에 의존해서 여러 경보를 만들어 낸다. 그 센서들은 방해와 공격에 취약하다. 이 센서들은 초음파를 방출하는 방법으로 작동한다. 때로는 전자기 펄스를 방출하기도 하고, 때로는 일정한 파형을 방출하기도 한다. 그 펄스나 파형이 물체에 반사되면서 센서로 되돌아온다. 계산은 차량 내부의 컴퓨터 논리회로에 의해 수행되고 결정이 이루어진다. 이는 물체와의 거리를 결정하는 비교적 완벽한 방법처럼 보이지만, 만약 그러한 과정 중 하나가 중단되거나 손상된다면, 이 전체 과정이 어긋나게 된다.

초음파의 구성요소나 작동하는 절차에 대한 공격은 신호를 방해하거나 센서에 잘못된 반향을 다시 **스푸핑**[85]하는 것과 같은 간단한 방법으로 할 수 있다. 연구원들은 40~50㎑ 범위에서 특정 톤을 주입하면 서비스 거부를 유발하고, 기본적으로 센서를 눈멀게 만들기에 충분하다는 것을 보여 주었다(Jianhao Liu, 2018). 연구팀은 이 공격이 포드, 폭스바겐, 아우디 등 8개 차종에서 효과가 있다는 사실을 밝혀냈다. 연구원들은 심지어 이러한 주파수에서 파형이 복귀하는 신호를 수정함으로써 최소·최대로 피드백되는 데이터 지점을 센서로 왜곡할 수 있었다. 이로 인해 이런 입력값에 의존하는 차량이 수신되는 입력값에 따라 너무 멀리 떨어져서 정지하거나 정확한 위치나 시간에 정지하지 않을 수 있다.

85 스푸핑(spoofing): 승인받은 사용자인 것처럼 시스템에 접근하거나 네트워크상에서 허가된 주소로 가장하여 접근 제어를 우회하는 공격 행위.

자율주행 차량 앱에서 찾아볼 수 있는 또 다른 취약한 센서는 **밀리미터파 레이더**[86]이다. 밀리미터파 레이더의 목적은 음향 센서와 비슷하지만, 밀리미터파 레이더 센서는 대부분 최대 300m에서 물체를 장거리 감지하는 데 훨씬 더 뛰어나다. 밀리미터파 레이더 센서는 멀리 있는 물체에서 튕겨 나오는 전자기 에너지의 펄스를 방출함으로써 작동된다. 여기서 문제는 센서에 의해 만들어지는 진폭 변조 때문에 발생한다.

이러한 센서는 일반적으로 24㎓ 또는 77㎓ 범위의 2개 주파수 대역 중 하나로 작동한다(Barry Sheehan F. M., 2019). 해커들은 같은 주파수의 전자기 에너지를 주입하지만, 전력 설정이 약간 더 높으면 이 센서들이 잘못된 데이터를 읽도록 속일 수 있다는 것을 발견했다. 밀리미터파 레이더는 보통 자동항법 제어 및 차선 변경 감지를 위해 자율주행 차량에 사용되는 주요 센서이다. 만약 이 센서 중에서 하나가 잘못된 데이터 입력값을 받게 된다면, 자동차는 그곳에 없는 물체를 감지하고 브레이크를 세게 밟거나, 앞 차량을 향해 가속 페달을 밟게 될 것이다. 자율주행 차량에 대한 마지막 공격 유형은 카메라 시스템에 중점을 두는 방식이다. 자율주행 차량은 결정을 내리기 위해 탐색하는 과정에서 이미지 입력과 분석에 많이 의존한다. 이러한 카메라 시스템의 '해킹'은 잘 조준된 레이저만 있으면 간단하게 할 수 있다. 2018년 미국 라스베이거스에서 열린 **블랙 햇 콘퍼런스**[87]에서 화이트 햇 해커 팀은 자율주행 차량에 사용

86 MWR(Millimeter Wave Radar): 밀리미터파 레이더.

87 블랙 햇 콘퍼런스(Black Hat Conference): 전 세계 해커, 기업, 정부기관에 보안 컨설팅, 교육 및 브리핑을 제공하는 컴퓨터 보안 콘퍼런스. 블랙 햇은 악의적 목적으로 해킹하는 해커. 화이트 햇은 이와 반대로 취약점을 찾아내 도움을 주기 위한 해커를 일컫는다.

되는 카메라에 일반적인 레이저 포인터를 사용해서 렌즈를 직접 조준함으로써 차량을 장님으로 만들어 버렸다. 비록 차량은 여전히 앞에 있는 도로를 '보고 있다'고 생각했지만, 사실 제대로 볼 수 없었고, 감지 시스템은 카메라가 제공한 이미지를 전혀 이해할 수 없었다. 그 차량은 눈이 멀고 혼란스러운 상태로 길을 따라 계속 움직였다. 확실히 도박과도 같은 위험한 상황이었다.

자율주행 차량이 인류에게 도움이 된다는 것은 의심할 여지가 없다. 하지만 이런 차량은 엄청난 양의 데이터를 조율하는 컴퓨터와 그런 컴퓨터에 데이터를 공급하는 센서들의 조합에 지나지 않는다. 그것도 상당히 빠른 속도로 도로 위를 달리거나, 바다나 강을 항해하거나, 공중에서 날아다니면서. 이러한 데이터 입력값으로 인해 부정확한 상황이 발생할 경우, 계산이 잘못된다면 차량은 금방 파괴력을 가진 무기가 되어 버릴 수 있다.

이처럼 보안에 문제가 있는 자율주행 차량을 받아들이기엔 여전히 한계가 있지만, 우리가 이러한 시스템을 보다 안전하게 만들기 위해 함께 노력해야 한다는 것에는 일반적으로 동의한다. 반면, 드론은 이미 모든 곳에 있고 우리가 생각할 수 있는 거의 모든 산업에서 사용되고 있다. 그러나 드론을 생산적인 업무에 활용하려는 다양한 시도는 수많은 보안 문제와 설계 결함을 만들어 냄으로 인해 드론이 원래 의도했던 목적을 훨씬 뛰어넘어 악용될 수 있게 되었다.

드론 – 하늘에서 내려오는 죽음의 그림자

요즘 어디에서나 드론을 볼 수 있다. 택배에도, 잠수함의 재보급에도 활용할 수 있고, 심지어 비상시에 의료 장비를 설치해서 운행할 수도 있다. 파이프라인을 설계하고, 지붕의 구멍을 찾는 데에도 사용되며, 안전을 위해 철도의 복잡한 구조를 측정하는 데에도 사용된다. 이러한 하늘을 나는 컴퓨터들을 응용해서 활용하는 방법은 무궁무진하다.

드론의 잠재적 활용 사례가 많지만, 드론이 가지고 있는 잠재적 위협 또한 대단히 많은 것이 현실이다. 드론은 날아다니는 소형 컴퓨터에 지나지 않는다. 드론은 자율 또는 수동으로 비행을 가능하게 하는 시스템으로 구성되며 복잡한 제어 소프트웨어와 각기 다른 기능이 있다. 군용 드론은 자체 내부 전원이 있고 일반적인 공격 행위에 더 대응능력이 있도록 제작된 경우가 많아서 조금 다른 얘기가 될 수 있다. 그러나 군사적인 활용을 염두에 두고 설계 · 제작된 드론조차도 몇몇 주목할 만한 피해가 발생했다.

2011년 12월 미국 RQ-170 센티넬 **무인항공기**[88]가 이란 북부 도시 **카슈마르**(Kashmar) 인근에서 이란군에 나포되었다. 드론이 어떻게 추락했는지를 증명할 구체적인 방법은 없었지만, 뉴스 보도와 전문가 분석 결과 대공무기나 미사일 피격으로 보이는 현상은 찾아볼 수 없었다. 따라서 이란의 사이버전 부대가 실제로 드론을 추락시킨 단체일 가능성이 있었다. 이란 정부는 사이버전 부대가 UAV를 격추했다고 발표했다. 사실 그들은 UAV의 제어와 항법 시스템을 이용하여 미국의 드론을 안전하게 착륙시켰다. 미국 관리들이 이란 정부의 발표에 대한 가능 여부를 두고 두 편으로 나뉘어 서로 논쟁을 하는 사이, 이란 관리들은 2년 후에 그들이 RQ-170 스텔스 무인항공기에서 촬영되었다고 주장

88 RQ-170 Sentinel unmanned aerial vehicle(UAV): 록히드 마틴사에서 만든 미 공군 UAV.

하는 영상을 공개했다. 그 영상은 드론이 **칸다하르(Kandahar)** 기지에 이란의 통제하에 착륙하기 위해 들어오는 영상이었다.

2018년 7월, 리서치 회사인 **레코드 퓨쳐(Record Future)**는 지하 웹 마켓에서 미 공군 **리퍼**[89] 드론에 대한 상세한 도면과 문서를 판매한다고 주장하는 해커와 접촉했다.

해커는 비교적 쉬운 오픈소스 방법을 통해 네바다주 크리치(Creech) 공군기지에 주둔하고 있던 공군 대위의 컴퓨터에 접속했다고 말했다. 해커는 이어서 리퍼 정비반 교육과정 교재와 드론 조종 임무를 맡은 공군 조종사 명단도 훔쳤다고 주장했다. 그 구체적인 문서들은 고도의 비밀로 분류되지는 않았지만, 그것들은 전 세계의 비밀 임무와 전투 임무에서 활동 중인 가장 기술적으로 발전된 드론에 대한 기술적 능력과 약점을 평가하는 데 악용될 수 있었다. 2009년까지 해커들은 이라크 전쟁을 지원하던 고도로 전문화된 드론에서 제공되는 자료에 접근할 수 있었다(Macaskill, 2009). 100달러도 안 되는 비용으로 해커들은 CIA 감시용 드론의 영상을 거의 실시간으로 가로챌 수 있었다. 사용된 소프트웨어는 러시아인에 의해 개발되었고, 스카이그래버(Skygrabber)라는 이름이 붙여졌다. PC, 위성 접시, 위성 모뎀, 러시아 스카이그래버 소프트웨어만 있으면 설치 가능했다. 이라크와 아프가니스탄과 같은 작전 지역의 험준한 지형적 특성 때문에, CIA 드론은 종종 통제관과의 가시거리[90] 통신이 끊겼다.

89 MQ-9 Reaper의 'Reaper'는 '수확물'이란 뜻으로 장시간, 고고도에서 체공하는 최초의 hunter-killer UAV로 알려져 있다. 최대 이륙 중량 4.7톤, 최대 고도 15㎞이다. 무인정찰기 글로벌 호크(Global Hawk)는 10톤, 최대 고도 20㎞이다.

90 가시거리: LOS(Line Of Sight).

드론은 이런 통신 두절을 회피하고 지휘 · 통제를 위해 위성 기반의 통신망으로 전환되었다. 그러나 어떤 알 수 없는 이유로, 이러한 위성 통신은 암호화되지 않았으며, 해당 통신 매체를 통해서 제공되는 데이터는 적절한 주파수를 찾을 수 있기만 하면 누구에 의해서라도 차단될 수 있었다(Gaylord, 2009).

이후 특수부대의 후속 작전을 통해 반군이 가지고 있던 노트북이 발견되었다. 1년 후 해킹된 드론의 자료가 발견될 때까지 말이다. 그 1년 동안 드론 통신 시스템의 이런 결함은 드론에서 제공되는 영상을 기반으로 저항세력과 테러리스트들이 그들의 전략을 바꾸고 작전을 계획할 수 있게 만들었다. 취약한 기술과 일반적인 오픈소스 해킹이 결합해서 보안에 결함을 만들고 지구상에서 가장 강력한 국가의 정찰용 주요 도구 중 하나인 드론을 컴퓨터 한 대 값보다 적은 비용을 들여 공격할 수 있었다.

2014년 10월부터 2015년 2월까지 프랑스 원전시설 상공 위로 17번이나 드론의 비행이 있었다. 상업용 드론이 미국 의사당 건물 상공의 방공 영역에 침입해 백악관 잔디밭에 추락했다. 다행히도, 다른 특별한 피해를 보지 않았다. 상용 드론은 고도 안정화, 이륙, 착륙 등 자율 기능을 갖춘 기기일 뿐이다. 이런 드론은 지도 제작, 감시, 검색 또는 추적 작업과 같은 다양한 작업을 수행하기 위해 원격 명령에 따라 움직일 수도 있다. 이러한 장치를 지휘 · 통제하는 도구와 컴퓨터는 드론을 공격에 매우 취약하게 만든다.

상업용 드론은 군용만큼이나 불안정하며, 때에 따라서는 훨씬 더 불안정하기도 하다. 대부분 개발 절차에서 보안이 최우선 고려 사항은 아니라는 점을 잘 생각해 봐야 한다. 다양한 사례들이 그런 증거를 보여 준다. 상업용 드론에서, 공격은 대부분 제어용 와이파이 또는 무선 시스템에 대한 공격을 통해 이루어진다. 와이파이는 시장에 나와 있는 대부분의 상용 드론이 공통으로 사용하는 인터페이스이다. 와이파이는 조종기와 드론 사이의 인터페이스 역할을 하며, 드론과 지상통제소 사이에서 데이터와 영상을 주고받는다.

상업 영역에서 가장 많이 생산되는 드론은 패럿(Parrot)사의 비밥(Bebeop)과 DJI사에서 만든 맥빅(Macvic) 드론인데, 둘 다 와이파이 통신에 거의 전적으로 의존한다. 이는 해커들이 일반적인 무선 해킹이나 공격 기법에 익숙하다면 드론 자체가 쉬운 표적이 된다는 것을 의미한다. 다른 말로 하자면, 이 드론은 기본적으로 와이파이 연결을 통해 일정하게 비행하는 컴퓨터이기 때문에, 무선 프로토콜을 사용하는 일반적인 컴퓨터 못지않게, 쉽게 이용할 수 있다. 그러나 만약 그 통신망을 가로채서 드론의 명령과 제어가 본래의 목적을 벗어나게 수정할 수 있다면 드론은 물리적으로 날아다니는 무기가 될 수 있고 어쩌면 살상 목적으로도 악용될 수도 있다.

예를 들어, 시장에서 가장 많이 팔리는 상업용 드론 중 하나인 **AR 드론 2.0**에 대한 공격을 예로 들어 보자. 전원이 켜지면 AR 드론 2.0은 기본적으로 드론 자체가 무선 접속지점[91]이 된다. 그런 다음에 이 접속지점은 스마트폰을 통해 운영자로 연결된다. 이 새로운 접속지점은 ardrone_2에 이어 컴퓨터에서 생성되는 난수로 쉽게 식별할 수 있다. 기본 설정에서는 암호화 또는 인증을 제공하지 않으며, 전원이 켜져 있는 경우 공격이 가능하다.

USB 와이파이 카드와 작은 안테나를 사용하여 이 일반적인 드론에 대한 공격을 쉽게 시연할 수 있다. 간단한 공격을 시연하는 단계는 다음과 같다.

91 접속지점(Access Point): 무선LAN에서 기지국 역할을 하는 소출력 무선기기.

1. 드론의 전원을 켠다.
2. 5초에서 10초 정도 비행을 시킨다.
3. 새로운 접속지점은 appardone_(00)의 형태로 사용 가능한 접속지점으로 표시된다.
4. 컴퓨터의 단말기를 통해 새 접속지점 네트워크에 원격으로 연결한다(기본 게이트웨이는 192.168.1.1.이며, 텔넷은 일반적으로 열려 있고 모델에 따른 인증이 필요 없다).
5. 공통 명령을 통해 파일 시스템을 탐색한다.

바로 이런 식이다!

그 드론을 통해서 할 수 있는 일이 무엇인지에 대한 구체적인 사례가 많지는 않지만, 그 가능성을 상상해 볼 수는 있다. 드론을 강제로 착륙시키는 것, GPS 위치를 변경하는 것, 또는 다른 어떤 종류의 명령도 잠재적으로 가능하다. 하나의 드론이 조종당해서 비밀리에 지휘가 되는 문제에 추가해서 다른 드론과 연계한 또 다른 드론을 조종하는 등의 악의적인 작전을 수행할 수도 있는 것이다.

2013년, 연구원 **새미 카므카르(Samy Kamkar)**가 **스카이잭(Skyjack)**을 시연했다. 스카이잭은 비행 중인 다른 드론을 자율적으로 해킹할 수 있는 드론을 만드는 데 사용될 수 있는 오픈소스로 만든 것이었다. 코드 베이스와 몇 개의 하드웨어 추가 기능으로 '무선 또는 비행 거리 내에 있는 다른 드론을 자율적으로 찾고, 해킹하고, 무선으로 완전히 제어할 수 있도록 설계된 드론을 만들 수 있으며, 여러분의 통제 아래에 있는 좀비 드론의 군대를 만들 수 있습니다.'라고 카므카르는 **깃허브**[92]를 통해서 설명했다(Kamkar, 2017).

그가 만든 스카이잭 드론은 표적으로 선정한 드론이 전송하는 와이파이 신호를 간단하게 감지할 수 있다. 그런 다음 특정 프로토콜의 와이파이로 전송되는 데이터 패킷을 표적으로 삼은 드론의 네트워크에 끼워 넣는다. 이런 일련의 와이파이를 통한 침입으로 드론은 실제 컨트롤러에서 인증이 해제되거나 연결이 끊어졌다.

그렇게 되면, 스카이잭 드론이 더 강력한 연결과 무선 신호를 보내고 있어서 표적이 되는 드론이 스카이잭 드론으로 재접속을 시도한다. 그러면 표적이 되는 드론이 스카이잭 드론을 인증해 주게 된다. 연결만 되면 스카이잭 드론은 납치된 드론에 명령을 보낼 수 있다. 이 모든 작업은 지상에서 수행하거나, 일반 리눅스 박스와 비행 중인 드론에 연결된 카므카르가 제작한 코드를 사용하여 임무를 수행할 수 있다(Kamkar, 2017).

카므카르가 만든 이와 같은 공격 시나리오는 또한 오픈소스 와이파이 도구인 **에어 크래킹(Aircrack-ng)**을 사용하여 범위를 넓혀 표적이 되는 드론을 찾는 것을 도와준다. 이 드론은 소형 드론을 만드는 회사인 패럿사에 등록된 특정 MAC 주소[93]를 찾아낸다. 스카이잭 드론의 범위는 와이파이 카드의 통달 거리에 따라 제한적이지만, 알파 AWUS036H라고 불리는 강력한 와이파이 어댑터로 통달 거리를 확장하는 것도 가능하다. 이 어댑터는 1000㎽의 전력을 만들어 내서 공격 드론의 행동반경을 획기적으로 확장할 수 있다.

92 깃허브(GitHub): 대표적인 무료 Git 저장소. 여기에서 Git는 리누스 토르발스가 개발한 분산형 버전 관리 시스템(VCS)을 말한다.

93 MAC 주소(Media Access Control Address): 네트워크에 사용되는 모든 기기의 고유 번호.

공개적으로 사용할 수 있는 드론 공격 도구를 활용하면 해커들이 작전 중인 드론을 연속으로 공격할 수 있다. 해커들이 운용 가능한 드론의 수가 충분하기 때문에 이런 종류의 공격 가능성은 매우 현실적이다. 해킹당한 군집 드론은 다가오는 여객기 앞을 날아가는 데 사용될 수도 있고, 단순히 혼란과 대중을 죽음으로 몰고 가기 위해 관중으로 가득 찬 스포츠 경기장으로 추락시키는 데 사용될 수도 있다.

특히, 드론은 중동의 테러리스트 조직들에 의해 무기로 채택되어 활용되고 있다. ISIS는 모든 정치적 선전과 살상 목적으로 이런 기술을 사용하는 것으로 잘 나타나 있다. ISIS는 공격 · 방어 · 정보 수집 목적으로 드론을 광범위하게 사용해 왔다. 게다가, ISIS는 유튜브, 페이스북, 트위터, 그리고 다른 매체에 정치적 선전물을 퍼뜨리고 자살 폭탄 테러범들의 공격을 기록하기 위해 드론들의 비디오 수집 기능을 사용했다. 2018년 10월, 이스라엘 특수부대가 시리아 이들리브(Idlib) 지역에 있는 ISIS의 은신처를 급습했다. 그 시설 안에서 여러 대의 DJI사에서 만든 맥빅 드론이 발견되었다(MEIRAMIT Intelligence and Information Center, 2018).

드론이 공세적 살상 목적으로 사용되었음을 기록한 최초로 문서에 나온 사례 중 하나는 2016년에 발생했다. 작은 쿼드콥터 드론[94]에 **급조폭발물**[95]이 부착되어 있었는데, 이 드론 공격으로 쿠르드족 병사 2명이 사망했다.

2017년 ISIS는 현지 이라크군과 싸우기 위해 모술(Mosul) 상공에서 무장 드론을 운용하고 있는 것으로 밝혀졌다. 이런 공격은 그 지역의 다른 ISIS 드론

94 쿼드콥터 드론(Quadcopter Drone): 회전익이 4개 달린 드론.

95 IED(Improvised Explosive Device: 급조폭발물.

:: 알 마몬 근처 서부 모술에서 이라크 군용차량에 **ISIS**가 운용하는 드론이 **IED**(적색 박스)를 투하하는 장면 ::

출처: 2017.2.25. ISIS가 지배하는 니네베 지역 파일 공유 웹사이트

들에 의해 촬영되었고, 그들의 영상은 선전 목적으로 사용되었다.

물리적 살상 공격의 다른 사례들도 쉽게 찾아볼 수 있다. 2018년 초, 시리아 반군 단체는 12개 이상의 개조된 드론으로 구성된 군집 드론을 보내 러시아의 작은 전초기지를 동시에 공격했다. 같은 해 8월에는 급조폭발물 IED를 단 드론을 이용한 베네수엘라 **니콜라스 마두로**(Nicolas Maduro) 암살 시도가 있었다. 가장 최근(2019년 9월)에 이란은 사우디 석유 시설에 대해 엄청난 양의 폭약을 실은 드론을 활용한 공격으로 수백만 달러의 피해와 상당한 수익 손실을 입혔다.

이런 목적으로 드론을 사용하는 이유는 그들이 악의적이거나 사악한 목적으로 사용할 능력이 있고, 사용할 수도 있음을 보여 주기 위함이다. 해킹된 드론을 납치해서 자신들의 기지에 착륙시킨 다음 작은 봉지에 휘발성 액체(예: 네이팜용 구성품)를 담아서 장착한 다음, 시설이나 공공 행사장으로 날려보내는 시나리오도 가능하다. 이런 방식의 폭발물은 점화원이 별도로 필요하지 않으며, 고속으로 충돌하면 점화되어 바로 근처에 있는 사람들을 죽이거나 피해를 입힐 수 있다. 물론 군집 드론이 선택된 표적에 대해 동일 유형의 공격을 수행하도록 조정되고 활용된다면 상황은 훨씬 더 안 좋아질 가능성이 크다.

재래식 군사단체들도 소형 드론 기술을 이용해 살상을 위한 공습 형태의 공격 방법에 관한 연구를 진행하고 있다. **미 국방고등연구계획국 DARPA**[96]의 러시아 버전인 **ARF**[97]는 이 주제를 테스트하고 연구하는 것으로 주목받았다. **플럭(Flock)-93**으로 잠정 명명된 그들의 버전은 각각 5.5 파운드의 폭발 탄두를 장착한 100개의 작은 드론으로 구성된 군집 드론이다(Atherton, 2019).

전통적인 보병부대에 의해 약 90마일 범위 안의 표적을 향해 드론들이 무리 지어 가면서 발사되고, 통제가 가능하도록 하는 것이 이 드론의 목적이다. 이 작은 드론은 레이더 신호에 거의 탐지되지 않는 특성이 있어서 레이더 방어망에서 표적으로 식별되지 않거나 조류로 잘못 식별될 가능성이 있다. 표적 지역에 도달하면 드론은 표적을 파괴하기 위해 서로 협조된 대형으로 하강한다. 각각의 개별 드론은 리더 역할을 하는 드론이 파괴되거나 사용할 수 없게 될 경우, 군집을 이끄는 능력이 있다. 흥미롭게도, 이 프로젝트의 러시아 개발자들은 시리아와 이라크의 전쟁터에서 테러리스트들이 드론을 사용하는 것에서 영감을 받았다고 주장한다.

96 미 국방고등연구계획국(Defense Advanced Research Projects Agency): 미국 국방성 산하 핵심 연구개발 조직 중 하나로, 이곳에서 최초의 인터넷이 탄생하였다. DARPA는 국방성을 위한 기초 및 응용 연구개발 프로젝트를 관리 감독한다. 한국의 방사청과 유사한 기관이지만 약간의 차이점이 있다.

97 고등연구재단(Advanced Research Foundation): 러시아 버전의 DARPA.

미군도 이런 능력을 개발하고 있다. 최근 선을 보인 시연에서 **미 국방고등연구계획국 DARPA**는 전투 지역에 대한 체계적인 전술적 분석 이후에 그 결과를 바탕으로 위협 지역을 차단하는 형태의 서로 협조된 군집 드론을 선보였다(Peters, 2019).

이 시연은 지상군이 표적을 찾는 것을 돕기 위해 정찰과 위협 지역 분석에 초점을 맞췄지만, 전술적 공격에도 마찬가지로 쉽게 활용될 수 있었다. 필요한 것은 무인기에 무기 시스템을 장착하는 것뿐이었다. 미 육군은 **국방고등연구계획국 DARPA**와 함께 최대 250대의 군집 드론이 어떻게 전투 지역에 있는 소규모 부대의 효율성을 크게 높일 수 있는지를 알아내는 데 중점을 둔 **공격형 군집 드론 전술**[98]이라는 전용 프로젝트를 추진하고 있다.

드론은 시중에 존재하는 가장 혁신적인 기술 중 하나이다. 그러나 다른 기술과 마찬가지로 이런 기술들이 본래의 목적을 벗어나 사용될 경우 상황은 달라진다. 드론 기술이 인류에게 이익을 가져다주겠지만, 또한 잠재적으로 서로 다른 이익을 위해, 이러한 비행 컴퓨터의 부정적인 응용도 가능하다는 것을 보여 주는 매우 현실적인 증거도 있다.

드론, 자율주행 차량, 또는 어떤 특성을 가진 멀웨어에 의한 단독 공격은 꽤 오래된 전술이다. 해커들과 적대적 국가들은 이제 그들의 공격 도구와 기술을 결합해서 자신들의 표적에 더 큰 영향력을 미치려 하고 있다. 해커들은 이제 공격 기능을 '패키지화'함으로써 보다 정교하면서도 해로운 결과를 만들어 낼 수 있게 되었다.

98 공격형 군집드론 전술(OFFSET, Offensive Swarm-Enabled Tactics): 전술적 운용을 가능하게 하는 공격 군집드론 운용 전술이라는 의미.

해커들은 공격 효과의 최적화를 위해 전략을 조합한다

주의할 것은, 엄밀한 의미에서 인공지능(AI)과 같은 것은 아직 없다는 점이다. 강력한 컴퓨팅을 기초로 한 데이터 처리 인프라와 결합된 아주 기능적으로 수학에 집중적으로 특화된 응용 프로그램이 있긴 하지만, 오늘날 아직 진정한 인공지능(AI)은 없다. 이 말을 단순하게 말하면, 실제로는 존재하지 않는 영화적 이야기와 과대평가된 능력을 바탕으로 컴퓨터 분야가 아닌 과학그룹의 일반적인 마케팅 전술과 오해의 결과이다. 그렇다고 해서, 인공지능(AI)이 아주 다양하게 적용 가능한 다른 쓰임새가 없다는 것을 의미하는 것은 아니다. 왜냐하면, 머신러닝(ML)과 강력하면서도 수학에 특화된 컴퓨팅이 나쁜 목적에 활용될 수도 있기 때문이다.

자율주행 차량, 생체인식기술, 데이터 사용 및 무수한 다른 애플리케이션과 같은 분야에서 엄청난 혁신이 있었던 것처럼, 그런 분야를 악의적으로 활용하는 분야에서도 혁신이 진행되어 왔다. 인공지능(AI) 분야도 다르지 않다. 인간에게 혁신적이고 획기적인 능력 향상과 같은 이로움을 주는 인공지능(AI) 관련 시스템도 악의적인 목적으로 쉽게 조작될 수 있다.

오늘날 사용되는 대부분의 인공지능(AI) 시스템은 반복적인 수동 작업을 자동화하는 것을 목표로 할 때 가장 유익하다. 사이버 보안 산업에서 인공지능(AI) 시스템은 일반적으로 보안 운영 센터의 분석가들이 방대한 경고 신호를 선별하는 것에 도움을 주는 데 사용된다. 이러한 인공지능(AI) 도구는 특히 분석가가 업무를 더 잘 수행하도록 만들기 위해 설계된 수학을 기초로 한 지원용 애플리케이션에 중점을 두고 있다. 이런 도구는 분석가들이 시스템 내에서 침해 또는 위협이 되는 행동과 관련된 데이터의 핵심 지점을 더 빨리 찾을 수 있도록 하며, 상황에 따라서는 문제를 해결하기 위해 사용된다. 이러한 도구 또는 시스템은 대응이 필요한 특정한 내용이 발견될 때, 이에 대응하는 인간의 조치 능력 향상에 도움을 준다.

사이버 공간에서 널리 사용되는 또 다른 유형의 인공지능(AI)은 악성코드 식별에 영향을 준다. **사일런스**(Cylance)와 같은 회사들은 수학을 기초로 한 악성 프로그램을 식별하는 애플리케이션으로 수십억 달러의 수익을 올렸다. 이 기능을 둘러싼 많은 마케팅 광고가 있지만, 악성 프로그램을 식별하는 엔진을 통해서 악성 프로그램이 가지고 있는 기술적 특성에 대한 특정 지표를 분석하거나, 악성 프로그램의 데이터에 대해 가능한 도메인과 오픈소스 위협 정보를 삼각 측량하거나, 악성 프로그램이 보여 준 과거 사례를 살펴보고, 학습을 통해 길러진 예측하는 능력 등이 있을 수 있다. 오늘날 사이버 보안 시장에서 사용되고 있는 인공지능/머신러닝(AI/ML)과 관련 있는 주요 방어 애플리케이션이 바로 그것들이다. 이런 접근 방법을 약간만 수정하면, 해커들과 적대적 국가에서는 이를 무기화할 수 있다.

인공지능(AI) 도구의 공격적인 사용은 악의적 해커들과 악의적인 작전에 도움이 될 수 있다. 소셜 네트워크, 특히 트위터와 페이스북은 광범위한 개인 데이터에 대한 접근량, 봇에 친화적인 애플리케이션 프로그래밍 인터페이스, 사용자 관련 구문, 쉽게 수정되는 단축 링크의 손쉬운 확산을 통해 기계에 의해 만들어진 악성 콘텐츠를 퍼뜨리는 데 더없이 좋은 영역이다.

2016년 도널드 트럼프 당선 직후 러시아와 관련 있는 사업자들은 미 국방부 직원들을 직접 겨냥한 트위터 작전을 벌였다. 각각의 트윗은 특히 그 대상들의 관심사와 개인적인 견해나 의견을 이용하기 위한 것이었다. 주로 소셜 미디어 플랫폼에 대한 담론을 더욱 자극할 수 있는 독자의 반응을 유도하기 위한 선동적인 메시지를 포함하고 있었다. 심지어 서너 단계나 건너서 연결되는 소셜 미디어 가입자들도 트윗의 링크를 보내는 표적으로 삼았다. 이는 짧은 시간 내에 10,000개 이상의 트윗을 보내는 형태로 수행되었는데, 과거에 러시아가 시도했던 이전의 수동 **'댓글부대'**[99]에 의한 공격보다 훨씬 규모가 크고 훨씬 더 효과적이었다. 트윗을 전문화하고 표적화하는 특수성 때문에 해당 트윗 내의 악성 링크는 클릭률이 70%까지 올라갔다(Bosetta, 2018). 이런 클릭의 대부분은 훗날 수개월 동안 국방부 관련 직원들을 괴롭힐 정부와 관련 있는 네트워크의 피해와 랜섬웨어 감염을 초래했다.

여기서 '왜 트윗이 그렇게 효과적이고 적대국들이 사용하는 사회 공학적 전술에 익숙한 목표물에 대한 실제 공격을 초래하는가?'라는 질문을 할 수 있다. 국방부 직원들은 이러한 유형의 위협 활동을 정확히 인식하도록 정기적으로 교육받고 있으며, 많은 경우 가족과 이러한 지식을 공유하고 있다. 그런데도 왜 이러한 국방부의 조치들이 있었음에도 러시아 운영자들에게 더 효과적인 작전이 가능했을까? 과거 공격 작전이 실패했던 사례를 통해서 무기화된 이와 같은 일련의 트윗들이 성공하게 된 이유는 그들의 잘 계획된 타이밍과 전술, 선견지명이 결합했기 때문이다.

트위터, 페이스북, 인스타그램, 링크드인 등과 같은 소셜 미디어 플랫폼의 폭발적인 확산과 사용, 그리고 사용자의 개인 정보가 웹 전체로 유출된 수많은

99 댓글부대(Troll Farm): 트롤 팜, 악의적 댓글 부대(고의로 선동적이고 도발적인 의견을 온라인 커뮤니티에 게시하여 분쟁과 혼란을 일으키는 조직).

데이터 침해로 인해, 해커들은 잠재적 표적이 되는 사람들의 내부를 뒤지거나 보기 좋게 따로 정리할 필요성이 없어졌다. 과거에는 해커나 국가가 특정 개인의 데이터나 사용자의 개인 정보 관련 정보를 찾기 위해 표적이 되는 네트워크를 적극적으로 활용해야 했다. 그런 다음 해커들은 관련 정보를 추출하고 미래의 최종 표적들에 대한 프로파일을 만들어야 했다. 그런 일은 많은 작업과 많은 접근성을 요구했고 종종 그런 일을 담당하는 사람들에게 노동 집약적인 일이었다. 그런 모든 정보가 이제 공개적으로 이용 가능해진 것이다. 그리고 많은 경우, 기업이나 정부 시스템에 저장된 것보다 훨씬 더 많은 데이터가 공적인 공간에서 공개적으로 활용 가능해졌다. 집 주소, 운전면허증, 의료 기록 및 정보, 사진, 생체인식 데이터 및 효과적인 표적 프로필을 구축하는 데 필요한 모든 종류의 데이터를 쉽게 얻을 수 있게 된 것이다.

대부분의 소셜 미디어 사이트의 **애플리케이션 프로그래밍 인터페이스[100]**를 통해 개발자와 사용자에게 제공되는 가용성과 접근성 덕분에 표적화를 위한 자료 수집이 훨씬 더 쉬워졌다. 링크드 인의 애플리케이션 프로그래밍 인터페이스를 **스크래핑[101]**해서 가치 있는 데이터를 찾는 데 도움이 되는 도구를 깃허브에서 간단한 검색만으로도 미리 잘 만들어진 코드 세트 형태로 누구나 내려받을 수 있다.

'https://github.com/linkedtales/scrapedin'에서 2019년 판 링크드인 애플리케이션 프로그래밍 인터페이스 사용에 대한 기본 지식만 있으면 누구나

100 API(Application Programming Interface): 운영체제와 응용 프로그램 사이의 통신에 사용되는 언어나 메시지 형식을 말한다.

101 스크래핑(Scraping): 컴퓨터 프로그램이 웹페이지나 프로그램 화면에서 데이터를 자동으로 추출하는 것.

내려받아서 도구들을 구성할 수 있다. **리코닝**[102]과 같은 다른 도구와 프레임워크, 칼리 리눅스[103] VM[104] 시리즈에서 제공하는 다양한 도구는 모두 소셜 미디어 플랫폼을 통해 웹 스크래핑과 정보 수집을 위해 만들어졌다. 이와 유사하게 작동하는 이러한 도구나 고도로 전문화된 도구를 사용하면 **스피어 피싱**[105]과 소셜 미디어 공격을 위한 표적화에 도움이 될 수 있는 자료 수집이 가능해졌다.

이 정찰 단계에서 수집된 데이터는 맞춤형 인공지능/머신러닝(AI/ML) 애플리케이션과 결합해서 프로필 사진이 포함된 매우 현실적인 온라인 캐릭터를 만들 수 있다. 이러한 접근 방법을 활용해서 해커들은 https://thispersondoesnotexist.com/ 사이트에서 머신러닝(ML) 엔진을 활용하는 방법으로 이 지구상에 존재하지 않는 사람을 위한 현실적인 프로필 사진을 만들 수 있다. 그 사진은 비슷한 호불호와 기타 관련 있는 온라인 프로필 정보를 공유하는 전문적이며 표적화된 온라인 개인 정보와 결합해서 무기로 활용 가능한 프로필을 만들어 낼 수 있다.

표적과 비슷한 관심사와 경력이 있다는 점을 공유하면서 사진이 있는 소셜 미디어 프로필은 그렇지 않은 프로필보다 더 많은 상호 작용을 만들어 낼 가능성이 훨씬 더 크다. 더 많은 팔로워(LinkedIn.com의 매직 넘버는 500명)와 연결

102 리코닝(Recon-NG): 패시브 정보 수집은 인터넷에서 확인할 수 있는 정보를 수집하는 것을 의미하며, 이를 위한 공개 도구 중의 하나이다.

103 칼리 리눅스(Kali Linux): Offensive Security가 개발한 컴퓨터 운영 체제. 수많은 해킹과 관련된 도구와 설명서가 포함되어 있다.

104 VM(Virtual Machine): 가상화 장치.

105 스피어 피싱(Spear Phishing): 마치 뾰족한 창으로 찌르는 것처럼, 특정한 개인들이나 회사를 대상으로 한 피싱 공격.

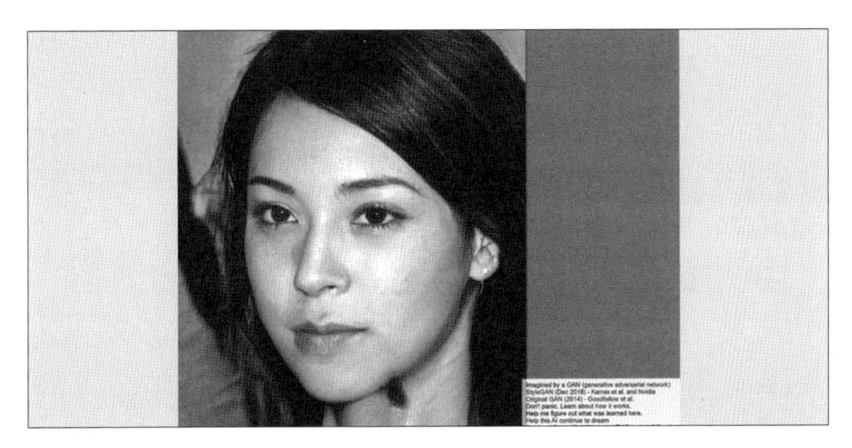

:: 인위적으로 만들어진 사용자 프로필 사진 ::

출처: www.thispersondeesnotexist.com

된 프로필은 파일을 공유하거나 메시지를 보낼 때 상호 작용할 가능성이 훨씬 더 크다(Bosetta, 2018). 다시 말하지만, 이 역시 전문적인 인공지능/머신러닝(AI/ML) 도구를 사용해서 자동화시키고 더 발전시킬 수 있다. 모든 연결과 팔로워가 봇이 될 수도 있고 가짜 사용자가 될 수도 있다. 실제 사용자와의 연결뿐만 아니라, 제시되는 숫자들은 프로필을 더 진짜처럼 보이게 한다.

또한, 표적이 되는 프로필 하나가 '작동'하거나 최종적으로 사용자들의 상호 작용이 시작됨에 따라서 이러한 연결을 현실화하고 공격을 성공적으로 수행한 방법을 공격 시행 주기를 통해서 더욱 자동화시킬 수 있다.

인공지능(AI)이 세계에 미치는 영향에 대해서는 아직 해석이 진행 중이다. 많은 전문가들에게 인공지능(AI)은 우리가 아직 준비되어 있지 않다고 생각하는 새로운 분야이다. 그에 반해서, 오래된 매체가 감당할 수 있는 위협은 계속 진화하고 있다. 컴퓨터 바이러스가 처음 나오던 시대부터 따진다면 랜섬웨어가 사이버상의 조작과 사이버 무기에 지나지 않았지만, 현재 지구상에 존재하는 가장 큰 위협을 만들어 내는 전술 중의 하나가 되었다.

모바일로 옮겨 가는 랜섬웨어

다수의 보안 전문가가 지난 수년 동안 업계와 대중들에게 스마트폰이 주요 사이버 공격의 다음 표적이 될 것이라고 경고해 왔다. 1990년대에 PC에 대한 공격이 보편화되었던 것과 마찬가지로, 향후 10년 동안 휴대전화가 다음 표적이 될 가능성이 크다. 일반적으로 휴대전화는 바이러스 백신 소프트웨어에 의해 보호되지 않고, 잘 관리되지 않으며, 지나치게 강력하며, 많은 양의 중요한

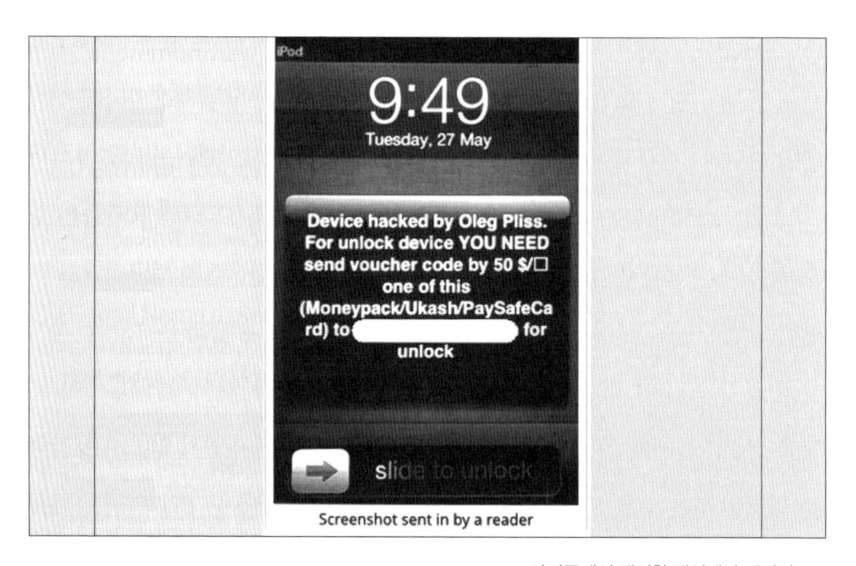

:: 아이폰에서 캡처한 랜섬웨어 메시지 ::

정보를 포함하고 있다. 표적을 공격하는 수단으로 랜섬웨어와 결합되고 표적화된 피싱 공격에 가장 많이 활용될 수 있는 위협이 되는 전술의 대상이다.

이 시나리오가 이런 식으로 전개될 것이라는 징후는 이미 오래전부터 있었다. 2014년 여름, 호주와 영국에 있는 많은 사용자 모바일 기기, 아이패드, 아이폰은 100달러의 몸값을 내기 전까지 애플 기기와 계정을 인질로 잡은 모바일 기기 공격을 받았다고 보고했다. 안드로이드폰도 비슷한 방식으로 표적이 되어 버린 지 오래되었다. 2014년 늦여름, **스캐어 패키지**(Scarepackage)가 모습을 드러냈다. 이 안드로이드 전용 랜섬웨어는 안드로이드 앱 스토어에서 가짜 앱을 통해 감염된 사용자를 공격한다. 이 앱은 사용자가 안드로이드 기기에 '보안' 프로그램을 설치하도록 유인하는 바이러스 백신 앱으로 위장된 어도비 플래시 앱처럼 보였다. 이런 사기의 피해자들은 다음과 같은 메시지를 받았다.

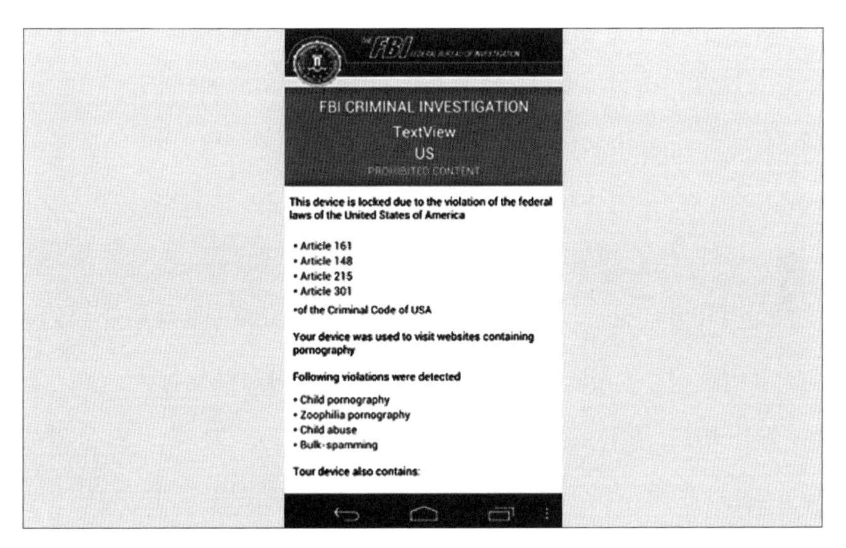

: : "당신은 아동 포르노, 아동 학대, 동물 애호증, 대량 스팸 발송 등의 죄를 지었습니다. 당신은 범죄자입니다. FBI가 당신 휴대전화를 잠금 처리했고, 당신의 모든 데이터에 다시 접근할 수 있는 유일한 방법은 우리에게 돈을 내는 것뿐입니다." : :

전화기가 다시 부팅되더라도 장치는 잠긴 상태로 유지되며 사용자는 해당 화면에서 벗어날 수 없다. 사용자가 기기를 다시 사용할 수 있는 유일한 방법은 머니팩 바우처로 수백 달러를 내는 것뿐이었다.

2014년 가을에 또 다른 안드로이드 랜섬웨어 변종이 발견되었다. 연구원들에 의해 **안드로이드-로커-38**(Android-Locker-38)로 명명된 이 버전은 기기를 한 번만 잠그는 것이 아니라 두 번 잠갔다. 그 공격은 사회 공학적 방법을 활용해서 퍼져 나갔다. 안드로이드 사용자들의 운영체제에 대한 시스템 업데이트로 위장하는 방법으로 공격했다. 사용자가 앱을 내려받을 때, 그 앱은 사용자의 휴대전화 운영체제에 대한 관리자 권한을 요청했다.

그렇게 되면, 악성 앱이 높은 수준의 권한을 가지도록 설치된다. 그런 다음 원격 서버로 감염이 성공했다는 메시지를 보내서 사이버 범죄자들이 후속 조치를 계속할 수 있도록 유도했다.

그런 다음 해커들은 감염된 휴대전화에 실제로 두 번째 잠금 기능이 실행되도록 설치한다. 이 기능은 사용자가 휴대전화에서 첫 번째 랜섬웨어 감염을 제거하려고 할 때 활성화된다. 휴대전화를 잠그는 두 번째 명령은 지휘 · 통제 서버와 문자 메시지 텍스트를 통해 전송되었다. 이 공격의 두 번째 단계는 휴대전화를 대기 화면(화면 잠금) 모드로 전환한 다음 사용자가 몸값을 내지 않으면 모든 파일이 지워진다는 두 번째 가짜 경고를 보여 준다. 사용자가 경고를 피하려고 전화 사용을 시도할 때, 랜섬웨어는 잠금 화면을 다시 작동시킨다. 그 후, 악성 소프트웨어는 잠금 화면을 해제하기 위해 사용자가 패스워드를 입력해야 하는 기능도 실행한다. 사용자의 조치와 관계없이 랜섬웨어는 자체 기능을 활성화하고 휴대전화에 '12345'라는 자체 관리자 패스워드를 설정한다. 이렇게 함으로써, 해커들은 몸값을 낼 때까지 감염된 전화나 태블릿을 확실하게 잠근 채로 둔다.

시중에 나와 있는 다른 버전의 모바일 기기 랜섬웨어가 있다. **락커 핀**(LockerPin)은 모바일 기기용 악성 랜섬웨어로, 설치 후 휴대전화의 PIN 번호를 재설정하는 랜섬웨어다. 이는 사용자를 휴대전화에서 완전히 차단하고 휴대전화에서 데이터뿐만 아니라 휴대전화 자체에 대한 접근 권한을 인질로 잡기 위해 실행된다. 그러고 나서 랜섬웨어는 사용자가 휴대전화를 잠금 해제하고 새로운 PIN 번호를 발급받고 싶으면 500달러를 내라고 요구한다. 그러나 악성 소프트웨어에 의해 PIN 번호가 임의로 재설정되기 때문에, 아무도 실제로 새로운 PIN 번호가 무엇인지 알 방법이 없다. 이 휴대전화는 근본적으로 '잠겨 버린 것'이다. 몸값을 낸 경우에도 해커는 사용자에게 PIN 번호나 장치에 대한 접근 권한을 돌려주지 않을 수 있다.

이 특별한 랜섬웨어는 사용자가 콘텐츠에 제대로 접근하게 만들기 위해 **포르노 드로이드**(Porn Droid)라는 앱을 내려받도록 하는 포르노 웹사이트를 통해 퍼진다. 휴대전화에 대한 접근 권한을 다시 얻는 유일한 방법은 잠긴 휴대전화를 온전히 공장 초기화시키는 것이다. 그러면 설치된 모든 데이터와 응용프로그램이 제거되어 버린다.

대부분의 랜섬웨어와는 달리, 이렇게 변형된 버전은 몸값을 낸다면 '잠겨 버린' 휴대전화를 고쳐 주겠다고 한 약속을 실제로는 이행하지 않는다. 이 랜섬웨어는 감염된 사용자가 몸값을 내게 만들려고 휴대전화를 잠글 뿐, 문제를 해결할 계획이나 능력이 없다. 락커 핀 공격은 타사의 **웹 사이트, 와레즈 포럼**

[106] 및 **토렌트**[107] 등에서 내려받기 및 설치가 가능하다. 이 사이트들은 구글 플레이 스토어 밖에서 운영된다.

이렇게 모바일로 특정한 새로운 공격이 성공하게 된 이유는 앱 스토어에서 소비자 앱으로 가장한 모바일 앱이 빠르게 퍼져 나갔기 때문이다. **리스크-IQ**(Risk-IQ)의 모바일 위협 전망 보고서에 따르면, 블랙리스트에 오른 앱의 수가 2019년 초에 20% 가까이 증가했다. 연구 결과에 따르면 특이점이 없는 앱 스토어의 다양성과 업계 내에서 모바일 앱 개발자의 성장이 그 주요 원인이었다고 한다. 마찬가지로, 같은 그룹의 연구자들은 한 분기에 다운로드된 400만 개 이상의 앱 중 약 25%가 업계에서 블랙리스트에 오른 것으로 알려진 악성 앱이라는 점에 주목했다. 타사 앱 스토어의 성장 및 사용과 해커단체가 모바일 기기를 공략하는 것에 초점을 맞추는 것은, 해커와 APT 그룹이 더 조작하기 쉬운 대상을 찾게 되면서 모바일 기기와 앱 스토어 안팎에서 계속 발전해 나갈 예정임을 보여 주는 것이다.

무기 수준으로 정교화된 DDoS 공격

서비스 거부[108] 공격 또는 **분산 서비스 거부**[109]공격은 사이버 보안 분야에서

106 와레즈(Warez): 불법으로 컴퓨터 정품 프로그램을 다운로드할 수 있는 사이트의 총칭.

107 토렌트(Torrent): 개인들 간 파일을 공유하게 하는 프로그램.

108 서비스 거부(DoS): Denial of Service Attack, 해킹 수법의 하나로 특정 컴퓨터에 침투해 대량의 접속을 유발해 해당 컴퓨터를 마비시키는 수법.

새로운 것이 아니다. DDoS 공격은 1999년 미네소타 대학교의 컴퓨터가 악성 코드 Trin00에 감염된 약 100대의 컴퓨터에 의해 공격당한 이후 사이버 보안 분야에서 아직 활발하게 활동하고 있다. 이러한 악성코드의 비트는 모두 별도의 네트워크에서 실행되는 서로 다른 컴퓨터들이 미네소타대학의 종단까지 대량의 패킷화된 데이터 트래픽을 보내도록 조정함으로써 네트워크 충돌이 발생했다.

대학의 관리자들이 시스템과 네트워크를 온라인 상태로 복구하는 데 며칠이 걸렸는데, 정확히는 며칠간의 공격이 아니었지만, 앞으로 일어날 일에 대한 초기 지표가 되었다. 이 공격이 있은 다음, 몇 달 안에 사이버 범죄 담당자와 국가는 이런 형태의 공격인 DDoS 공격을 자신들의 사이버 공격 전략을 채택했으며, 공개적으로 사용 가능한 장치를 활용해서 대규모 패킷화된 데이터 스트림을 만들어서 자신이 선택한 대상을 표적으로 한 전자 공습 능력을 갖추는 것을 목표로 삼았다. 이후 수십 년 동안 DDoS 공격은 사이버 지하세계에서 연간 20억 달러 규모의 산업이 되었다(MIT Technology Review, 2019). 해커와 위협단체들은 엄청난 돈을 받고 피해자 사이트를 갈취하는 악성 에이전트와 사용자에게 DDoS 도구와 서비스를 판매하고 있다.

1999년 공격에는 약 100대의 컴퓨터로 시작했지만, 오늘날의 무기화된 DDoS 표준으로 보면 가소로운 숫자이다. **미라이**[110] 봇넷에서는 지구상의 거

109 분산 서비스 거부(DDoS): Distributed Denial of Service Attack. 해킹 방식의 하나로 여러 대의 공격자를 분산 배치해서 동시에 DoS 공격을 함으로써 시스템이 더 이상 정상적인 서비스를 제공할 수 없도록 만드는 공격 방법.

110 Mirai(맬웨어): DDoS 공격을 시작하는 데 사용되는 악성 소프트웨어 종류 중의 하나.

의 모든 국가에서 운영되는 수십만 대의 단말기와 관련된 DDoS 공격이 전체 국가 수준의 하위 네트워크가 영향을 받을 정도로 많은 양의 데이터를 표적으로 전송했다. 상황에 따라서는 미라이 봇넷 DDoS 공격이 초당 1테라바이트를 초과하기도 한다(Cloudflare, 2017). 하지만, 미라이는 그런 공격의 효과와 능력을 확보하기 위해 약간 다른 전략을 취했다. 미라이는 공격 범위를 확장하고 트래픽 생성 용량을 높이기 위해 호스트 컴퓨터와 일반적인 단말기에만 의존하지는 않았다. 대신 카메라, 라우터, 대기 중인 모니터, 자판기, 심지어 교통 신호와 같은 IoT 기기까지 활용해서 패킷 생성 능력을 높였다. 미라이는 개방된 포트와 취약한 IoT 기기를 찾는 데 매우 정통해서 작전이 개시된 첫날이 끝날 무렵, 봇으로 무장한 군대가 매80분마다 2배씩 성장하고 있었다(USENIX, 2017).

아마도 미라이는 DDoS가 향후 무기화되는 것에 대한 가장 직접적인 참고가 되었을 것이다. 봇넷은 2개의 서로 다른 모듈, 첫째는 복제 모듈, 둘째는 공격 모듈로 구성되었다. 복제 모듈은 인터넷을 무작위로 스캔해서 표준 IoT 기반의 포트, 특히 포트 23과 포트 2323에서 통신하는 기기를 탐색하는 방식으로 작동했다.

그런 다음 복제 모듈은 악의적 유형의 악성 소프트웨어가 아니라 활용 가능한 64개의 표준 사용자 ID와 패스워드 중에서 하나를 예측해서 시스템을 감염시킨다. 미라이는 주로 라우터와 IP를 지원하는 카메라와 같은 수십만 IoT 기기의 클라이언트 사이트에 설치가 가능했고, 운이 좋게도 아무도 공장 관리자의 사용자 ID와 패스워드를 변경하지 않았다. 그리고 이러한 IoT 기기들은 패스워드 입력의 실패한 횟수를 제한하지 않았기 때문에, 단순한 무차별 추측 방법으로 금방 패스워드 조합이 가능했으며 해당 기기들은 해커들에게 관리자 접근 권한을 허용했다.

다음은 공격 모듈이다. 복제 모듈에 의해 접근 권한을 획득한 후, 웜은 IoT 장치의 명령을 받고, 봇넷의 지휘 · 통제 서버로 다시 올 수 있게 되고, 공격 기능이 포함된 실행 파일이 설치 가능해진다. 미라이의 공격 모듈은 공격 모듈 설치를 무작위 텍스트 문자열로 만들고, 이전에 내려받은 2진수들을 삭제함으로써 실행 과정을 해독하지 못하게 만들 정도로 정교했다(USENIX, 2017). IoT 장치에 대한 완전한 제어와 최적의 공격 능력을 만들어 내기 위해서, 공격 모듈은 또한 기기의 컴퓨팅 자원을 사용하기 위해 대기하고 있던 다른 절차들을 차단했다.

일단 설치와 설정이 완료되면 미라이는 전 세계로 DDoS 공격을 수행할 준비가 완료된다. 한 예로, 연구원들은 미라이 봇넷이 운영되는 동안 15,000번 이상의 공격을 시도했다고 보았다(Cloudflare, 2017). 표적은 폴란드의 정치 관련 서비스 제공업체부터 미국의 **크렙슨 시큐리티(Krebson Security)** 웹사이트, 다수의 게임 회사까지 다양했다. 공자(攻者)가 준비되지 않은 인터넷 제공업체들을 굴복시키기 위해서 패킷을 만들어 내는 미라이의 능력을 얼마나 이용하느냐에 따라 아마존닷컴에서 마인크래프트와 넷플릭스에 이르기까지 모든 것이 영향을 받았다.

미라이가 가할 수 있었던 DDoS 공격의 확산과 위력은 보안 산업을 완전히 놀라게 했다. 지하 범죄 포럼 구성원들이 판매한 무기들이 미라이를 집중적으로 사용한 것도 이 정도 규모의 무기로는 처음이었다. 게다가, 공격 코드가 유출되면 거의 모든 사람이 공격을 시작할 수 있었기 때문에, 공격의 배후에 있는 행위자를 식별하는 것이 어렵게 되었다.

비트코인과 TOR 네트워크[111]에 대한 지식이 있는 사람이라면 누구나 미라이 인프라에 접근할 수 있었고 자신이 선택한 표적에 대한 공격을 시작할 수 있었다. 이 특정한 공격과 관련하여 몇 번은 범인을 체포할 수 있었지만, 누가 이 무기를 만들었는지에 대한 제대로 된 대답은 들을 수 없었다. 이 세계적인 위협을 막은 유일한 사람은 20대의 자칭 **'멀웨어 괴짜'**인 단 한 명의 연구원이었는데, 그는 전 세계를 뒤져 가면서 중요한 연결 고리들을 방해함으로써 공격의 확산을 막는 데 성공했다.

미라이는 기본적으로 DDoS 무기로 상품화되었는데, DDoS 무기는 패킷화된 공격에 대한 강력한 보안을 뚫기 위해서 기본적으로 실패했던 보안에 관한 관행들을 이용했다. 이러한 유형의 공격이 보여 주는 사용의 편의성과 엄청난 충격으로 인해 지하 및 범죄 위협 활동을 위해 맞춤 제작된 차세대 공격 무기가 되었다.

결론

사이버 공간에서 시간은 방어하는 측의 편이 아니다. 위협을 만들어 내는 자들은 법률이나 규정을 준수해야 한다는 조건에 의해 제한받지 않는다. 그들은 선량한 사람들을 이기기 위해 운영이나 변칙에 대한 제한을 두지 않는다.

111 TOR 네트워크(The Onion Router Network): 네트워크 우회와 익명화를 위해 사용하는 툴 중의 하나.

그들에게 모든 대상과 사람은 사이버 공격에 있어서 잠재적 표적이다. 기업과 정부가 이러한 위협에 대처하기 위해 방어력을 최신화하고 새로운 최적의 인프라와 전략을 채택하는 과정에서 기다리는 시간이 길어질수록 상황은 더 나빠졌다. 국가 수준과 사이버 범죄 집단에 있는 적들은 방어하는 측보다 훨씬 더 혁신적이다. 시장에 제공되는 각각의 새로운 기기, 사용자, 계정 또는 기술은 악의적인 목적으로 사용될 수 있는 추가적인 무기가 된다.

다음 4장에서는 여기에서 언급한 새로운 추세 중 하나를 중점적으로 살펴본다. 해커들이 특정 목적을 달성하기 위해 소셜 미디어를 활용할 가능성에 대해 살펴보려고 한다.

제4장

SNS를 활용한 영향력에 대한 공격

영향력이 주는 힘이 이제는 단지 사람들이 인스타그램의 사진이나 유튜브의 요리 영상을 좋아하게 만드는 것 이상으로 훨씬 더 강력해졌다. 이제 영향력은 무기가 되기도 하고, 국가에 영향을 미칠 수 있는 내러티브를 조작하는 데에도 사용될 수 있다. **해커**[112]들은 이런 사실을 알고 있으며, 인스타그램이나 유튜브처럼 해가 없어 보이는 사회 참여형 플랫폼을 공격 전략의 일부로서 적극적으로 활용하고 있다. 이번 4장에서는 오늘날 많이 사용되고는 있지만, 상대적으로 덜 알려진 영향력에 대한 공격 방법 중에서 몇 가지를 얘기하고자 한다. 여기에 나오는 분석에서는 이미 발생한 실제 영향력에 대한 공격을 자세히 알아보고 이러한 접근 방법이 대중들에게 영향을 미쳤던 사례를 제시하고자 한다.

- 소셜 미디어 플랫폼을 공격 방향 진화의 일부로 활용함으로 인해 사이버전의 환경이 어떻게 변화되었는가?
- 과거에 영향력에 대한 공격이 표적이 되는 사람들에게 영향을 미칠 수 있다는 것을 보여 주었던 사례에는 어떤 것이 있는가?
- 이런 방법이 앞으로 국가를 상대로 공격하는 자들에 의해 어떻게 사용될 것인가?

먼저, 현재의 사이버 환경이 어떤 상태인지에 대하여 개관해 보는 것부터 시작해 보자.

112 해커: 원문에는 'National State Actor'로 표기되어 있다. 이에 대해 중요한 데이터나 정보에 접근하기 위해 대상 정부, 조직 또는 개인을 방해하거나 타협하는 정부를 위해 일하고 있으며, 국제적으로 중요한 사건을 일으킬 수 있는 인물이라고 정의하고 있다. 이 책에서는 문맥에 따라 다양하게 사용하였음을 밝힌다.

새롭고 맹렬한 사이버 공습

국방과 정보 분야의 분석가들은 수십 년 동안 지도자들과 입법 의원들에게 잠재적인 **사이버 진주만 시나리오**의 위험에 대해 경고해 왔다. 최근의 사이버 공간은 사회기반체계의 핵심 구성요소를 활용한 대규모 물리적 공격을 하거나, 국가 송전망을 차단하거나, 미국의 사회구조를 교란하는 수많은 공격에 초점이 맞춰져 있다. 이런 이야기들은 뉴스를 통해서 자주 들어서 흔하면서도 널리 알려진 주제였다. 점점 더 많은 공격이 발생하고 그로 인한 데이터 유출이 흔해지면서 광범위한 사이버 기반 공격에 대한 두려움이 각종 미디어에 모습을 드러내고 있다. 대부분의 미 국민은 이러한 공격이 어떻게, 또는 왜 계속되었는지에 대한 기술적인 세부 사항을 이해하지 못하고 있다. 전문가들은 미국에 적대적인 세력들이 이러한 새로운 유형의 공격에 취약한 발전소와 금융시장, 교통망, 학술 기관, 통신 시스템을 적극적으로 공략하는 등 전쟁의 일부분이 되어 가고 있다고 언급했다.

이런 공격은 분명 주목할 만하고 사이버전의 미래를 보여 주는 것이긴 했지만, 사이버 기반체계가 모루라면 그런 공격은 모루를 치는 해머와도 같았다. 이러한 공격들은 끊임없이 발생하지만, 적대적 세력들은 잘 구축된 시스템에서 결점이나 약점을 발견했을 때에만 성공했다. 이렇게 성공할 수도 있고 실제로 성공하기도 했지만, 그러한 성공을 만들어 내기 위해서는 엄청난 노력과 기술적 요구가 필요했다. 이렇게 해머로 두드리는 다소 둔중한 공격과는 대조적으로, 2016년에는 2010년대의 가장 우아하면서도 날카로운 공격이 있었다. 2016년 미국 대선 기간에 일어난 소위 **영향력에 대한 공격**의 형태로 그 모습을 드러낸 것이다.

이런 공격을 보면, 미국에 적대적인 세력들이 미국의 대중들과 이익에 영향을 미치고, 공공 및 민간단체와 기관 간의 신뢰를 저하시키고, 국내 분열을 가속화하기 위해서 소셜 미디어에 기반을 두고 유행하고 있던 영향력을 통제하고 이용하려고 했다. 이런 공격은 소셜 미디어를 무기화하고 영향력을 활용하며, 이를 통해 공격을 더욱 확산시키는 등 비교적 새로우면서도 점점 더 위험한 형태로 나타나게 된다.

변화하는 사이버 전투

소셜 미디어에서 유행을 만들고 영향력에 관한 명령을 하달하고 조작할 수 있는 능력은 기술적 뒷받침이 거의 불필요하며, 최소한의 능력만 있으면 가능했다. 국가 및 비국가단체 소속의 공격팀, 그리고 사이버 위협을 일삼는 단체들은 소셜 미디어 내에서 쉽게 활용할 수 있는 온라인상의 데이터 흐름에 접근해서 표적이 되는 환경 또는 국내 네트워크 사용자들에게 영향력을 미칠 수 있는 지점을 찾아낼 수 있다. 이런 방법은 이제 사이버 위협단체가 군사 및 사회기반체계 또는 잠재적으로 더 강력한 방어 수단들을 공격하기 위해 힘들이지 않고도 사회의 일반 대중을 겨냥할 수 있게 되었음을 의미한다.

이렇게 함으로써, 그들은 표적이 되는 집단의 신념, 생각, 그리고 심지어 행동에까지도 특정한 영향을 줄 수 있게 되었다. 소셜 미디어 플랫폼 내에서 사용자와 대중이 서로 연결되어 있다는 특성을 활용해서 허위 정보를 전파하고 공포심을 퍼뜨리는 능력은 말 그대로 '좋아요'가 눌리는 속도만큼 기하급수적으로 증가한다.

소셜 미디어가 사이버전의 도구로 진화한 것은 그렇게 놀라운 일이 아니다. 제공권 장악을 전쟁의 핵심 능력으로 분석한 **두헤**[113](Douhet, 1942)에 따르면, **'기술은 기술의 요구가 아닌 전쟁의 필요에 스스로 진화해야 한다.'**라고 했다. 소셜 미디어 기술은 2006년 웹 2.0의 시작과 함께 일어난 정보화 시대의 전투를 통해 진화했다. 소셜 미디어 기술 활용의 진화는 대기업들만 갖고 있던 콘텐츠 생성과 메시지에 대한 '통제력'이 모든 인터넷 사용자에게 개방된 것이 촉매제가 되었다. 이렇게 통제력이 분산되고 사용자가 온라인 데이터를 소비하는 대신 어디서나 콘텐츠를 만들 수 있게 되었다는 새로운 사실이 소셜 미디어와 공유되는 콘텐츠가 정치적 선전과 전쟁의 도구로서 기능하기 시작하는 데 중요한 역할을 했다.

인류 고유의 연결에 대한 욕구와 사회적 특성은 기본적으로 대규모 온라인 가상 네트워킹이라는 현재의 모습을 만들어 내는 촉진제와 같은 역할을 했다. 전통적인 형태의 미디어는 오래된 인쇄 매체 간의 소모전을 묵인해 왔고, 새롭게 나타난 디지털 공간은 사용 및 조작 가능한 **소통의 형태**에 자리를 내주었다. 국가 및 사이버 적대국은 인터넷의 개방성과 인터넷 미디어 폭발이라는 새로운 시대의 북소리를 이용할 방법을 찾기 위해 끊임없이 그리고 재빠르게 움직였다. 다양한 조직이 소셜 미디어와 온라인 네트워킹을 선전 확산의 도구로 사용 가능한 특정 도구와 기술을 활용하는 데 매우 능숙해졌다.

113 Giulio Douhet: 이탈리아의 장군이자 공군 이론가.

해시태그인가? 아니면 실탄인가?

해커들이 소셜 미디어를 단순하게 표적으로 삼아서 어떻게 활용할 수 있는지에 대해 잘 보여 주면서도 아주 흥미로운 사례는 2016년 미 대선 기간 때 유사시 여성 징집을 명문화하는 미 국방수권법과 연관된 **해시태그 #DraftOurDaughters**가 유행했던 사례를 들 수 있다. **해시태그 #DraftOurDaughters**가 만들어진 배경에는 어느 정도 일정 부분 사실도 포함되어 있었다.

힐러리 클린턴은 선거 운동을 하는 과정에서 초기에는 소셜 미디어를 활용한 캠페인에 그 법안의 가능성에 대해 어느 정도 언급하긴 했었다. 그들은 미국 징병제 프로그램에 적정 연령의 여성 등록 지지 방안을 선거 운동의 정책으로 활용하는 것을 잠재적으로 고려하고 있었다. 그러나 잠재적으로 고려 중이었던 소셜 미디어 캠페인은 실제로 이루어지지 않았다. 그 정책이 큰 갈등이나 분열을 초래할 수도 있다고 생각되어 빨리 폐기되었기 때문이다.

그러나 누구나 익명으로 이미지를 공유하고 댓글을 달 수 있는 간단한 형태의 이미지 기반의 게시판으로 운용 중이던 **4 Chan**의 지하 채널에서 해커들이 선거 운동 메시지를 주관하던 클린턴의 선거본부 서버를 해킹했다는 이야기가 퍼져 나갔다(Lacapria, 2016). 클린턴 대선 운동에 직접적 반대 세력들과 단체들은 이 문제를 둘러싼 이야기를 조작하는 데 활용될 진짜처럼 보이는 트윗과 이미지들을 끌어모았다.

클린턴에 반대하는 단체들은 실제 클린턴의 선거캠프가 사용하던 특정 텍스트, 이미지, 콘텐츠, 글씨의 폰트까지 자신들의 소셜 미디어 관리에 활용함

Stronger Together #17 Anonymous (ID:) 10/28/16(Fri)10:04:02 No.94894741

KILLARY MAKING INFOGRAPHICs
IF YOU ARE PLANNING ON MAKING MEMES READ THESE AND STICK TO THE FORMAT
KEEP THIS GOING TIL THE 8TH

>----------DOWNLOAD OFFICIAL FONT---------- from her campaign if making new meme's

https://a.hrc.onl/secretary/fonts/SharpUnity-Extrabold.ttf

>----------OFFICIAL HILLARY CAMPAIGN COLOURS --------- and Tips from a Brit:

#E4002B - red, used only for important highlights (hashtags, bold words) [90% opacity]

#00B7E9 - light blue, used for the main statements [75% opacity]

#000033 - dark blue - used for information or sentences [80% opacity]

>Avoid using too much text and always use the bold font. Usually increasing the contrast and slightly decreasing the brightness will help your background image stand out.

INCLUDE RUSSIA IN INFOGRAPHIC
INCLUDE THE IMWITHHERLOGO
INCLUDE THE ENLISTING WEBSITE
INCLUDE "Paid for by Hillary for America"

: : 4Chan에 게시된 한 사용자의 게시물에는 클린턴 선거 운동을 위한 트위터와 밈(meme) 게시물을 '표적'으로 하는 글꼴이 자세히 설명되어 있다. : :

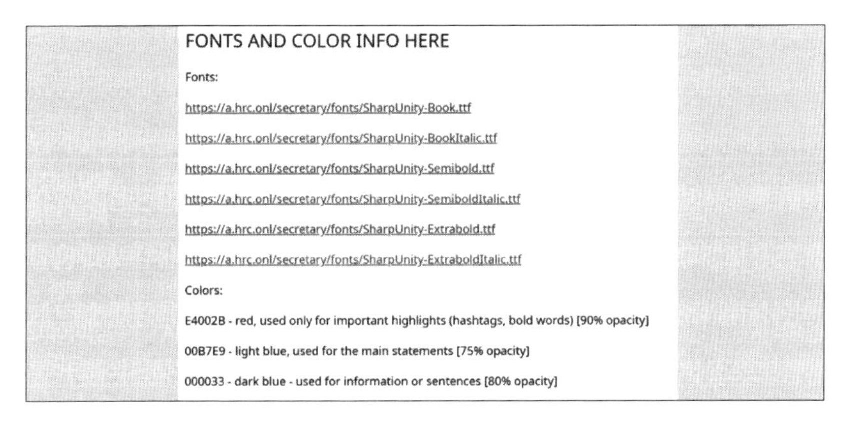

FONTS AND COLOR INFO HERE

Fonts:

https://a.hrc.onl/secretary/fonts/SharpUnity-Book.ttf

https://a.hrc.onl/secretary/fonts/SharpUnity-BookItalic.ttf

https://a.hrc.onl/secretary/fonts/SharpUnity-Semibold.ttf

https://a.hrc.onl/secretary/fonts/SharpUnity-SemiboldItalic.ttf

https://a.hrc.onl/secretary/fonts/SharpUnity-Extrabold.ttf

https://a.hrc.onl/secretary/fonts/SharpUnity-ExtraboldItalic.ttf

Colors:

E4002B - red, used only for important highlights (hashtags, bold words) [90% opacity]

00B7E9 - light blue, used for the main statements [75% opacity]

000033 - dark blue - used for information or sentences [80% opacity]

: : 레딧(Reddit) 사용자가 게시한 클린턴 캠페인에서 사용 중인 글꼴과 색상표 현황. : :

으로써, 자신들이 올리는 게시물이 마치 클린턴 선거캠프에서 사용하는 것처럼 인식되게 하는 데 활용했다.

상대측에서는 실제 클린턴 선거 운동 본부에서 사용하는 것과 동일 이미지, 글꼴, 콘텐츠를 만들기 위해서 구글 검색과 이미지 분석을 통해 자료들을 수집했다. 그런 형태의 반대 측 게시물에 이어서, 러시아의 소셜 미디어 댓글 부대 소속으로 생각되는 한 위협단체에 의해 퍼진 소셜 미디어 게시물들이 뒤이어 등장하기 시작했다.

4 Chan에서 클린턴에 반대하는 단체들의 게시물이 징병제에서 여성에 관한 클린턴의 가짜 메시지를 공유하기 시작한 것과 거의 동시에 댓글부대는 2016년 10월에 승인받은 트윗의 추가 확장 버전에서 지어낸 이야기를 게시판에 올리기 시작했다. 2016년 같은 달에 만들어진 트위터 계정 **@alishabae69**는 계정이 만들어지자마자 바로 **해시태그 #DraftOurDaughters**와 관련된 내용만 올리기 시작했다. 그 특정 계정의 트위터 아바타는 **알레나 우시코바**(Alena Ushakova)라는 여성과 관련이 있었다. 그러나 이 트위터 사용자의 온라인 계정 이름은 **알리샤 아르세노트**(Alisha Arsenault)로 다소 '미국화된' 이름이었다.

더 깊이 있게 분석해 놓은 자료들을 보면, 그 아바타와 사용자들이 공유했던 사진들은 트위터 계정이 온라인화되기 2년 전에 처음 주목을 받았다는 데 관심이 집중되었다. 구글 검색을 기반으로 해당 이름과 계정이 2014년에 활용되었던 사례가 발견된 것이다. 해당 계정의 사용자가 미국 출신이 아닐 가능성이 크며 이 허위 정보를 퍼뜨리는 캠페인의 일환으로 러시아 계열의 조직이 운영에 개입했을 가능성이 있다는 증거라는 주장이 타당성이 있어 보인다.

이런 게시물들은 또한 **#die for her(그녀를 위해 죽어라)**, **#enlist for her(그녀를 위해 입대하라)**, **#fight for her(그녀를 위해 싸워라)**, 그리고 **#Abort For Her(그녀를 위해 낙태하라)** 등 다른 후속 해시태그를 만들게 했다. 원래 트위터 해시태그에서 각각의 수정 버전은 4Chan, Reddit, 그리고 페이스북을

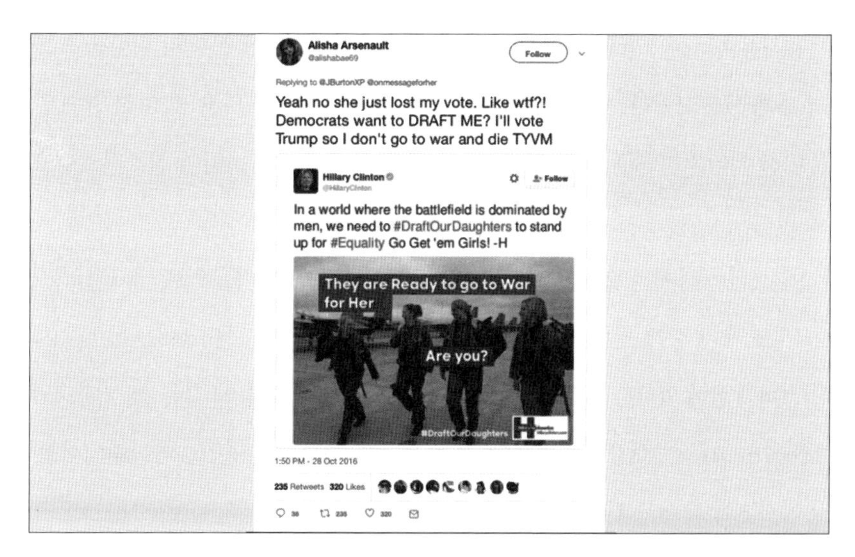

:: 가짜 이미지와 관련 해시태그를 기반으로 투표가 '바뀐' 사용자의 트윗 사례 ::

:: 트위터에 'Alishbae69' 계정으로 가입된 아바타 'Alena Ushkova' ::

사용하는 단체에 의해 클린턴의 실제 선거 메시지 주변에 불만의 씨앗을 뿌리기 위해 사용되었다. 해시태그 #DraftOurDaughters가 나온 지 며칠 만에 만들어진 이미지와 게시물이 소셜 미디어에서 유행하면서 곧이어 인스타그램으로 퍼져 나갔다.

인스타그램에는 **'앵그리 이글(Angry Eagle)'**이라는 이름으로 태그된 러시아 계열의 계정이 수백 장의 사진들을 올리면서, 예를 들어 **#imwithher(나는 그녀와 함께 있어)**, **#strongertogether(같이 더 강하게)**와 같은 해시태그와 **#AbortForHer(그녀를 위해 낙태를)** 같은 새로운 해시태그가 인스타그램에서 만들어지면서 유행을 이끌었다.

여기서 더 노골적인 이미지 중 하나를 살펴보자.

이 게시물들의 배후를 뒤져 보면, 이들 중 어느 것도 실제로 승인된 적이 없고 심지어 실제 클린턴 선거 운동과 관련도 없었다는 것이다. 힐러리 클린턴은 선거 운동 기간에 이러한 메시지를 지지한 적이 없으며, 또한 그녀의 트위터, 인스타

:: 인스타그램에서 'Angry Eagle'로 유행하고 있는 해시태그 ::

해석: 나는 임신 8개월 때, 그녀를 위해 싸우려고 낙태를 선택했어! 당신은?

그램 또는 다른 소셜 미디어 계정에 이러한 **밈**[114]이나 사진을 게시한 적도 없다.

과거에 클린턴은 전투 임무에 여성을 포함시키는 것을 옹호하는 특정 문구가 포함된 법안을 승인하는 데 찬성표를 던지기는 했지만, 국가 비상사태의 경우에만 찬성표를 던졌다. 그리고 당시 찬성표를 던졌던 법안인 **'2016년 미국의 딸 법안(초안)'**[115]은 나중에 변경되었고, 해당 조항들은 폐기되었다. 클린턴은 실제로 이 법안과 여성들도 징병제에 포함되어야 한다는 일반적인 생각을 지지했지만, 여성의 전투 참가를 지지한 것은 아니었고, 확실한 것은 군대에 복무하기 위해 그들의 아이를 낙태해야 한다는 견해는 더더욱 지지하지 않았다는 사실이다.

하지만 클린턴의 과거 투표 기록과 온라인에서의 밈, 사진, 게시물들이 모두 같은 색깔과 같은 이미지를 가지고 있던 탓에 마치 관련이 있는 것처럼 보여서 많은 사람이 그 게시물들을 진짜라고 받아들였다. 클린턴은 이 문제에 관한 입장을 다음과 같이 밝혔다.

> "제가 자원입대를 지지한 것으로 기록되어 있는데, 그 당시 저는 조국을 위해 그렇게 복무하는 것이 좋다고 생각했습니다. 그리고 제복을 입은 남성과 여성, 그리고 그들의 가족을 진정으로 지지하고 그들의 사기를 올리는 데 매우 전념하고 있습니다."

114 밈(meme): 영국의 진화생물학자 리처드 도킨스가 펴낸『이기적인 유전자』라는 책에서 사용된 말로, 유전적 방법이 아닌 모방을 통해 습득되는 문화요소라는 의미이다.

115 2016년 미국의 딸 법안 초안(Draft America's Daughters Act of 2016).

사실 클린턴 후보는 그 정책을 옹호하지 않았다. 결국, 그 법안이 수정되기도 했지만, 그녀는 단순히 찬성표를 던졌을 뿐이다. 그러나 그 이야기는 이미 널리 퍼지고 있었고, 그녀의 선거 운동은 이제 그 문제와 연관된 것처럼 되어 버렸다.

제대로 '불난 데 기름을 부은 것' 같은 순간은 트럼프 선거 운동의 극렬한 지지자들이 그 가짜 메시지들을 다시 게시하고 수정하기 시작했을 때 일어났다. 어떤 경우에는 인플루언서들의 게시물과 팔로워들 덕분에 몇 분 만에 수십만 건의 '공유, 좋아요' 그리고 게시물이 추가로 생기기도 했다. 이런 식으로 어떤 해시태그가 입소문이 나면서 다양한 소셜 미디어 플랫폼에서 사용자에게 영향을 줄 수 있는 또 하나의 유행이 되어 버렸다(시간당 평균 1,000개 이상의 올라가기도 하였다. Lacapria, 2016).

그 후 몇 주 동안, 클린턴의 선거캠프에서 여성을 군대에 징집하려 한다는 것을 더욱 명확히 하려는 목적으로 심지어 여성 위생용품 광고를 편집 · 수정

:: 트위터에서 해시태그 #DraftOurDaughters가 얼마나 많이 확산되었는지 보여 주는 수치들 ::

한 것까지 게시되기도 했다. 그런 이야기들은 온라인 비디오 캠페인, 소셜 미디어 전파, 그리고 후속되는 미디어와 미묘하게 연결되면서 퍼져 나갔다. 이런 경우, 적대세력들이 자동화된 봇 또는 사람을 동원한 댓글부대[116] 팀들을 동원해서 알고리즘을 '넘어서는' 가십거리를 대중들에게 더 노출시키기 위해 사용되기도 했다. '좋아요'가 많아질수록, 더 많이 노출되고, 그 캠페인의 일부가 되는 어떤 메시지라고 받아들여지면서 그 이야기는 점점 더 퍼져 나갔다.

또한, 같은 유튜브 채널에 다시 게시된 동영상은 클린턴 선거캠프의 댓글에 '내가 대통령이 되면 우리가 이란을 공격할 것이란 걸 이란 사람들이 알았으면 좋겠다.'라는 내용도 있었다고 주장했다(맥키, 2016).

이런 허위 사실이 공표되는 선거 운동 기간에 가끔 하나의 계정으로 클린턴 후보 지지자와 반대자 모두에게 같은 편으로 보이는 듯한 트윗을 보내는 상황도 있었다. 각각의 트윗은 폭발적인 클릭 수를 유도하고, 주로 온라인상에서 조회 수를 높여 주는 댓글과 게시물의 수를 증가시키면서 게시물이 빠르게 퍼지도록 하기 위해서 동일 해시태그를 사용한다.

또한, 많은 트윗은 조회 수를 극대화하기 위해서 당시 유행하고 있는 다른 주제들을 포함하기도 했다. 이런 사진들은 점점 더 많은 사용자가 정치적 성향과 사용자의 개인적 신념에 기초하여 해시태그와 상호 작용하도록 영감을 주었다. 하지만 소셜 미디어가 온라인에서 운영되는 방식 덕분에, 각각의 토론, 논쟁, 대화 또는 재공유를 통해서 클릭 수가 급속히 늘어나는 상황이 계속되었고, 온라인 확산이 가속화되었다. 이와 같은 현상은 해시태그를 활용한 클릭

116 클릭 농장(Click Farm): 돈을 받고 페이스북에 '가짜 계정'을 만들어 특정 게시글에 '좋아요'를 클릭하거나 유튜브 비디오의 조회 수, 트위터의 팔로워 숫자 등을 조작해 주는 회사를 말한다.

:: 클린턴 후보에게서 나온 말이라고 주장하는 해시태그 〈#DraftOurDaughters〉 캠페인을 위한 후속 비디오 ::

수의 급격한 증가로 인해 몇 시간 안에 전 세계에 퍼져 있는 다른 사용자들에게 전파되는 결과를 낳았다. 이 모든 것은 사건의 배후에 있는 진실, 그리고 그 이야기가 얼마나 사실과 같은지와는 무관하게 벌어진 일이었다.

트위터와 소셜 미디어 덕분에 이야기가 완전히 달라져 버린 이 한 건의 사례 때문에 클린턴이 선거 운동에서 총체적인 실패를 본 것도 아니고 도널드 트럼프가 당선되는 데 결정적인 역할을 한 것도 아니지만, 이러한 유형의 공격이 끼친 영향력에 대해서는 주목할 필요가 있다. 트윗과 소셜 미디어에서의 어떤 행동이 그만큼이나 입소문이 났다는 사실, 그리고 그 당시 검증된 사용자들인 인플루언서들과 반대 단체들의 끊임없이 진화하는 공격이 사이버 공간에서 그런 사실들과 결합 되어 선거 운동이 반응하게 만들었다는 점에 주목해야 한다는 것이다.

그런 일에 대응하는 과정에서, 클린턴의 선거캠프는 그들이 중점을 두려고 했던 온라인 활동과 소셜 미디어 참여 활동에 쏟아야 할 시간을 이런 왜곡된 이야기에 대응하기 위한 시간으로 별도 할당해야 했다. 그렇게 함으로써, 선거

캠프는 자신들이 의도했던 캠페인의 주도권을 얻는 데 중점을 둘 수가 없었고, 말 그대로 거짓 뉴스와 이야기들에 대응하는 수밖에 없었다.

군내 여성, 낙태 등 논란이 많은 주제였기 때문에 섬세한 손길이 필요해진 이런 대응 활동으로 인해 선거 운동 책임자들은 자신들이 의도했던 주요 이슈에 관한 업무에 소원해질 수밖에 없었다. 각각의 트윗이나 인스타그램 게시물에는 대응하는 사람이 필요하게 되었고, 클린턴 선거 캠페인이 소셜 미디어와 언론에서 물고 물리는 게임에 끊임없이 참여하도록 강요당한 것이다.

마지막으로, 이런 해시태그 유행은 이런 식의 접근 방법이 선거 운동의 존립과 행동에 영향을 미칠 수 있고, 어떤 국가(이 사례의 경우 러시아)가 국경선을 넘어 활동 범위를 넓히면 상대국의 민주적 선거 결과에 영향을 미칠 수 있다는 것이 입증되었다.

이런 작업을 일회성 수동 접근 방법으로 수행할 수 있지만, 이미 수백만 명의 헌신적인 팔로워가 있는 인플루언서들에게 가십거리를 전파하도록 강요하는 게 훨씬 쉽다. 이미 가입되어 있는 사용자 그룹과 인플루언서 개인을 활용해서 가십거리를 확산하는 것은, 위협을 만들려고 하는 자가 그 활동 범위를 크게 확장하는 데 유효한 방법이다. 적절한 사람의 '좋아요' 하나와 '댓글' 하나로 그 이야기가 순식간에 입소문이 날 수 있기 때문이다.

인플루언서들에게 영향력 행사하기

트윗이나 게시물 하나로는 확장성이 없으며 어떤 행동이나 결과에 영향을 미칠 정도로 광범위한 대중들에게 영향을 미치지 못할 것이다. 확산세를 등에 업고 메시지가 더 많은 의견을 가질 만한 가치가 있는 것처럼 보이고 궁극적으로 가십거리로 홍보하기 위해서는 인플루언서가 그 이야기를 대중들 속으로 밀어 넣어야 한다.

댓글부대 또는 트위터를 활용하는 작전의 궁극적 목표는 많은 팔로워가 있는 인플루언서들이 메시지를 리트윗하게 만들거나 다시 게시하게 만드는 것이다. 그렇게 되면, 메시지가 광범위하게 퍼지게 되고 메시지의 정확도도 높아진다.

2017년 미국 하원 정보위원회는 러시아 정보기관과 연계되는 연구소인 **IRA**[117]와 직접 연결된 2,700개 이상의 이름을 가진 트위터 이름을 공개하였다. 이런 이름과 계정 안에는 3,000개 이상의 글로벌 통신사를 직접적인 대상으로 한 수백 개의 바이러스성 트위터 계정이 있었으며, 모두 수백만 명의 팔로워를 가진 40명 이상의 유명 인사들에게 직접적인 영향을 미친 것으로 알려져 있었다(Popken, 2017).

그런 뉴스를 만들어 내는 통신사들이 2016년 선거 기간 동안 러시아와 연계된 댓글부대 계정의 트윗이 포함된 기사를 11,000건 이상 게재한 바 있다.

인플루언서 트위터 및 인스타그램 계정 중에서 일부 이름이 그런 형태의 작전에 영향을 준 것으로 밝혀진 사례는 다음과 같다(Popken, 2017).

[미국 대통령] 도널드 J. 트럼프(@realdonaldtrump)

117 IRA(Intelligence Research Agency): 정보 연구소.

[미국 신나치주의자] 리처드 스펜서(@RichardBSpencer)

[미국 공화당 정치인] 로저 J. 스톤 주니어(@RogerJStoneJr)

[전 미국 UN 대사] 사만다 파워(@AmbPower44)

[미국 백인우월주의자] 데이비드 듀크(@DrDavidDuke)

[상원의원] 존 코린(R-TX)(@JohnCornn)

[트럼프 대통령, 백악관 선임고문] 켈리앤 콘웨이(@KellyannePolls)

[트럼프의 디지털 미디어 자문관] 브래드 파르스케일(@parscale)

[전 트럼프 백악관 공보국장] 앤서니 스카라무치(@Scaramucci)

[전 백악관 공보비서] 숀 스파이서(@seansspicer)

[상원의원] 테드 크루즈(R-TX)(@tedcruz)

[FOX 뉴스 진행자] 션 해니티(@seanhanity)

[미국 보수성향의 언론 평론가] 앤 콜터(@AnnCoulter)

[MSNBC 진행자] 크리스 헤이스(@chrishayes)

[TV, Radio 진행자] 로라 잉그러햄(@Ingraham Angle)

[CNN 앵커] 제이크 태퍼(@jaketapper)

[폭스 비즈니스 네트워크 진행자] 루 돕스(@LouDobbs)

[미국 여자 코메디언, 배우] 사라 실버맨(@SarahKSilverman)

[데일리 쇼 진행자] 트레버 노아(@Trevornoah)

[미국 배우] 제임스 우즈(@realjameswoods)

[트위터의 CEO] 잭 도시 CEO(@jack)

이러한 리트윗과 게시물들은 즉시 입소문이 나게 하지는 않았지만, 유명 인사들과 눈에 잘 띄는 정치인들과 뉴스 매체들이 단순하게 그 자료를 공유하거나 참조하도록 하는 것만으로도 종종 메시지를 홍보하기에 충분했다. 눈에 잘 띄는 계정들이 특정 메시지를 반박하거나 폄훼하는 것으로 주목받았다고 해도, 그 상호 작용을 통해 메시지는 이미 '눈길'을 받을 만큼 충분하게 훼손되어 있었다. 그들이 단순히 그 게시물이나 메시지에 관여하는 것만으로도 타당성과 신뢰성을 제공하기에 충분했고, 더 많은 사용자가 그 게시물과 대화하거나 상호 작용하게 되었다.

2016년 미 대선 당시 활동한 러시아계 계정 중에서 가장 많은 팔로워 수를 기록한 계정은 트위터의 @TEN_GOP 계정이다. 이 계정이 테네시 공화당의 공식 트위터 계정으로 위장하면서 활동하는 동안 1억 3천만 명 이상의 팔로워가 생겨났다. 가짜 계정이 트위터 관리자에 의해 폐쇄되고 차단된 후에도, 그 단체의 '백업' 계정인 @10_GOP은 4,000만 명이 넘는 팔로워를 끌어모았다. 이 계정은 리트윗되었고 도널드 트럼프 주니어, 보수 성향의 유명 칼럼니스트 앤 콜터(Ann Coulte), 심지어 트럼프 대통령까지 그와 관련된 게시물을 공유했다.

다시 말하지만, 반드시 개인의 정치적 성향에 대한 반향이 아니라 수백만 팔로워를 거느린 유명 인사나 인플루언서들이 러시아 정보기관과 연계된 댓글부대의 글을 다시 게재하거나 리트윗하는 것은 분명 문제가 된다.

흥미롭게도, 소셜 미디어 플랫폼 내의 알고리즘은 적어도 겉으로 보기에는 가짜 뉴스에 대응하기 위해 특별히 구축되어 있다. 노골적으로 잘못된 것들이 대중적으로 유명해지는 것을 막기 위해서 게시물과 사진이 어느 정도의 사실 확인과 정보를 활용하지만, 인플루언서가 기사나 게시물을 좋아하거나 리트윗을 하게 되면, 이 경우에는 알고리즘을 넘어서게 된다.

So nice, thank you!

Tennessee @10_gop
En réponse à @realDonaldTrump
We love you, Mr. President!

19:33 - 19 sept. 2017

:: 가짜 계정에 대한 트럼프 대통령의 댓글 ::

Donald Trump Jr. @DonaldJTrumpJr

RT @TEN_GOP: BREAKING: Massive riots happening now in Sweden. Stockholm in flames. Trump was right again! https://t.co/ZQa9Res2tu https://t...

Tue Feb 21 19:46:55 +0000 2017 DELETED VIA POLITITWEET.ORG

:: 더 많은 질문거리가 있는 변조된 헤드라인을 재공유하는 도날드 트럼프 주니어 ::

Ann Coulter @AnnCoulter

RT @TEN_GOP: .@AnnCoulter: "If Hillary wins, she will amnesty 30+ million illegal aliens and Republicans will never win an election again."...

Tue Oct 11 04:38:29 +0000 2016 DELETED VIA POLITITWEET.ORG

:: 가짜 게시물에 속아 넘어간 유명 인플루언서 앤 콜터(Ann Coulter) ::

트위터는 정직하지 않거나 봇 기반의 가짜 콘텐츠가 자동으로 주제를 리트윗하는 것을 막기 위해 내부적으로 코드에 기반을 둔 특별한 통제장치를 보유하고 있다. 하지만, 인플루언서 또는 유명한 사람이 콘텐츠를 공유하거나 리트윗하고 그들의 팔로워가 참여하게 되면, 그 콘텐츠는 조직에 필요한 콘텐츠의 일부가 되고, 다른 트위터 계정에서 나온 다른 어떤 사진이나 게시물보다 더 높은 순위를 차지하기 시작한다.

봇이 만든 것 또는 가짜 뉴스를 고의적이든 아니든 간에 유명 인사가 리트윗할 때, 알고리즘은 기본적으로 그 콘텐츠가 중요한 콘텐츠인 것처럼 조치했다. 따라서 그 시스템은 아무 의심도 없이 일단 유행을 만들고 나서 페이스북이나 트위터에서 우선순위를 정하게 되었다. 알고리즘은 기본적으로 회사가 해당 정보나 뉴스를 기본적으로 합법화하는 것과 같기 때문이다.

이러한 소셜 미디어 플랫폼은 실제로 광고로부터 수익이 있는 사업이기 때문에, 조회 수를 얻을 수 있는 이야기와 게시물을 홍보하도록 시스템화하는 것은 타당하다. 그렇게 인플루언서의 행위에 대해서는 알고리즘에서 기본적으로 높은 등급을 받도록 미리 시스템적으로 조치해 둠으로써, 그것은 악의적인 사용자와 선전선동기관이 그들의 메시지를 대중에게 전달하기 위한 좋은 수단이 된다.

국가 그리고 악의적 사용자 단체들은 대규모로 메시지를 공유하는 방법으로 이러한 플랫폼을 사용하는 데 매우 능숙해졌다. 올바른 인플루언서와 사용자를 대상으로 공개적으로 사용 가능한 이미지, 색상 및 글꼴을 제대로 활용하는 것을 보장해 줌으로써 오히려 악의적인 행위에 힘을 실어 준다. 소셜 미디어 플랫폼은 사회단체들을 통해 거의 무한한 영향과 영향을 미치는 최신 형태의 협업 및 데이터 공유의 형태다. 이런 자산들을 활용함으로써 적대적 단체와 국가는 주요 랜섬웨어 공격 또는 표적을 향한 공격에서 얻을 수 있는 것과 같은 영향력을 국가기관 및 국가정책에 미칠 수 있다.

영향력과 싸우는 것은 어렵다. 불가능하지는 않지만 어렵다. 방어 팀이 조치 계획을 가지고 있어야 하고, 지휘부가 자신들의 입장이나 실수가 있었다면 개방적인 자세를 취할 준비가 돼 있어야 한다. 아무것도 하지 않는 것은 최악의 대응이다. 주가와 정치 캠페인은 이런 종류의 공격에 고통받아 왔다. 그것들은 단지 디지털 괴롭힘에 머무는 것이 아니라, 현실 세계에 영향을 미친다. 조직이 방향성이 훨씬 뚜렷한 대응 계획과 온라인에서 무엇이 활성화되고 그 영역에서의 지위와 관련이 있는지 알 수 있는 기능을 제공하는 데 도움이 되는 도구가 있긴 하지만, 이러한 도구를 올바르게 활용하기 위해서는 혁신에 초점을 맞춰야 한다.

결론

이번 4장에서는 영향력이 얼마나 막강할 수 있는지를 지적하고, 이러한 공격이 활성화될 때 발생하는 일들에 대한 몇 가지 통찰력을 제공했다. 그러나 발생하는 상황 대부분은 이전 섹션에서 언급한 바와 같이, 이러한 과거의 공격은 적어도 **'실제 인간과 실제 캐릭터'**에 기초하고 있었다.

이야기들이 가짜일 뿐만 아니라 그와 관련된 사람들도 가짜일 경우 무슨 일이 일어날까? 그리고 그 공격이 인공지능(AI)과 관련된 접근 방식과 결합하면 어떻게 될까? 인공지능(AI)이 등장하면 상황은 얼마나 더 많이 나빠질 수 있는가? 다음 5장에서는 이러한 질문에 대해 살펴보려고 한다.

제5장

사이버 보안에서의 딥페이크, 인공지능(AI), 머신러닝(ML)

이번 5장에서는 사이버 보안과 사이버전에 잠재적으로 적용할 수 있는 인공지능/머신러닝(AI/ML) 활용을 둘러싼 산업 분야의 새롭고 혁신적인 내용 중 일부를 알아보고자 한다. **인공지능/머신러닝(AI/ML)** 기반의 **딥페이크**(DeepFake)를 만들고 운용하는 방법을 구체적으로 설명하는 것에 시간을 할애할 수 있지만, 그 내용을 이 장에서 다루고자 하는 것은 아니다.

솔직히 말하자면, 인공지능/머신러닝(AI/ML), 그리고 딥페이크는 대단히 위험한 도박이다. 이런 도구와 기술들은 광범위한 의미가 있고 다양하며 중요한 이슈를 둘러싼 실체를 밝혀내는 데 영향을 미칠 수 있다. 구체적인 '방법'을 다루는 대신, 아래 사항에 대해 논의하고자 한다.

- 딥페이크가 무엇이며, 오늘날 어떤 분야에서 주목받고 있는가?
- 인공지능/머신러닝(AI/ML)이 **팩트**, **영상**, **음성**, **심지어 생체인식**까지 무기화가 가능한가?
- 이런 혁신적인 기술과 거대하고 강력한 클라우드 컴퓨팅 자원과의 결합으로 인해 얼마나 큰 영향을 미치게 될까?

먼저 이러한 기술들이 발전한 역사와 개요, 그리고 그런 기술들이 사용될 경우 발생할 수 있는 시사점 몇 가지를 먼저 이야기해 보자.

대형스크린에서 스마트폰으로 – 딥페이크의 여명이 밝아 오다

지난 10년 동안 AV 기술은 그 성능이 획기적으로 향상되었다. 영화와 음악 모두 보다 사실적이고 다양하며 환상적인 콘텐츠에 대한 요구로 인해 업계에서는 현재의 기술적 한계를 넘어설 수밖에 없다. 공룡들이 스크린에 등장하는 영화 〈**쥬라기 공원**〉에서 컴퓨터 기술을 이용해서 만든 최초의 사실적인 애니메이션을 관객들에게 선을 보인 지도 채 30년도 되지 않았다.

진짜처럼 보이지만, 실제로는 완전히 다른 이미지를 활용했던 가장 초기의 사례가 세계를 놀라게 했었다. 그 당시에는, 그 정도 품질의 이미지를 만들어 내는 데 필요한 기술은 대형스크린에만 한정되어 있었고, 자금이 아주 풍부한 전문제작 스튜디오를 제외한 다른 모든 스튜디오에서는 그 비용을 댈 수도 없었을 뿐만 아니라 기술적으로도 한계가 있었다. 그러나 이제는 사실이 아니다. 디지털 이미지와 오디오 뒤에 숨겨진 기술의 급속한 발전, 그리고 자유롭게 이용할 수 있는 머신러닝(ML) 도구들의 출현으로 인해 이제 이미지와 인터넷이라는 독특한 기술적 요구만 있으면 누구나, 어디서나 매우 사실적인 콘텐츠를 제작할 수 있게 되었다. 이제 딥페이크의 새벽이 밝아 오고 있다.

딥페이크 정의하기

가장 먼저 기본적인 용어에 대해서 알아보면, 딥페이크는 단순하게 보면

딥 러닝(Deep Learning)과 가짜라는 의미의 **페이크 비디오**(Fake Video)가 결합한 용어다. 이런 '영상'은 기본적으로 다른 영상이나 대상들의 사진과 같은 이미지를 충분히 모은 다음, 그 이미지들을 신뢰할 수 있는 콘텐츠로 만들기 위해 딥러닝 알고리즘을 사용하여 제작된다. 활용 가능한 미디어가 충분하기만 하면, 할리우드에서 만든 것과 유사한 품질의 비디오를 만드는 것이 가능하다. 이런 기능은 허위 정보와 가짜 뉴스를 선전하는 데 활용 가능하며, 소셜 미디어 공격 같은 곳에 함께 사용될 경우 이러한 유형의 공격으로 인해 야기되는 위협을 획기적으로 증가시킬 수 있다.

'착한 짓을 하고도 인정받지 못하고 오히려 벌을 받는 경우가 있다.'라는 오래된 격언과 같은 일이 벌어지는 또 다른 사례를 보면, 딥페이크를 나오게 했던 기술은 오늘날 우리가 즐기는 콘텐츠를 만드는 데 사용된 바로 그런 도구들에서 출발했다. 어도비 포토샵이나 다른 형태의 비디오 편집 소프트웨어와 같은 도구들은 이제 매우 강력하고 사용하기 쉬워져서 약간의 시간과 어느 정도 괜찮은 수준의 비디오 카드를 가진 사람이라면 말 그대로 그들이 상상할 수 있는 모든 것을 만들어 낼 수 있게 되었다.

온라인에서 흔히 볼 수 있는 많은 딥페이크 영상은 일반적으로 알고리즘을 통해 특정 인물의 얼굴 이미지 여러 개를 조합하는 방법으로 만들어진다. 그런 다음 특정 얼굴의 복잡한 부분은 알고리즘을 통해서 스스로 '훈련'함으로써 만들어진다. 모든 것이 알고리즘에 의해 매핑이 되고, 평가 및 재생성된 후에 합성되어 최종적으로 만들고자 하는 비디오로 전환된다. 이런 절차는 아주 비싼 하드웨어를 활용하면 몇 시간 또는 며칠 정도 걸린다. 만약 제작자가 일반 사용자 수준의 AV 프로그램과 하드웨어만 사용한다면, 이 작업은 훨씬 더 오래 걸릴 수 있다.

이런 접근 방법은 주로 알고리즘이 **생성적 대립 신경망**(GAN)[118]을 포함한 출력 영상물을 만들어 내는 방법에 의해 제한을 받고 있다.

GAN을 활용한 '파워 딥페이크'

과거 대부분의 머신러닝(ML) 알고리즘에서 가장 중요한 방법론은 차별적 접근법을 사용하는 것이었다. 이러한 머신러닝(ML) 애플리케이션이 작동하는 방법은 기본적으로 무언가를 증명하려고 하는 것이 아니었다. 사용된 사례를 간단히 알아보자면, 이메일 중에서 스팸메일을 판단해 내는 과정을 생각해 보자. 차별적 접근법에서는 알고리즘이 그 안의 내용을 보고 나서 해당 메일이 유효한지 아닌지를 판단하려고 한다. 즉, 확실하면서도 많은 양의 좋은 콘텐츠 샘플을 활용하면서, 알고리즘은 이미 유효한 콘텐츠들과 뒤이어 나오는 내용을 비교하면서 판단한다.

좋은 콘텐츠라는 확신이 들지 않으면, 알고리즘은 활용 가능한 데이터를 사용하여 새로 들어온 메일을 '좋은' 메일이 아니라 '스팸' 메일로 분류한다. 이런 방법을 활용하는 사례에서 대부분의 스팸메일은 비교적 정형화되어 있고 일반적으로도 쉽게 탐지 가능해서 이런 종류의 응용 프로그램에서 잘 작동되

118 생성적 대립 신경망(GAN, Generative Adversarial Networks): 새로 만들어 내야 하는 모델과 판별을 위한 모델이 서로 경쟁하면서 실제와 가까운 이미지, 동영상, 음성 등을 자동으로 만들어 내는 기계학습(ML: Machine Learning) 방식의 하나. 이 개념이 처음 만들어진 것은 2014년으로, Ian Goodfellow라는 박사 학생의 졸업 논문 주제로 졸업 논문 제목에서 나왔다.

는 편이다.

메일에는 확실하게 '좋은' 내용이 포함되어 있지 않다는 것이 은연중에 나타난다. 그런 내용은 아주 단순한 것이긴 하지만, 단서를 제공해 준다. 어느 정도 간단한 입력 데이터의 '경계'를 가지고 있고 더 명확한 의도라는 요구 사항을 가지고 있어서 이 특별한 머신러닝(ML) 알고리즘은 잘 작동된다.

과거에 이런 유형의 머신러닝(ML) 알고리즘이 초기 딥페이크 영상에서 시도되긴 했었지만, 영상 콘텐츠가 대개 정형화되지 않았었고 원하는 결과를 끌어낼 수 있는 '좋은' 기초 데이터가 없었기 때문에 충분한 수준의 결과물을 만들지 못했다. 영상과 음성 콘텐츠는 누구에게서 나오든, 어디에서 나오든, 어느 정도의 사실성을 가지든 기본적으로 어떤 형태로든지 만들어질 수 있다. 그래서 '무엇이 좋은가?'에 대한 명확한 정의를 도출할 수 있는 실질적인 일정한 기준선은 없다. 이런 부분에 바로 **GAN 알고리즘 접근법**이 필요한 것이다.

GAN의 접근 방법을 사용하면 시스템에 훨씬 더 유동성이 많은 형태의 입력값을 처리할 수 있으며, 이는 비디오와 오디오 콘텐츠를 만드는 데 제대로 역할을 한다. 차이점을 활용하는 접근 방법에서의 목표는 어떤 점이 원본과 비교해서 같지 않다는 것을 거꾸로 증명하는 것이지만, GAN의 목적은 이용 가능한 데이터나 입력값을 활용해서 **'적합하게 만드는 방법'**을 찾아내는 것이다.

GAN이 작동하는 근본적인 방식도 다르다. GAN에서는 2개의 서로 다른 네트워크들이 데이터 또는 입력값을 처리하기 위해 서로 경쟁적으로 작동한다. 1번 신경망의 생성기는 새로운 데이터 샘플을 만들어 내는 역할을 한다. 2번 신경망은 그 샘플이 제대로 만들어졌는지 판별하는 역할을 하는데, 생성된 데이터 샘플이 실제로 사용되는 영상 또는 음성 콘텐츠가 진짜인지 가짜인지를 측정하고 평가하는 것이다. 판별을 담당하는 신경망은 검토하는 각 데이터 샘플이 실제 훈련용 데이터 세트에 해당하는지 아닌지를 먼저 결정하고, 분석이 완료될 때까지 이 과정을 반복한다.

GAN에서 새로운 데이터를 만들어 내는 역할을 하는 신경망은 무작위로 가짜 또는 합성 출력(예를 들어 사람의 얼굴의 이미지 또는 비디오 한 토막)을 만들어 내려고 시도하는 반면, 판별 역할을 하는 신경망은 반대로 이러한 출력들을 올바른 것으로 알고 있는 실제 출력물(예를 들어, 운전면허 사진의 데이터베이스)과 구별하려고 노력하는 방법이다.

이 두 신경망은 서로 '잘하려는 특성'을 기반으로 작동하기 때문에, 그들은 횟수를 거듭할수록 각각의 개별적인 작업은 점점 더 잘 수행하게 된다. 왜냐하면, 그들은 **속임수 게임**에서 '이기기' 위해 노력하기 때문이다. 궁극적으로는 실제 이미지 또는 비디오를 만들어 내는 생성기가 있는 신경망에서 결과물로 데이터 또는 출력물이 나오게 된다.

완전한 가짜 이미지, 영상과 음성 콘텐츠를 만들어 내기 위해 이 접근 방법을 사용한다는 것은 기술 분야에서 대단히 새로운 방법이다. 그래픽 카드 회사인 **엔비디아**(Nvidia)의 연구진들이 자신들의 접근 방식이 얼마나 좋은지 알아보기 위해서 이런 방식을 적용하는 실험과 프레임워크를 제안했던 시기는 바로 2020년이었다.

엔비디아 연구진은 자신들의 방법을 활용해서 이 지구상에 존재하지도 않았던 사람들로부터 매우 사실적인 고해상도 얼굴 이미지를 만들어 낼 수 있었다. 흥미롭게도, 연구팀은 자신들의 GAN에 대한 입력값의 잡음 수준을 수정하는 방법이 출력물의 충실도를 감소시키기보다는 오히려 증가시킨다는 것을

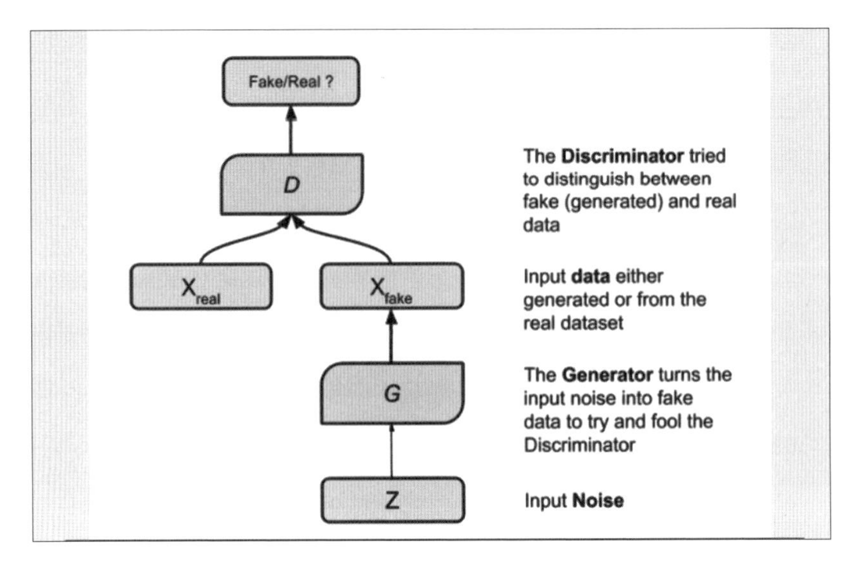

:: GAN의 개념을 설명한 간단한 요도 ::

발견했다. 이는 그들이 활용했던 머신러닝(ML)이 엔비디아의 그래픽 처리 능력과 짝을 이루었기 때문에 가능했으며, 이는 시간이 지남에 따라 시스템이 만들어 내는 콘텐츠의 충실도를 높이는 데 도움이 되었다. 즉, 그들은 엔진에 마력을 더 보태는 것처럼, 이미지나 출력물이 더 좋아진다는 것을 알게 된 것이다(Tero Karras, 2019).

다음은 엔비디아 연구진들이 GAN에서 만들어 낸 결과물, 즉 인위적으로 만들어 낸 이미지들이다.

이러한 노력이 있은 다음 후속되는 연구에서 엔비디아 연구팀은 그들의 접근 방법과 도구를 활용해서 GAN이 사람의 가짜 얼굴 이미지에서 일시적으로 다른 이미지를 만들어 낼 수 있다는 것을 보여 줄 수 있었다. 그 시스템은 수정된 출력물인 고품질 가짜 이미지를 만들어 내는 데 매우 능숙했기 때문에,

:: 엔비디아 **GAN**으로 만들어진 고해상도의 세상에 존재하지 않는 사람들의 이미지 ::

GAN은 나이에 따른 사람의 얼굴을 다르게 보여 주거나, 다른 특징을 활용해서 변형된 이미지를 만들어 냈다(Tero Karras, 2019).

GAN은 현재 시중에 나와 있는 이미지(앞서 살펴본 바와 같이) 또는 음성 콘텐츠(뒷부분에서 다룰 것) 생성에 적용된 머신러닝(ML) 솔루션을 사용하는 '최고'의 방법이다. 엔비디아의 실험에서처럼 더 강력한 그래픽 처리 도구를 사용해

:: 나이에 따른 변화 또는 얼굴 특징에 따라 간단하게 변화되는 GAN 이미지 ::

서 출력물의 품질과 해상도를 높이고, 아마존 웹 서비스의 딥러닝 시스템이나 마이크로소프트 아주르 클라우드와 같은 응용 클라우드 기반 서비스로 접근 방법이나 도구를 바꿔서 처리하게 되면, 출력물이 향상되는 규모가 병렬로 확장될 수 있을 것이라고 예상할 수 있다.

그러나 모두 완벽한 것은 아니다. GAN 접근 방법과 도구는 여전히 사용자가 딥페이크 이미지 또는 오디오를 만들려고 할 때 활용할 수 있는 처리 능력에 따라 제한을 받는다. 엔비디아의 매우 숙련된 연구팀조차도 모델을 정확하게 튜닝하는 데 일주일 이상이 걸렸고, 시스템을 제대로 작동하려면 8개의 다른 엔비디아의 테슬라 GPU[119]를 사용해야 한다고 언급했다.

이러한 강력한 도구가 없는 일반 사용자의 경우, 가정용 PC의 성능이 아주 강력하지 않으면 부적절한 이미지 처리로 인해 이상하거나 심지어 우스꽝스러운 출력물이 만들어질 수 있다.

119 Nvidia Tesla GPU: 인공지능(AI) 개발 및 Deep Learning 연구에 최적화된 GPU로 평가받고 있는 제품.

:: 샘플과 처리 능력이 부족할 때 만들어진 개구리의 딥페이크 이미지 ::

충분한 샘플과 처리능력이 있다고 가정하면, GAN과 같은 접근 방법과 수용할 만한 정확도가 가진 힘 때문에, GAN 접근 방법은 가까운 미래에 가장 널리 사용되는 솔루션이 될 것이다. GAN과 이미 적용 중인 도구에 관한 다양한 사례가 이미 존재하고 있으며, 그런 사례는 다음과 같다.

지금까지 GAN과 딥페이크 사용과 관련된 대부분은 주로 코미디나 유머를 위한 것이었다. 그러나 악성 프로그램, 악의적 공격, 네트워크 및 IoT 기기를 포함하여 이 책에서 지금까지 알아봤던 다른 기술과 마찬가지로, 이와 같은 솔루션과 도구들이 악의적인 목적에 사용되는 것은 시간문제일 뿐이다. 아마도 다음 선거 시기와 같은 미래에는 후보들의 딥페이크 영상이 보완되어 악의적인 목적으로 사용될 가능성이 매우 크다. 선거 기간에 유력 후보가 공격적 행동을 하거나, 한 정치 집단을 겨냥한 노골적인 증오의 메시지를 선전하는 현실적이고 그럴듯한 동영상이 등장할 경우 발생할 수 있는 혼란을 상상해 보라. 그 결과는 문자 그대로 폭동이 될 수 있고, 한 국가의 민주적 절차에 심대한 영향을 미칠 수 있다.

:: 미국의 대통령 오바마, 미 영화감독 조던 필의 딥페이크 유튜브 영상 ::

:: 미 영화배우 겸 코미디언 빌 헤이더(Bill Hader)의 딥페이크 영상 샘플 이미지 ::

GAN 솔루션을 사용하여 생체인식 솔루션을 회피하거나 속이는 것과 같이 보안규정과 법규를 회피하거나 영향을 미치려는 목적으로 이러한 유형의 머신러닝(ML)을 활용한 다른 응용 프로그램이 있다. 다음 섹션에서 이런 응용 프로그램에 대해 알아보자.

딥 마스터 프린팅으로 알려진 딥페이크 활용 사례

오늘날 시장에서 가장 많이 사용되는 보안 인증 유형 중 하나는 생체인식 보안, 특히 지문 생체인증 방법이다. 생체인식 인증 앱은 지구상의 거의 모든 스마트폰에서 찾아볼 수 있다. 최근, 즉 지난 18개월 동안, 사람의 얼굴을 인식하는 기능은 생체인식 인증의 또 다른 방법이 되었다. 지문 생체인식의 광범위한 사용과 채택은 사용자의 신원을 확인하는 거의 해킹할 수 없는 수단으로 생각하고 있지만, 항상 그렇지는 않다.

가짜 디지털 지문은 스마트폰과 이런 형태의 인증을 사용하는 다른 기기들에서 지문 스캐너를 속일 수 있는 인공지능(AI) 엔진으로 만들 수 있다. 애플과 삼성의 스마트폰들은 사용자들이 패스워드나 패턴을 입력하는 대신 자신들의 기기를 쉽게 잠금 해제할 수 있도록 지문 생체인식 기술을 사용한다. 기업의 시스템에서는 제한이 필요한 업무 영역에 물리적으로 접근하는 데 지문이 사용될 때가 있으며, 노트북 및 PC와 같은 다양한 컴퓨팅 기기에서 인증 또는 접근 권한을 부여할 때 지문이 활용된다. 은행과 병원도 이러한 추세를 따르고 있으며, 스마트폰 사용자들이 사용하는 편의성을 추가하기 위해 고객들이 일반적으로 지문 형태의 생체인식 인증 수단을 활용해서 은행예금 계좌에 접근할 수 있도록 점점 더 많이 활용되고 있다.

그러나 겉보기에는 해킹할 수 없어 보이는 생체인식 방법도 해킹당할 가능성이 있다. 해커와 연구자들이 투명 테이프와 좋은 카메라만을 활용해서 생체인식 인증을 악용한 사례가 있었지만, 시간이 지나고 인증 도구가 개선되면서 그 방식은 쓸모없어졌다. 생체인식을 활용하는 새롭고 더 복잡한 방법에서, 연구원들은 신경망 접근 방법을 사용하는 머신러닝(ML) 기반의 애플리케이션이 생체인식 기술을 해킹하는 데 아주 적합하다는 것을 알게 되었다. 이렇게 접근하는 데 사용되는 방법을 **마스터 프린팅**(Master Printing)이라고 한다.

마스터 프린팅 접근 방법에 활용되는 배경이 되는 개념은 기본적으로 모든 사용자의 부분적인 지문 이미지를 활용해서 신경망처럼 발전된 머신러닝(ML) 도구와 결합해서 인증 메커니즘을 만들어 시행하고 강제하는 데 초점을 맞추고 있다. 마스터 프린팅 접근 방법은 알고 있는 암호 또는 해시의 일부분을 활용해서 **무차별 암호 대입 공격**[120]과 기본적으로는 같은 방식인 일치하는 나머지 부분이 발견되거나 인증 시스템을 무력화시키기에 충분한 샘플이 나올 때까지 이미지를 계속 손질하는 방법이다.

연구원들이 이 접근 방법에 관한 연구에서 자신들이 시험해 볼 수 있는 전체 지문 이미지를 확보하고 있는지 없는지는 중요하지 않다는 것을 발견하게 되었고, 부분적인 지문만 사용했는지도 중요하지 않다는 것을 알게 되었다. 이는 지문 생체인식을 사용하는 인증 시스템이 특정 오류율을 가질 수 있도록 설계되어 있으며, 제공된 이미지의 유효성을 결정하기 위해 사용 가능한 프린트 맵에서 작은 부분만 사용하는 경우가 많았기 때문이다(일반적으로 150×150 픽셀, Ross, 2017). 이 이미지의 매우 작은 샘플링 영역과 인증 메커니즘 내의 독특한 원리는 생체인식 인증 시스템의 근본적인 결함을 찾아낸다. 따라서 프린팅의 정확한 단일 이미지와 함께 충분한 이미지가 제공되거나 인증 솔루션에서 허용되는 매개 변수 오류율 범위 내에 있는 프린팅이 제출되는 경우 접근 권한이 부여된다.

120 무차별 암호 대입 공격(brute-force password attack): 암호를 알아내기 위해서 암호가 될 수 있는 모든 경우의 수를 무차별적으로 대입해서 알아내는 공격. 통상 이를 통해 암호가 유출되는 것을 방지하기 위해 암호 입력 횟수를 제한하기도 한다.

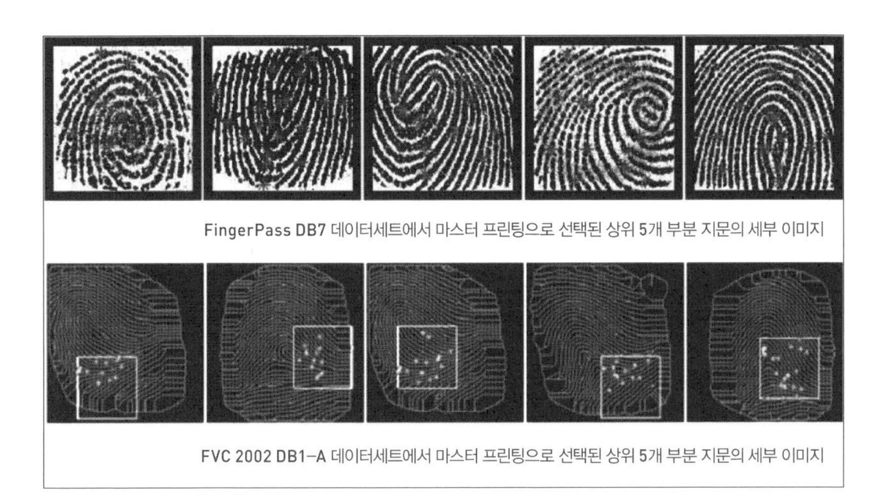

FingerPass DB7 데이터세트에서 마스터 프린팅으로 선택된 상위 5개 부분 지문의 세부 이미지

FVC 2002 DB1-A 데이터세트에서 마스터 프린팅으로 선택된 상위 5개 부분 지문의 세부 이미지

:: 마스터 프린팅의 생체인식 인증 하위 버전에 사용된 전체와 부분 지문 이미지(Ross, 2017) ::

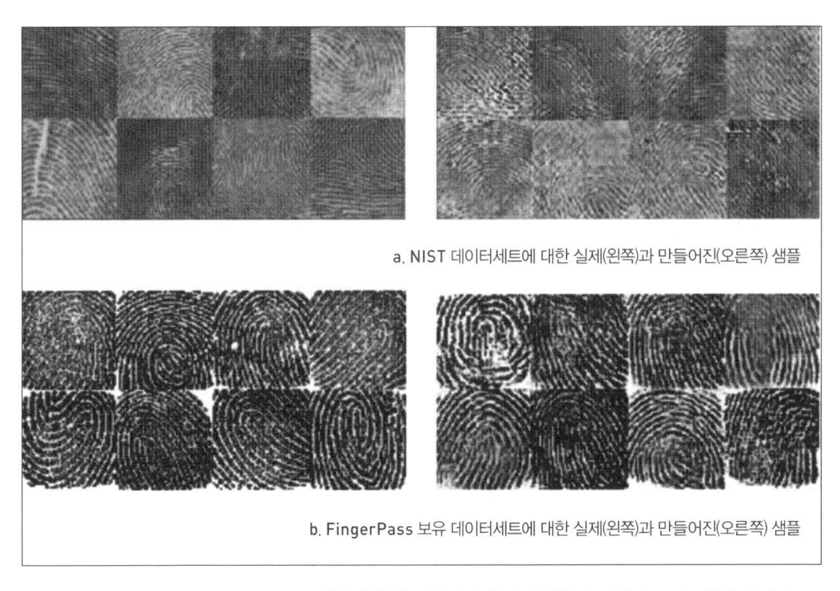

a. NIST 데이터세트에 대한 실제(왼쪽)과 만들어진(오른쪽) 샘플

b. FingerPass 보유 데이터세트에 대한 실제(왼쪽)과 만들어진(오른쪽) 샘플

:: 왼쪽의 실제 지문 이미지 및 오른쪽의 가짜 마스터 프린팅 이미지 ::

신경망 머신러닝(ML)과 클라우드 기반의 처리 방법을 사용하면 이런 유형의 인증을 능가하도록 능력을 높이고 확장할 수 있다. 딥페이크 이미지 및 영상 만들기에 관한 섹션에서 설명한 바와 같이, GAN은 이러한 유형의 작업에 적용하기 위한 설계가 잘되어 있다. 구글 검색을 통해 쉽게 접근할 수 있는 지문 이미지 저장소와 GAN을 조합해서 활용하면, 머신러닝(ML)에 대한 기본적인 이해가 있는 해커들은 마스터 프린팅 이미지 저장소를 만들어 낼 수 있다. 그런 다음 이런 이미지들은 인쇄, 3D 인쇄 또는 복사를 통해 생체인식 인증 수단을 무력화하는 데 사용될 수 있는 것이다. 이러한 유형의 공격이 작동하려면 물리적 접근성이 있어야 하긴 하지만, 지문 생체인식과 같이 개인적이고 잠재적으로 유용한 것이 '해킹'된다는 사실은 확실히 우려되는 부분이다.

다음 섹션에서는 딥페이크가 이미지뿐만 아니라 소리에도 어떻게 적용될

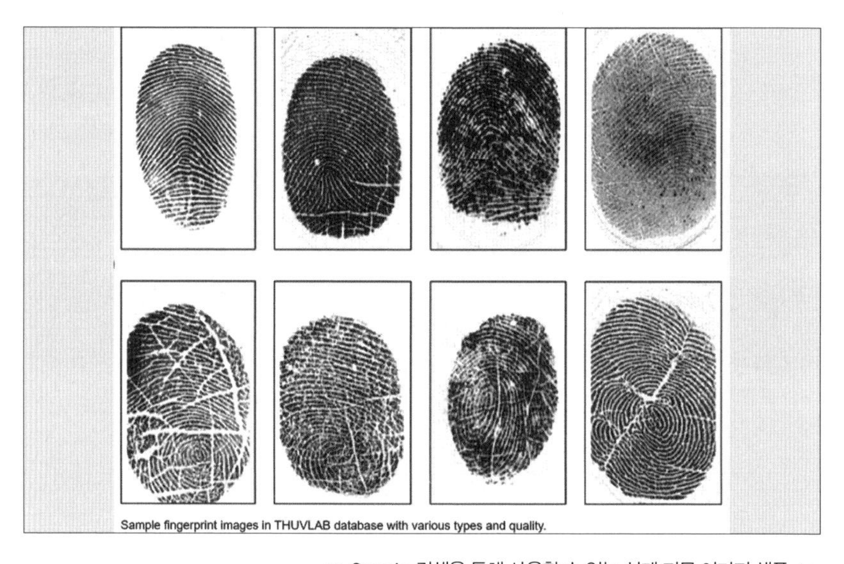
Sample fingerprint images in THUVLAB database with various types and quality.

:: Google 검색을 통해 사용할 수 있는 실제 지문 이미지 샘플 ::

수 있는지 알아보자. 가짜이긴 하지만 현실에서 실제와 유사한 인간의 목소리를 내는 것도 가능하다.

머신러닝(ML)과 딥보이스를 활용한 보이스 해킹

비디오와 지문 이미지와 마찬가지로 머신러닝(ML) 애플리케이션은 음성으로 된 콘텐츠를 조작하고 심지어 아무것도 없이 진짜 같은 가짜 음성을 만들어 내는 데에도 적합하다. 음성을 만들고 복제하는 기술 대부분은 원래 음성으로 명령하고 도움을 받기 위한 애플리케이션을 위해서 고안되었다.

인간은 일반적으로 다른 사람과 상호 작용한다고 느끼는 것을 선호하기 때문에 소매업자들은 실제와 비슷한 인간의 목소리를 내는 음성 비서와 온라인 지원 솔루션을 구축하는 데 상당한 시간과 돈을 소비했다. 이러한 봇과 가짜 인간의 목소리는 실제 인간의 음성처럼 재현하기 위해 과거에 녹음된 인간의 실제 음성으로 구성되거나 문자 그대로 사람의 음성을 급조해서 만들어 내는 머신러닝(ML) 종단 시스템을 활용하여 구축된다.

애플의 인공지능(AI) 비서 **시리(Siri)**, 아마존의 인공지능(AI) 비서 **알렉사(Alexa)** 또는 차량 내비게이션이 음성을 만들어 낼 때, 그 음성이 봇인지 인간인지는 보통의 경우 사람들이 금방 알 수 있다. 이는 사실상 시중에 유통되는 모든 과거 텍스트 문자를 음성으로 만들어 주는 **TTS**[121] 시스템이 사전 녹음된

121 텍스트 투 스피치 시스템(TTS System): Text To Speach. 문자를 말로 바꿔 주는 시스템.

단어, 구절 및 말하기 세트(보통 성우로부터 녹음됨)에 기초해서 만들어졌기 때문이다.

사전에 만들어진 음성 조각들은 완전한 단어와 문장을 만들기 위해 조각을 이어붙이기 방식으로 연결한다. 그렇게 하면 음성 전달은 이루어지지만, 분명한 것은 매끄럽지 않고 로봇 같으며, 때로는 우스꽝스럽게 들린다. 음성 합성에 대한 이러한 일반적인 접근법은 사용자들이 사전에 녹음된 단조로운 음성을 반복해서 듣는다는 것을 의미한다. 어떻게 응용하든 간에, 그것은 대개 그런 음성들을 조각조각 이어붙인 듯한 형태였다. 그러나 이렇게 옛날에 사용하던 접근 방식은 머신러닝(ML) 응용 프로그램의 활용 덕분에 현재 크게 개선되고 있다.

라이어버드(Lyrebird)라는 회사의 솔루션은 머신러닝(ML)을 활용한 집중적인 수정을 통해 옛날 구식의 접근 방법을 개선함으로써 비교적 새로운 시장을 만들어 내고 있다. 라이어버드는 모든 사람의 목소리를 실제처럼 모방하는 머신러닝(ML) 기반의 음성 모방 알고리즘을 개발했다. 이 도구는 또한 미리 정의된 감정이나 억양을 사용해서 음성의 신뢰성을 높이는 동시에 음성을 선택해서 텍스트를 읽을 수 있다.

알고리즘의 능력과 종단에서 머신러닝(ML)이 제공하는 향상된 정확성 덕분에, 라이어버드는 특정 대상의 음성에서 수십 초 정도 사전 녹음된 오디오만 분석하면 이런 기능을 사용할 수 있다.

라이어버드가 사용하는 방법은 증강 영상과 딥페이크에 사용되는 것과 같은 인공적인 신경망을 사용하는 것도 가능하다. 이러한 신경망은 알고리즘을 활용해서 특정 대상의 음성에서 패턴을 인식하고 모의를 통해 만들어진 음성을 재생하는 동안 해당 패턴을 재현하는 방법을 학습하는 방식으로 작동한다.

라이어버드는 수천 개의 스피커가 있는 거대한 데이터 세트에서 신경망 모델을 훈련시킨다. 그런 다음 새로운 스피커 대상이 필요할 때 라이어버드 시스템은 해당 음성 데이터 세트를 대상이 되는 음성 'DNA'를 포함하는 작은 키값을 구성하는 디지털로 사용 가능한 데이터 포인트로 압축한다.

첫 번째 샘플의 출력은 완벽하지 않다. 첫 번째 샘플은 여전히 결함이 있는 디지털 인공물, 선명도 문제 및 기타 여러 가지 이유로 불충분한 결과를 보여준다. 더 많은 샘플이 처리되고 모델이 올바른 출력이란 어떻게 되어야 하는지를 학습해 가면서, 시스템은 대상에 대한 음성 패턴의 미묘한 변화를 모방하는 데 능숙해진다. 이러한 개선이 계속됨에 따라, 억양, 어조, 그리고 감정의 변화조차도 식별할 수 있게 된다. 신경망이나 머신러닝(ML) 기반의 접근 방법에 의존하지 않는 구형 시스템과는 달리, 라이어버드 솔루션은 모의를 통해 음성을 만들어 내는 데 대상별 샘플 수를 훨씬 적게 필요로 한다. 이 시스템은 이런 과정이 실시간으로 작동할 수 있을 정도로 대단히 성공적인 결과를 보여 준다.

:: 라이어버드 홈페이지 ::

신경망과 머신러닝(ML)을 사용하는 오픈소스 **TTS**[122] 솔루션도 있다. 구글은 최근 자체 TTS 도구를 깃허브에 출시했다. **구글 보이스 빌더(Google Voice Builder)**라고 하는데, 세부 사항은 https://github.com/google/voice-builder에서 확인할 수 있다.

구글이 이 도구를 대중에게 공개해 놓은 개략적인 내용을 보면, '우리(구글)는 단순성, 유연성, 협업에 초점을 맞춘 오픈소스 TTS Voice-Builder 도구에 관한 설명을 제공한다. 우리 도구를 활용하면 기본적인 컴퓨터 기술을 가진 모든 사람이 음성 훈련을 실행하고 그 결과물로 합성된 음성을 들을 수 있다. 우리는 이 도구가 훈련을 더 빠르게 하고 훈련하는 동안 협업을 더 쉽게 함으로써 새로운 목소리를 만드는 장벽을 낮추고 TTS 연구가 가속화되기를 바란다. 우리는 우리의 도구가 제한된 데이터를 최대한 활용하기 위해 종종 데이터나 자원이 적어서 더 많은 경험이 필요한 언어의 경우, 특히 TTS 연구를 개선하는 데 도움이 될 수 있다고 믿는다.'

이것이 고귀한 임무처럼 보이고 그들의 도구는 연구원들과 개선된 TTS 도구가 필요한 사람들에게 이익을 주기 위해 사용되어야 하지만, 반대로 악의적인 사용을 통해 표적이 되는 이의 실체나 진실성에 상당한 영향을 미칠 수도 있다.

깃허브에서 수집하거나 구글 검색을 통해 사람의 목소리를 조작하는 데 사용될 수 있는 다양한 도구들이 있다. 이러한 **딥보이스(DeepVoice)** 샘플이 만들어지는 정확도와 속도를 높이기 위해 머신러닝(ML) 종단장치를 사용하는 것은 이러한 애플리케이션에 적용할 수 있는 능력을 보여 준다.

122 TTS(Text To Speech): 문자를 음성으로 만들어 주는 솔루션.

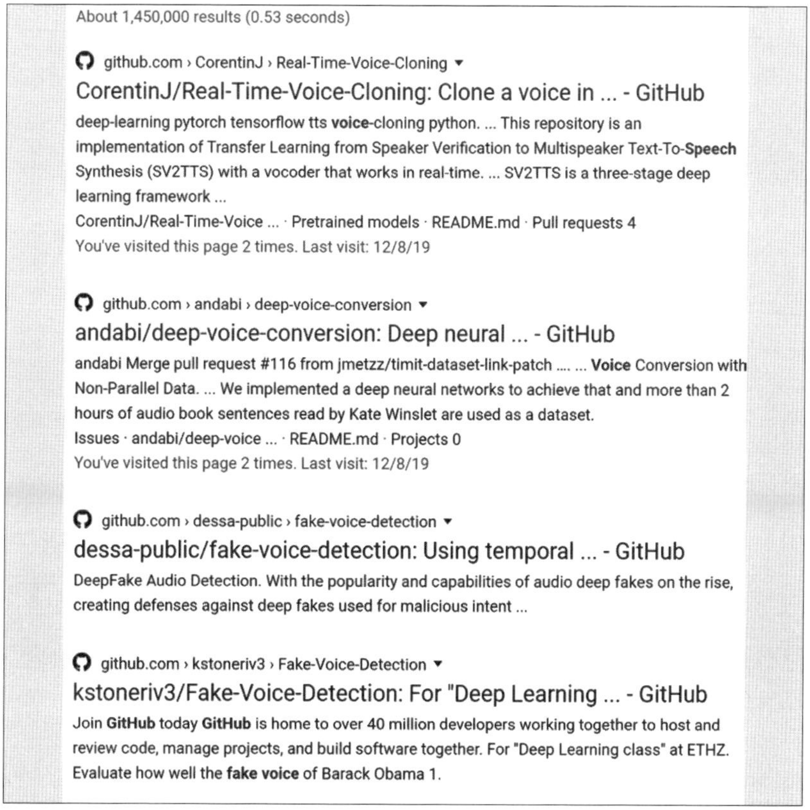

About 1,450,000 results (0.53 seconds)

github.com › CorentinJ › Real-Time-Voice-Cloning ▾
CorentinJ/Real-Time-Voice-Cloning: Clone a voice in ... - GitHub
deep-learning pytorch tensorflow tts **voice**-cloning python. ... This repository is an implementation of Transfer Learning from Speaker Verification to Multispeaker Text-To-**Speech** Synthesis (SV2TTS) with a vocoder that works in real-time. ... SV2TTS is a three-stage deep learning framework ...
CorentinJ/Real-Time-Voice ... · Pretrained models · README.md · Pull requests 4
You've visited this page 2 times. Last visit: 12/8/19

github.com › andabi › deep-voice-conversion ▾
andabi/deep-voice-conversion: Deep neural ... - GitHub
andabi Merge pull request #116 from jmetzz/timit-dataset-link-patch .... **Voice** Conversion with Non-Parallel Data. ... We implemented a deep neural networks to achieve that and more than 2 hours of audio book sentences read by Kate Winslet are used as a dataset.
Issues · andabi/deep-voice ... · README.md · Projects 0
You've visited this page 2 times. Last visit: 12/8/19

github.com › dessa-public › fake-voice-detection ▾
dessa-public/fake-voice-detection: Using temporal ... - GitHub
DeepFake Audio Detection. With the popularity and capabilities of audio deep fakes on the rise, creating defenses against deep fakes used for malicious intent ...

github.com › kstoneriv3 › Fake-Voice-Detection ▾
kstoneriv3/Fake-Voice-Detection: For "Deep Learning ... - GitHub
Join **GitHub** today **GitHub** is home to over 40 million developers working together to host and review code, manage projects, and build software together. For "Deep Learning class" at ETHZ. Evaluate how well the **fake voice** of Barack Obama 1.

:: 간단한 Google 검색을 통해 식별된 음성 사칭에 활용할 수 있는 다양한 도구 ::

이런 도구가 점점 퍼져 나가고 음성의 상호 작용을 통해 점점 더 많은 디지털 상호 작용이 발생함에 따라, 해커들이 악의적인 수단을 위해 이런 방법을 시도하고 활용할 가능성은 더 커질 것이다. 이미 이런 일이 일어난 사례가 있다. 한 사례에서는 영국에 본사를 둔 한 회사의 비서가 해커들에게 속아 전화로 'CEO가 지시하는 것을 들었다'는 이유로 20만 달러 이상을 가짜 계좌로 송금한 바 있다(Damiani, 2019).

이 사례에서 사용된 가짜 목소리는 CEO의 독일 억양과 목소리가 가진 '운율'의 미묘한 복잡성까지 담고 있었다고 한다. 해커는 인공지능(AI) 기반의 가짜 CEO의 목소리를 활용하여 회사에 세 번 전화를 걸었다. 세 번째 통화가 되어서야 비로소 비서가 뭔가 잘못됐다는 것을 알게 되었는데, 가짜 목소리 때문이 아니라 전화를 건 사람이 계속 교환수 변경을 요구했기 때문이었다. 해커가 비서를 속일 수 있을 정도로 목소리가 현실적이었다는 의미다.

해커에 의해 쉽게 전술적 활용 방법을 획득할 수 있고, 해커가 잡힐 가능성이 거의 없어서 이러한 유형의 공격은 계속될 가능성이 크다. 딥보이스 기술을 사용하여 탐지를 회피하고 대상을 속이거나 사회공학적 방법으로 엔지니어링하는 것은 이 방법을 잠재적으로 활용하는 여러 방법 중 하나일 뿐이다. 또 다른 방법은 딥보이스 방식을 활용, 해킹된 트위터 · 유튜브 또는 팟캐스트 계정에서 표적이 되는 사람의 목소리로 진짜 같은 메시지를 방송함으로써 대중들에게 가짜 메시지를 널리 퍼뜨리는 것이다.

유명 인사나 사상적 지도자가 잘 알려진 채널의 팟캐스트를 통해 증오가 담긴 메시지를 지지하는 상황을 상상해 보라. 또는 가짜 딥보이스 시스템이 가짜 학습 메시지 또는 시장 분석을 통해 비즈니스 부문의 구매 또는 인수에 영향을 미치는 시나리오를 상상해 보라. 이러한 유형의 공격을 효과적으로 활용하여 허위 메시지를 홍보하거나 대중을 혼란스럽게 하거나 사업 결정에 영향을 주는 것은 매우 쉽다. 그리고 이런 행위 대부분은 심각한 결과를 가져올 수 있다.

읽는 것도 가짜, 리드 페이크

영상과 음성 콘텐츠 외에 매일(매시간 아님) 정보를 제공할 수 있는 추가적인 매체는 텍스트뿐이다. 우리는 텍스트로 된 뉴스와 블로그를 읽고, 텍스트로 된 정보를 만들고, 만들어진 출처 중에서 선호하는 정보를 수집하기도 한다. 이런 텍스트 정보는 다양한 형태로 제공될 수 있지만, 대중이 사용할 수 있는 가장 많은 양의 정보이기도 하다. 만약 우리가 이런 사실을 받아들인다면, 충분히 강력하고 잘 만들어진 머신러닝(ML) 시스템이 악의적인 목적과 잘못된 정보를 선전하는 데 사용될 텍스트 정보가 만들어질 수 있다는 것도 받아들여야만 할 것이다.

현재 기계는 인간만큼이나 텍스트로 정보와 데이터를 만들어 내는 데 능숙하다. 기계가 셰익스피어 수준의 시적이고 서사적인 문장을 만들어 낼 수 있다는 것도 증명되었다. 연구원인 **안드레이 카르파시**(Andrej Karpathy)는 윌리엄 셰익스피어의 작품으로 여겨지는 과거 문헌의 비교적 작은 표본을 사용해서 이 문학 거장이 인정할 수 있을 만한 완전한 가짜 텍스트 출력물을 만들어냈다. 4.4메가바이트 정도의 과거 텍스트 데이터를 활용하여 새로운 텍스트를 만들어 내기 위해서 만들어진 알고리즘을 통해 이를 처리하는 재귀적 신경망 종단장치를 사용, 안드레이 카르파시는 시스템이 다음에 소개되는 **가짜 셰익스피어**라는 의미로 **'페이크스피어**(Fakespeare)'라는 이름이 붙여진 샘플을 만들어 낼 때까지 몇 시간만 기다리면 되었다.

판다로스[123]	아아, 그에게 주어진 작은 기력이나마 다시는 회복될 수 없는 그런 날이 오겠구나! 그분의 죽음에 종속되어 있을 뿐인 나는 잠들지 말아야 한다고 생각하오.
두 번째 의원	그들은 내 영혼이 맞닥뜨린 이 불행으로부터 자유롭구나. 내가 이 땅 위에서, 또 여러 나라의 사상으로부터 사라져 감에 나의 이 불행은 결국 매장될 것이니~
빈센티노 공작	글쎄요, 당신의 재치는 옆구리에 달려 있구려.
두 번째 영주	그들은 이 회의 이후에 지배를 받을 것이고, 나의 정당한 신의 은총은 사실로부터 비롯될 것이며, 내가 가질 전쟁의 심장은 고귀한 영혼으로 전달될 것이오.
광대	오세요, 주인님, 제가 당신의 예배를 지켜보겠습니다.
비올라	저는 마실 겁니다.

반복 신경망에 의해 생성된 가짜 음성 텍스트

일부 문장은 문법적으로 정확하지 않고, 문장 대부분은 이치에 맞지 않았지만, 그럼에도 불구하고 이러한 접근법이 제 기능을 발휘하고 있으며, 심지어 피상적인 정밀 조사 정도는 감당해 낼 수도 있다는 것을 보여 준다. 이 경우, 모델은 단어의 의미를 정확하게 학습하기에 충분한 시간, 충분한 훈련 또는 충분히 많은 데이터 세트를 가지고 있지도 않았다. 하지만 다음 사항도 생각해 보라.

123 판다로스(Pandarus): 그리스신화에 나오는 제레이아 왕 리카온의 아들.

- 이 모델은 문자 기반이다. 훈련이 시작되었을 때, 모델은 영어 단어의 철자를 어떻게 써야 하는지도 몰랐고, 모델이나 시스템은 단어가 텍스트의 단위라는 것조차 이해하지 못했다. 모델은 기본적으로 텍스트를 만들어내는 일을 하면서 '그런 것들을 알아내기 시작했다'는 사실이다.
- 출력물의 구조는 분명히 셰익스피어를 유명하게 만들었던 연극의 구조와 유사하다. 연극과 마찬가지로, 각 텍스트 블록은 제공된 데이터 세트에 표시된 대로 모든 대문자로 된 연기자의 이름으로 시작한다.

이 모든 작업이 자율적으로 일어났다. 그 시스템은 이번 작업을 하도록 특별히 훈련되지 않았다. 신경망은 구축된 대로 했고, 적용된 알고리즘은 절반만 인정 가능한 셰익스피어의 작품을 안내하는 데 도움을 주었다. 사용자가 이러한 유형의 애플리케이션의 속도 또는 정확도를 높이려고 할 경우, **텐서 플로**[124] 또는 **아마존 웹 서비스의 세이지메이커**[125]와 같은 클라우드 기반 프로세싱 및 애플리케이션을 활용해서 텍스트를 생성하는 기능을 강화할 수 있다.

해커들이 그 정도 규모와 처리 속도를 활용해서 저자를 모방할 수 있는 매우 현실적인 텍스트로 다양한 부정적인 출력물을 만들게 할 수 있다. 가짜 블로그, 가짜 보고서, 가짜 논문 또는 문자 그대로 다른 변형된 텍스트를 만들어낼 수 있으며, 심지어 일부는 실시간으로 게시되어 주제에 대한 의견이나 사용

124 텐서플로(Tensor Flow): 머신러닝을 위한 오픈소스 소프트웨어. 데이터 플로 그래프를 활용해 수치 계산을 하여, 딥 러닝(Deep Learning)과 머신러닝(Machine Learning) 등에 활용하기 위해 개발된 오픈소스 소프트웨어.

125 웹 서비스의 세이지메이커(AWS SageMaker): 모델 구축, 훈련 및 디버깅, 실험 추적, 모델 배포 및 성능 모니터링을 위한 머신러닝(ML) 통합 개발환경.

자의 입장을 조작할 수 있다.

완전히 '반대되는' 메시지를 퍼뜨리는 수단으로 자동 텍스트 생성 기능을 활용하여 가짜 트위터 봇이 구축된 사례가 있다. 이러한 유형의 애플리케이션을 위해 구축된 오픈소스 도구의 사례로는 트위터 생성기가 있는데, https://github.com/minimaxir/tweet-generator 링크에서 찾아볼 수 있다. 이 코드를 기초로 한 작성자가 자신들의 도구를 악의적 목적으로 사용하려는 의도였는지는 모르겠지만, 이 도구가 바로 앞에서 설명한 방식으로 실제로 사용될 수 있다는 것이다.

깃허브 웹 페이지에서 작동하는 코드의 데모 버전을 살펴보면, 이 도구가 잘못된 트윗을 만들어 내고 해당 콘텐츠를 표적이 되는 계정에 게시할 수 있음을 알 수 있다. 이는 신경망 기반의 응용 프로그램 또는 도구의 사용이 자신들의 의도를 관철하기 위해 어떻게 활용될 수 있는지를 보여 주는 대표적인 예이다.

이런 일련의 솔루션을 기본 코드로 활용해서 수많은 잠재적인 유명 인사나 인플루언서, 또는 뉴스 기관의 트위터 계정에 피해를 주기 위한 가짜 콘텐츠를 만들도록 하는 것은 그렇게 어려운 일이 아닐 것이다.

나쁜 의도를 가진 속보

뉴스와 미디어의 세계에서, 그 분야의 승자는 기사를 가장 빨리 내보내는 사람이다. 뉴스와 미디어 관련 콘텐츠의 시장 진출 속도는 이제 과거에는 볼 수 없었던 속도로 움직일 수 있게 되었다. 뉴스나 기사는 문자 그대로 트위터 피드의 노트에서 몇 시간 만에 완전한 형태의 뉴스 형태로 바꾸는 것이 가능하다. 속도는 가능한 한 실시간으로 정보를 공유하기 위해서는 좋은 것이지만, 종종 가치 있는 뉴스에 대한 제대로 된 사실 확인과 분석을 제공하지 못한다는 점에서 문제가 있다.

종종 더 많은 출처로부터 가능한 가장 빠른 속도로 더 많은 뉴스를 수집하도록 돕기 위해 자동화된 솔루션을 사용하는 뉴스 생산자와 판매자에 의해 이런 전달 속도는 점점 빨라진다. 뉴스 기사 및 피드의 자동 수집을 가능하게 하는 대부분의 응용 프로그램과 코드 베이스는 **RSS**[126]를 활용해서 끌어오거나 애플리케이션 프로그래밍 인터페이스[127] 기반의 상호 작용을 통해 작동한다. RSS는 사용자와 응용 프로그램 사이에서 컴퓨터가 읽을 수 있는 형식으로 웹사이트를 최신화할 수 있는 웹상에서 공급하는 수단에 지나지 않는다. 이러한 수단을 통해 사용자는 하나의 뉴스 수집 도구를 활용해서 다양한 웹사이트를 추적할 수 있다. **워드프레스**[128]는 **피들리**[129]와 **구글 뉴스**처럼 RSS의 끌어오기를 통해 다양한 소스로부터 비교적 간단한 기능으로 뉴스를 가져올 수 있다. 이런 것들이 유용한 도구이긴 하지만, 종종 공격에 취약하고 상대적으로 간단하게 그 뉴스 기사들의 포스팅을 처리하는 HTML 코드의 수정이 가능한 다양

126 RSS(Rich Site Summary , Really Simple Syndication/RDF Site Summary): 업데이트가 빈번한 웹사이트의 정보를 사용자에게 쉽게 제공하기 위하여 만들어진 xml 기반의 콘텐츠 배급 포맷.

127 API(Application Programming Interface): 운영체제와 응용 프로그램 사이의 통신에 사용되는 언어나 메시지 형식을 말한다. 운영체제나 C, C++, Pascal 등과 같은 언어로 만들어져 있다.

128 워드프레스(WordPress): 웹페이지 제작 및 관리를 위한 오픈소스 콘텐츠 관리 시스템의 하나.

129 피들리(Feedly): iOS와 안드로이드를 구동하는 다양한 웹브라우저와 모바일 장치를 위한 뉴스 비교 앱이다.

한 인터넷 사이트에서 기사들을 끌어오는 것에 불과하다.

이러한 사이트의 맨 끝단에서부터 피해가 발생하면 해커들은 가짜 뉴스나 기사를 몰래 게시할 수 있으며, 해당 뉴스들을 모아서 보여 주는 사이트의 뉴스 피드에 자동으로 포함될 수 있다. 그 사이트들은 뉴스나 기사의 출처에 대한 사실 여부를 확인하지 않기 때문에 단순히 기사만 올리게 된다. 이는 뉴스를 공급하는 사이트에 게시된 모든 것이 최말단의 뉴스 출처로 연결되는 방식으로 작동한다는 것을 의미한다. 만약 어떤 사람도 시간을 들여서 그런 정보의 연결 고리를 뒤지면서 실제로 게시되고 있는 것을 검증하지 않는다면, 가짜 정보를 담은 기사가 가치가 있는 뉴스로 여겨질 가능성이 매우 크다. 이러한 현상이 뉴스 매체와 공급자의 제작 속도에 대한 필요성과 엮여서 더욱 확대될 가능성이 점점 더 현실로 다가온다.

우리 인간이 뉴스 기사 및 미디어 콘텐츠와 상호 작용하는 방식은 받아들이는 속도의 맥락에서도 문제가 된다. 인간은 보통 하루에 평균 3시간씩 일주일에 약 1,500번 휴대전화를 확인한다. 우리는 전화로 이메일을 시간당 평균 30회 정도 보고, 2015년 연구에 따르면 사람들이 한번 확인하고 다음 확인할 때까지 걸리는 평균 시간은 2000년대 초반 12초에서 8초 미만으로 줄었다 (Spangler, 2019).

우리가 수집하는 데이터 중에서 계속 쏟아지는 뉴스 기사를 수집하는 출처가 다양해짐에 따라 게시물 내의 콘텐츠에 제대로 주의를 기울일 수 없는 범위가 넓어지게 되고, 우리는 잠재적으로 잘못된 뉴스에 의존한 채 그런 데이터들을 받아들인다.

만약 인간의 주의력이 8초도 채 되지 않고, 뉴스 아이템들이 우리의 전화,

온라인 뉴스, 이메일, 문자, 트위터, 비디오, 그리고 다른 다양한 스트리밍 소스로부터 끊임없이 우리에게 다가온다면, 그리고 크게 황당하지 않을 정도의 거짓 이야기들이 제공된다면, 우리는 그것을 아무런 거부감 없이 읽고 다음 항목으로 넘어갈 것이다. 하지만 일단 그 항목이 읽히고 공공연하게 혹은 은밀하게 우리의 집단의식에 주입되면, 그 피해는 이미 끝난 것이다. 더 많은 뉴스 소스와 우리가 진실을 끄집어내는 다양한 영역과 기술이 그 양과 속도를 증가시킬수록, 점점 더 많은 가짜 뉴스 아이템들이 뉴스 공급 사이클로 스며들어 가 사용자나 어떤 단체가 실체를 이해하는 데 부정적인 영향을 줄 수 있다.

데이터와 인공지능(AI) 연구가 잘못 만나면

이 책을 쓰기 위한 연구를 진행하면서, 인공지능/머신러닝(AI/ML) 애플리케이션의 세부 사항에 대한 통찰력을 제공하는 것과 잠재적으로는 악랄하게 활용이 가능한 사례 사이에 미미한 경계가 있다는 것이 분명해졌다. 연구하는 목적이 잠재적으로 악의적 행위를 하는 방법을 누구에게 '가르치는' 게 결코 아니지만, 연구를 담당하는 사람은 이러한 유형의 정보를 추구하는 사람들의 집단적 이해를 공고히 하는 데 도움이 되는 실제 사례와 활용 사례를 제공할 필요가 있다. 그리고 사이버 공간에서 정보를 공유하고 명확성을 더한다는 마음으로, 나는 다음과 같은 연구 중점을 제시한다. 연구원들은 끔찍한 일들이 뒤이어 벌어질 것이란 사항과 그런 연구의 고려 사항이 빗나가고 잘못될 수도 있다고 생각해야 한다.

우리의 뇌는 인간의 얼굴을 아주 잘 읽어 낸다. 대부분 사람이 생각하고 있거나 느끼는 것에 대한 매우 다양하고 미묘한 지표들을 결정하는 우리의 능력은 놀라울 정도다. 보통 사람들은 본능적으로 진짜 미소와 가짜 미소의 차이를 알고 있다. 또는 눈 뒤에 숨겨진 분노가 있다면 더더욱 그렇다. 거짓말은 새침한 미소로 인해 드러나고, 기쁨은 입가에 드러난다. 하지만, 인류는 이제 우리 눈으로 볼 수 있는 것의 범위를 넘어서고 있다. 우리는 얼굴을 분석할 수 있는 기술뿐만 아니라 더 나은 기술도 발명해 내고 있다. 그런 기기들 입장에서 얼굴은 단지 데이터베이스일 뿐인데, 그것은 근육, 흉터, 그리고 심지어 그들이 누구인지를 총체적으로 말해 주는 감지 불가능한 변화들로 구성된 데이터일 뿐이다.

얼굴인식 기술은 전 세계 공항과 공공 영역에 배치되어 운용되고 있다. 대부분 카메라 영상을 정부가 제공한 인증서와 일치하는지 확인하는 데만 사용하는 것으로 추정된다. 중국에서는 일상생활에서 이 기술을 사용하고 있다. 사회 구성원의 감시에 사용하며, 사회적 준수 사항을 잘 지키는지 순위를 매기고자 하는 곳에도 사용한다. 또한, 무단 횡단자를 식별하고, 패스트푸드 음식점에서 메뉴 주문을 돕고, 공공장소에서 도둑을 막는 것과 같은 일상적인 작업에도 사용한다.

2017년, 인공지능/머신러닝(AI/ML)의 소름 끼치는 **'빅 브라더'**와 같은 잠재력을 더 크게 확장시킨 연구가 성격 및 사회 심리학 저널에 발표되었다. 안면인식 소프트웨어 설계를 통해서 사용자와 관련된 사진 분석을 기반으로 개인의 성격을 정확하게 식별할 수 있다는 것이었다.

그 연구에서 연구원들은 온라인 데이트 사이트에서 수만 장의 사진을 골라 내고 사용자 얼굴의 특징을 추출하기 위해 맞춤형 머신러닝(ML) 모델을 사용했다. 이 모델은 눈 화장이나 머리색과 같은 동적 데이터 지점과 코나 턱 모양과 같은 정적 데이터 포인트를 찾아냈다. 그런 다음 이러한 데이터 포인트는 연구원들이 특별히 제작한 더 구체적인 모델로 공급되었다. 그 후속 모델은 사진 분석을 기반으로 기계가 판단한 성별에 따라 사용자를 분류했다. 그들의 모델을 '보정'하기 위해 시스템이 두 장의 사진을 보여 주었을 때, 시스템은 어떤 사진이 이성애자의 이미지를 포함하고 있고 어떤 사진이 동성애자인지를 정확하게 판단할 수 있었다. 여성의 경우 정확도가 71%로 떨어졌다.

모델이 개선되기 전인 연구 초기에는 정체불명의 사람으로 보이는 사람들을 식별하는 기능이 좋지 않았다. 이러한 분석에서, 시스템은 남성의 동성애

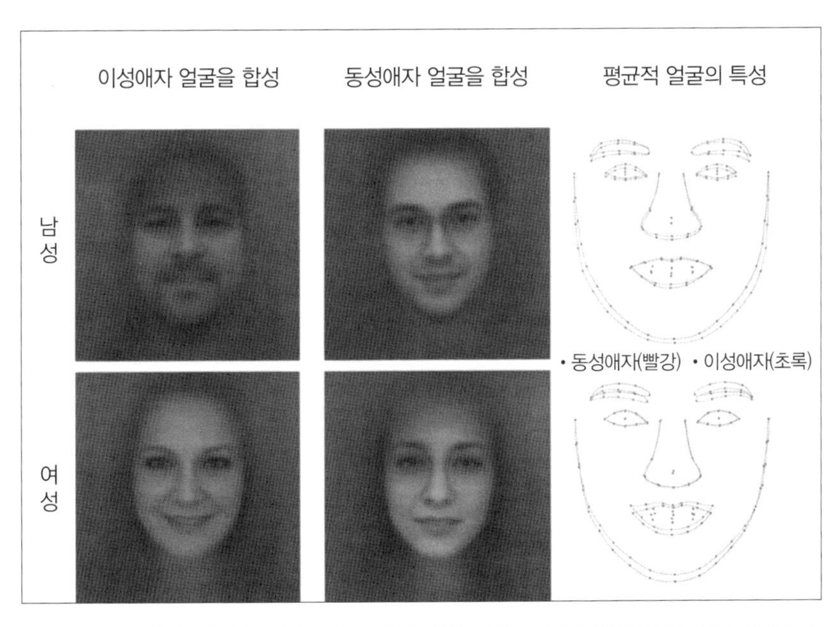

:: 사진을 기초로 성적 유대를 결정하는 머신러닝(ML) 모델과 그 결과에 대한 분석을 보여 주는 이미지 ::

사진을 61% 그리고 동성애 여성의 사진을 54%만 정확하게 선택했다(Wang, 2018).

그 연구는 의미나 동기가 분명하지는 않았지만, 요점은 이것이 잠재적인 사회적 영향이 분명한 연구 목적으로 학계에 의해 구축된 인공지능/머신러닝(AI/ML) 모델의 사용 사례라는 것이다. 이 연구는 최적이 아니라고 결론이 나서 결국에는 출판되지도 않았지만, 그럼에도 불구하고 '연구 내용의 일부가 세상에 알려져 버렸다'. 이 특이한 연구로 인해 성 소수자 공동체에 반향을 일으켰고, 미국의 우익 단체들에 의해 동성애자들을 식별하는 데 도움을 주는 도구로 언급되기도 했다.

이 연구와 성적 정체성을 둘러싼 이슈들로 말미암아 이후 2년 동안 계속해서 논쟁이 일었고, 심지어 넷플릭스의 〈블랙 미러〉[130]와 같은 TV 드라마에 영향을 주는 등 주목을 받게 되었다.

다행히도, 이 연구는 실제 악의적 의도는 없었다. 하지만 데이터 세트가 더 크고 다양했다고 상상해 보라. 또는, 애플리케이션 및 모델을 구축한 팀이 단지 '예상치(기계로 만든 사진)'를 기초로 어떤 단체의 사람들을 정의하고 제거하려는 데 목적을 두었다고 상상해 보라. 인사관리국, Facebook, Equifax, 돌리 매디슨(Dolly Madison)과 같은 온라인 데이트 사이트의 방대한 데이터 세트가 악의적 목적으로 사용자 그룹을 분류하고 식별하기 위해 더 상세하고 복잡한 모델을 구축하는 데 사용된다면, 이 시나리오는 며칠 내에 더 나빠질 수 있다.

130 블랙 미러(Black Mirror): 2011년 방영된 미디어와 정보기술 발달이 인간의 윤리관을 앞서 나갔을 때의 부정적인 면을 다룬 드라마 시리즈물.

사람들이 계속 감시되는 나라에서는 이러한 유형과 관계없이 악의적인 인공지능/머신러닝(AI/ML) 응용 프로그램이 무기화된 응용 프로그램으로 나쁘게 상황이 변화될 수 있다. 현재까지 물리적으로 살상을 위한 행동을 정당화하기 위해 그러한 응용 프로그램이 사용되는 구체적인 예는 없지만, 극단주의와 편견이란 것이 온라인 상호 작용과 결코 멀지 않은 곳에 있을 수 있어서 잠재력은 확실히 존재한다.

결론

해커들은 딥페이크 비디오와 다른 '심각한' 접근 방식을 사용해서 진실을 조작하거나 대상 그룹이나 사용자가 정상적인 활동이나 사고의 범위를 벗어난 행동을 하도록 유도하는 것을 목표로 한다. 가짜가 더 정확하고 현실적으로 보일수록 '진실'로 받아들여지기 쉽다. 온라인 수단을 통해 제공되는 확산과 규모, 그리고 허위 정보의 확산을 돕는 소셜 미디어 수단과 결합하면, 거의 모든 메시지가 공유되고 인터넷 사용자의 의사 결정 과정에 활용될 수 있다.

국가 수준의 해커나 개별 해커들은 이러한 능력과 그 안에 존재하는 힘을 잘 알고 있다. 아주 가까운 미래에, '실제 해킹'에 대한 이러한 유형의 접근 방식이 사용될 것이라고 확신한다.

더 이상 정부 수준의 해커들이 잠재적 표적들에 영향을 미치기 위해 악성 프로그램이나 표적화된 기술적 공격을 사용할 필요가 없다. 이제 단순히 내러티브를 왜곡하고 주제나 인물에 대한 의심과 의견 불일치를 퍼뜨림으로써, 적들은 단 하나의 보안 조치를 위반하지도 않으면서 원하는 결과를 얻을 수 있다.

이러한 유형의 공격으로부터 조직을 더 잘 보호할 수 있는 수단과 방법이 있긴 하지만 이는 쉬운 작업이 아니다. 이 사이버 공간은 매우 빠르게 이동하며, 인공지능(AI)과 자동화가 제공하는 가용성과 향상된 성능 덕분에 상황은 몇 초 안에 점점 더 나빠질 수 있다. 가짜 아이템에 대해서는 정확히 알 필요가 있고, 진짜와 가짜를 명확히 구분해 내는 능력과 계획적 대응이 필요하다. 인공지능(AI)은 인공지능(AI)을 이길 수 있지만, 대응의 핵심은 여전히 인간에게 있다.

제6장

점점 더 진화하는 사이버전

上兵伐謀, 其次伐交, 其次伐兵, 其下攻城(상병벌모, 기차벌교, 기차벌병, 기하공성)
최상의 용병은 적의 전략을 치는 것이며, 그다음은 외교를, 그다음은 적의 부대를, 그리고 가장 나중에 성을 공격하는 것이다.

– 손자

지난 10년 동안 전쟁은 근본적인 변화를 겪었다. 과거에는 적국 · 적대세력, 혹은 저항세력들이 전투를 위해서는 물리적으로 무기를 지녀야 했다. 전투에 참여하려면 최종 목표물을 향해 전투 부대를 보내야 했고, 전투에서 특정 지역을 효과적으로 확보하기 위해서는 어딘가에서 한 무더기의 포탄을 발사해야 했다. 이제는 그런 것들이 필수적인 요소가 아니다. 디지털 전쟁과 사이버 작전에서 사용하는 유일한 무기는 **비트**(Bits)와 **바이트**(Bytes)이다.

전쟁이 새로운 시대를 마주하게 되면서 전통적 전쟁에서 수시로 무기 운용을 제한하고 한계를 주었던 탄약 · 물류에 대한 문제가 이제는 필요치 않게 된 것이다. 이 새로운 무기는 빛의 속도로 움직이며 지구상의 누구라도 이용할 수도 있고, 수술대의 메스와 같이 정교할 수도 있으며 핵폭탄처럼 파괴적일 수도 있다.

사이버전은 이 세상에서 벌어지는 전투의 새로운 표준이며 향후 10년간 모든 국가와 조직에 영향을 미치게 될 것이다.

모든 전투에서의 목표는 적을 제압하고, 전술과 전략적 수준에서 적이 발휘하는 능력을 격멸하는 것이다. 역사적으로, 전쟁에서의 힘은 무기를 조달하는 데 필요한 자금을 감당할 수 있는 국가들에 의해서만 발휘되었다. 국가 수준의 사이버 무기 유출과 함께 사이버 작전 및 디지털 능력의 폭발적인 발전은 어느 조직이든 적과 싸우는 데 필요한 엄청난 비용을 필요 없게 만들어 버렸다. 사실 지구상의 모든 국가 및 사용자는 언제라도 그리고 그들이 선택한 어떤 목표라도 겨냥할 수 있는 강력하면서도 다양한 무기에 접근할 수 있게 되었다.

이번 6장에서는 사이버 무기와 전술의 미래가 향후 10년 이내에 어떤 결과를 가져올지를 보여 주는 사건과 시나리오를 논의하고 분석할 것이다.

- 협조된 사이버 공격 작전이 무엇으로 구성되어 있는지 자세히 알아본다.
- 사이버 무기가 인프라에 실제로 미칠 수 있는 영향에 대해 알아본다.
- 현재 사용 가능한 무기를 분석하고 다양한 수준의 악의적 해커들이 그러한 자산을 어떻게 강력한 작전과 통합할 수 있는지 알아본다.

먼저, 우리는 과거의 몇 가지 사이버전 공격 작전을 분석하고, 이러한 활동이 표적으로 선정된 시스템과 인프라에 미친 영향에 대해 논의할 것이다.

사이버전에서의 작전

전형적인 전쟁에서 작전은 혼자서 하는 법이 없다. 그리고 모든 작전이 보통 적과 단 한 번의 교전만으로 이루어지지도 않는다. 적과의 전투 양상을 볼 때, 발생했던 거의 모든 실제 전투는 일련의 도발과 상호 작용이 시간이 지나면서 점점 절정에 달하게 된다. 사이버전도 이러한 과정으로 진행된다.

사이버전에서의 작전은 종종 적이 어떤 행위 하는 것에 비해 그들의 행위를 분석, 연구, 계획 또는 구성하는 데 훨씬 더 많은 시간이 필요하단 것이 더 절실하게 와 닿는다. 이런 상황은 종종 네트워크와 기술적 요소를 찾아내거나 도식화하는 것으로 시작되는 일련의 정찰 활동의 형태로 나타난다. 일반적으로 이런 정찰 활동은 **Nmap**[131] 스캐닝 또는 취약점 도식화 도구를 활용해서 표적이 될 대상에 대한 후속 작업을 구성해 보는 것에 지나지 않는다. 이러한 활동은 공격 작전의 특정 기술적 측면을 만들어 보고, 수정 또는 구성하는 등 다시 말해 공격 작전에 사용할 칼을 가는 과정에서 자주 나타나는 활동이다. 그런 다음, 마지막으로 세밀한 기술적 데이터를 활용해서 세심하게 선택한 무기와 통합해서 표적을 향해 나아간다. 이런 공격 행위는 악성코드, 드론 공격, DDoS 또는 잠재적으로 피해를 줄 수 있는 다양한 기술적 형태로 사이버 공간과 글로벌 인터넷 연결을 투입 경로로 활용할 수 있다.

2019년에 발생한 다양한 공격 작전 중의 일부를 구체적으로 설명하기 위해서, 사이버전에 적극적인 나라와 그들의 조치 중에서 공개적으로 활용할 수 있는 행동과 전술들을 분석해 보자. 또한, 각각의 공격과 연계된 작전의 전반적인 목표를 분류해 봄으로써 무엇이 공세적 행위의 중점이었는지 명확하게 제시해 보고자 한다.

분석 목적상 사이버 공격을 통해 나타났던 결과를 더 큰 작전목표의 하위 부분으로 분류해 본다. 물론 사이버 안보 위협을 연구하는 사람이나 분석하는 사람들에게 이 영역을 다양한 공격으로 분류하게 하면 각 개인이나 단체는 분명 자신들의 고유한 견해와 논리를 펼칠 것이다. 그러나 이 책의 목적상, 다년간의 경험을 바탕으로 한 저자의 일반적인 관점으로 분류했음을 먼저 밝혀 둔다.

131 Nmap: 호스트 내 네트워크를 스캐닝할 때 사용하는 Port 스캐닝 도구.

저자의 생각에 따르면, 이러한 공격은 다음과 같은 방식으로 분류될 수 있다.

- **국가를 상대로 한 산업스파이 작전:** 주로 대상이 되는 국가의 집단적 기반시설의 일부 중에서 중요도가 높은 자산을 파괴하거나 기능을 저하하는 데 초점을 맞춘 작전.
- **국가를 상대로 한 허위 정보와 선거 개입 작전:** 민주적 절차를 교란하거나 대상이 되는 국가의 번영 또는 생존 가능성에 중추적인 역할을 하는 공무원이나 공직의 신뢰성과 진실성에 영향을 미치려는 목표를 가진 적대세력의 노력에 협조하는 것에 초점을 맞춘 작전.
- **국가를 상대로 한 간첩 활동과 정보 수집 작전:** 일련의 조치나 단일 작전으로 노력한 결과가 향후 공자(攻者)에게 이익이 될 데이터 또는 정보 수집이라는 방향성을 가진 작전.
- **국가를 상대로 한 거짓 깃발 작전[132]:** 자신이 해 놓고 상대국이나 해당 국가의 정보기관이 한 것으로 조작하거나 해당 국가가 한 것으로 만들어 버리는 것을 목표로 하는 작전.
- **국가를 상대로 한 IP 도용 작전:** 수집가에게 잠재적 경제적 이점을 제공하는 중요한 지적재산 또는 독점적 정보 자산을 훔치고, 이와 관련된 적대 국가에 의해 시작된 집중적인 특정 작전.

몇 가지 주요 사례에 대해 살펴보자.

132 거짓 깃발 작전(False Flag Operation): 상대방이 먼저 공격한 것처럼 조작해서 공격의 빌미를 만드는 군사적 정치적 수법.

인도 원자력 발전소 작전

(산업스파이 / 정보 수집 활동) 2019년 10월. 인도는 핵발전소 네트워크에서 데이터를 추출하기 위해 설계된 북한의 악성코드가 확인되었다고 발표했다.

인도는 자국의 최신 원자력 발전소가 북한에 의한 사이버 공격의 피해를 본 사실을 확인했다. 이번 해킹은 인도의 가장 핵심 분야를 겨냥한 사이버 첩보 활동이었다. 쿠단쿨람(Kudankulam) 원자력 발전소는 **라자루스(Lazarus)**와 연계된 데이터 추출용으로 설계된 악성코드에 의해 공격당했다. 라자루스는 북한의 지원을 받는 국가 단위 해커단체인 것으로 알려져 있다. **인도 원자력 공사**[133]는 기반시설 시스템 내에서 악성코드가 발견되었음을 확인했다.

인도 원자력 공사의 발표에 따르면, 그들은 6,780MW의 용량을 가진 22개의 상업용 원자로를 가동하고 있다. 그리고 다른 각각의 원자로들과 그 부속 제어 시스템과 네트워크는 쿠단쿨람 발전소 네트워크와 연결되어 있었다. 소속 연

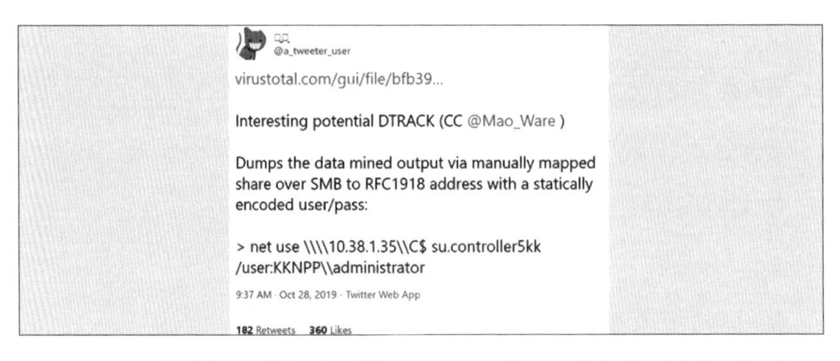

:: 바이러스 토털(VirusTotal)을 근거로 원자력 발전소 감염에 대해서 언급한 트위터 글 ::

133 인도 원자력 공사: Nuclear Power Corporation of India Limited(NPCIL).

구원들은 사이버 위협을 찾아내는 도구인 바이러스 토털(VirusTotal)을 통해 찾아낸 데이터 더미에서 발견한 특정 메모를 트위터에 게시했다.

원자력 발전소에 대한 공격은 악성코드 디트랙으로 인해 발견되었다. 디트랙은 2016년에도 인도 금융시스템에 침투해 수백만 명의 인도 시민의 데이터를 훔치는 데 이용되었다. 그 당시 **디트랙** [134]바이러스는 전국적으로 ATM과 POS 기기를 운영하는 업체인 **히다치 결제 서비스**[135]를 대상으로 했다. **디트랙**은 주로 감염된 시스템에 관한 데이터 수집에 사용되는 스파이 · 정찰 도구이다. 디트랙은 키보드 입력값을 기록하고 연결된 네트워크를 검색하며 감염된 컴퓨터의 활성 프로세스를 감시할 수 있다.

따라서 이런 점을 고려해 볼 때, 그들이 목표로 한 것은 실제 원자력 발전소를 이용하거나 영향을 미치지 않았을 가능성이 가장 크다. 대신, 네트워크에 더 깊이 들어가 후속 **백도어**[136]를 설치해서 훗날 정보 수집 수단으로 활용하기 위해 인프라에 대한 접근 권한을 얻는 것이 그들의 목표였을 것이다.

중국의 제조업 지원 작전

(IP 도용 / 정보 수집 작전) 2019년 10월, 중국 해커들은 2010년부터 2015년

134 디트랙(DTrack): 인도에서 발견된 멀웨어의 종류 중의 하나인 스파이 툴. 북한의 라자루스 해커단체가 만든 것으로 추정됨.

135 히다치 결제 서비스: Hitachi Payment Services(HPS).

136 백도어(Back Door): '뒷문'이라는 뜻. 하드웨어나 소프트웨어 등의 개발 과정이나 유통 과정에서 몰래 탑재되어 정상적인 인증 과정을 거치지 않고 보안을 해제할 수 있도록 만드는 악성코드.

까지 중국 C-919 여객기 개발 지원을 위해 외국 기업으로부터 지적재산을 획득하는 작전을 다년간 벌였다.

그 해킹 작전의 목표는 중국의 항공 산업에 도움을 주기 위해서 특정 지적재산을 훔치는 것이었다. 특히, 중국 국영 항공우주 제조업체인 콤맥(Comac)이 외국 항공우주 제조업체인 에어버스(AirBus)나 보잉(Boeing)과 같은 경쟁업체들과 경쟁하기 위해 자체 제작 항공기인 C-919를 설계하고 제작할 수 있게 하려는 것이었다.

궁극적으로, 해커들의 임무는 항공기의 중요한 부품들을 중국 내에서 만들 수 있도록 제조 계획과 요구 사항을 훔치는 것이었다. 사이버 보안업체인 **크라우드 스트라이크**(CrowdStrike)의 연구원들은 중국 국가안전보위부[137]가 장쑤성 국가안전보위부[138]에 이러한 공격을 수행하도록 위임했다는 첩보를 발표했다.

이번 사례의 경우, 중국 해커들은 단지 경쟁 항공기 제조사만 공격하는 데 목적이 있던 것이 아니었다. 아메텍(Ametek), 허니웰(Honeywell), 사프란(Safran), 캡스톤 터빈(Capstone Turbine), 제너럴 일렉트로닉스(General Electronics) 등 C-919 항공기의 부품 공급업체까지 표적으로 삼았다. 대부분 중국 해커들은 맞춤형 악성코드를 사용한다. **사쿨라**(Sakula)라는 이름의 이 악성코드는 유핑안(Yu Pingan)이라는 이름의 합법적인 보안 연구원에 의해 개발되었지만, 이 합법적인 보안 도구는 국가 주도로 수정된 후 이번 작전에 사용되었다.

137 국가안전보위부: Ministry of State Security(MSS).

138 장쑤성 국가안전보위부: Ministry of State Security the Jiangsu Bureau.

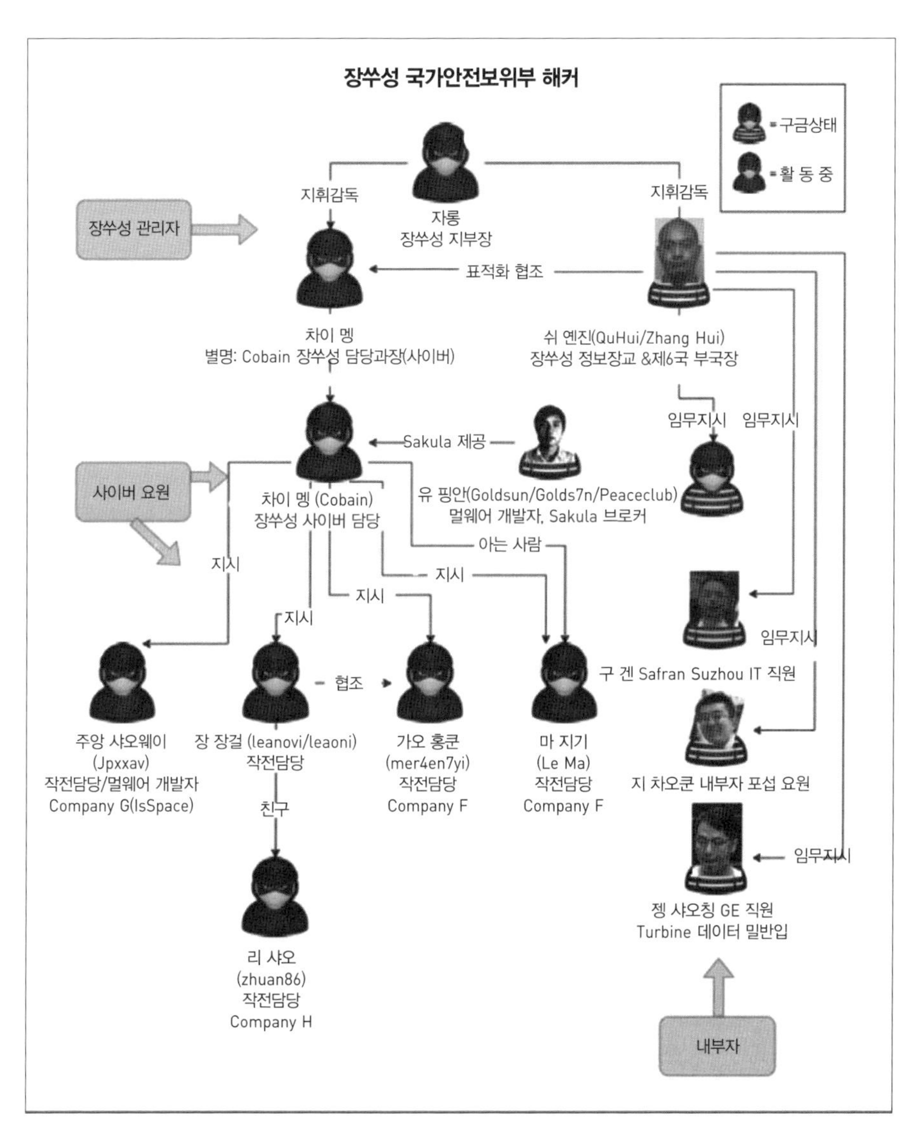

:: 요원들 사이의 관계도 ::

출처: 크라우드 스트라이크 보고서

이 작전의 최종 상태는 기본적으로 국가 차원의 **'강제적 기술 이전'**이라는 결과를 만들어 내는 것이었다. 중국 기업들은 협력사를 표적으로 삼은 공격을 통해서 체계적으로 그들의 지적재산을 탈취함으로써 경쟁 제품을 훨씬 저렴한 가격에 더 짧은 시간 내에 제조할 수 있었다.

미국과 리비아 선거 개입 작전

(허위사실 유포 / 선거 개입) 2019년 7월, 리비아는 아프리카 여러 나라에서 러시아 댓글부대와 협력해서 선거에서 영향력을 행사하고, 미국 선거에 개입하는 공작에 가담한 혐의를 받는 남성 2명을 체포했다.

2019년 10월, 리비아 경찰은 소셜 미디어와 온라인 포럼을 이용해서 아프리카 여러 국가의 선거에 영향을 미치려 했던 러시아 댓글부대를 위해 일을 한 혐의로 2명의 남자를 체포했다. 경찰은 이 2명이 '댓글 공장'으로 확인된 해커 단체에서 활동했을 가능성이 크다는 증거가 담긴 노트북과 메모리 스틱을 찾아냈다. 이 단체는 소셜 미디어와 다른 온라인 매체를 통해 선거에 영향을 미치는 것을 전문으로 하고 있었다. 이 댓글 공장은 이전에 러시아의 정치인이었던 **예브게니 프리고진**(Yevgeny Prigozhin)과 연계된 언론과 정치에 영향력을 미치는 일을 전담했었다.

예브게니 프리고진은 2016년 미국 대통령 선거에서 자금 조달과 조직적인 개입 혐의로 미 국방부로부터 고발당하기도 했다. 가짜 '오피니언 리더'를 홍보하기 위해 페이스북 · 인스타그램 등 소셜 네트워크에 '댓글 공장'에서 만든 가

:: 예브게니 프리고진과 블라디미르 푸틴 러시아 대통령 ::

:: 댓글 공장이 운영되었던 건물 ::

짜 계정이 수백 개에 이른다. 이렇게 댓글을 다는 행위들은 주로 정치적 급진파를 지원하고 표적으로 선정된 지역에서 선거권이 박탈된 사람들의 가장 급진적인 의견을 홍보하기 위해 시행되었다. 댓글 공장은 선거와 관련해서 논쟁이 될 만한 주제들을 위한 공동체를 만드는 데 능숙했다. 그런 주제들은 모두 이민, 인종 차별, 폭력, 종교 등과 같은 주제들인데 허위 정보로 인해 늘 '뜨거운 영역'이었다.

이 책의 부록에는 이러한 사례 외에도 2019년에 발생한 수많은 사이버 주요 사건을 요약해서 기록해 놓았다. 다음 표는 이러한 공격이 속하는 범주를 요약한 것으로, 국가가 주도하는 간첩 행위와 정보 수집에 대한 분명한 추이를 엿볼 수 있다.

국가 주도 산업스파이 작전	국가 주도 역정보 및 선거 개입	국가 주도 간첩/정보 수집	가짜 깃발 작전	국가 주도 IP 도용
9건	10건	37건	3건	10건

앞에서 언급한 2019년에 일어난 주요 사이버전과 관련된 활동을 간단하게 분석한 내용 중에서 어떤 부분에 주목해야 하는가? 주로 정보 수집이나 민주적 절차에 개입하는 국가 차원의 활동 사례가 계속 증가하고 있는 것을 볼 수 있다. 왜 이런 것이 주목할 만한 가치가 있는가?

그 이유는 이런 활동의 증가는 표적에 대해서 특정한 기술적 공격에 제한을 받지 않으면서 국가 수준의 작전세력이 적에게 영향을 미치기 위해 활용할 수 있는 '소프트'한 기술과 더 관련이 많기 때문이다. 심지어 2년 전만 하더라도 **한 국가의 민주적 절차나 선출된 관료들을 겨냥한 노골적인 공격** 사례를 사이버 공간에서 찾아보기 힘들었다. 또한, 이런 공격 사례는 실제 공격이 필요 없는 국가 수준 사이버전 조치에 대한 새로운 기준에 신뢰를 준다.

이렇게 당면한 일을 더 잘하기 위해서 '칼을 가는 것처럼' 하는 조치가 국가 차원의 공격 작전에 어떻게 작용하는지 더 잘 이해하기 위해, 다음 세션에서는 이러한 활동의 한 부분으로 거짓 깃발 작전[139]을 활용하는 것에 대해 논의할 것이다.

139 거짓 깃발 작전(False Flag Operation): 상대방이 먼저 공격한 것처럼 조작해서 공격의 빌미를 만드는 군사적 정치적 수법을 말한다.

누구 소행인지 알기 어렵게 만드는 거짓 깃발 작전

다른 모든 전쟁 영역에서는 일반적으로 분쟁이 생길 때, 조직적으로 일련의 상황들이 고조되는 현상이 발생한다. 이 분야의 전문가들 대부분은 이런 활동을 '상황 악화로 가는 사다리 오르기(Climbing the Escalation Ladder)'라고 부른다.

그런 현상은 보통 적대세력과 적에 의해 상황이 엎치락뒤치락하는 과정에서 계속 상황이 고조되는 일련의 행동을 통해 예측할 수 있다. 이런 일련의 일들이 전개되는 일반적인 단계는 다음과 같다.

- 위기 전, 외교 공작, 제스처링
- 군사적 신호, 시험, 무기와 무력의 현시
- 무력의 선택적 동원, 추가적인 능력의 현시(무력의 과시)
- 적에 대한 은밀한 조치(정보 수집 및/또는 비밀 활동)
- 전력 자산의 사전 배치
- 제한적 교전의 증가
- 선택적 타격
- 전면전(전쟁)

물론 이런 영역에 다양한 **'사다리'**가 있을 수 있지만, 요점은 일반적인 전쟁이 진행되는 과정을 볼 때 공식과도 같은 진행 과정이 있다는 것이다. 여기에는 낮은 수준의 도발에서부터 전면적인 핵전쟁에 이르기까지 모든 분쟁이나 도발이 포함된다. 전쟁에는 일정한 '진행 과정'이 있고, 적에 대해 계획적 행동의 배경이 되는 작전들도 그런 과정 중의 일부이다. 그러나 사이버 공간에는 이런 '사다리'가 없다.

작전 유형을 행렬처럼 매핑해 보기

디지털 전장이라는 분쟁 환경의 본질은 전쟁을 위한 일반적인 공식을 따르지 않는다. 따라서 '상황 악화로 가는 사다리'를 적용할 가능성도 거의 없다.

사이버전에서 공격 확대 '단계'를 상세히 설명하는 데 가장 근접하면서도 유용한 '도시(圖示)' 방법은 록히드 마틴사의 **사이버 킬 체인 모델**(Cyber Kill

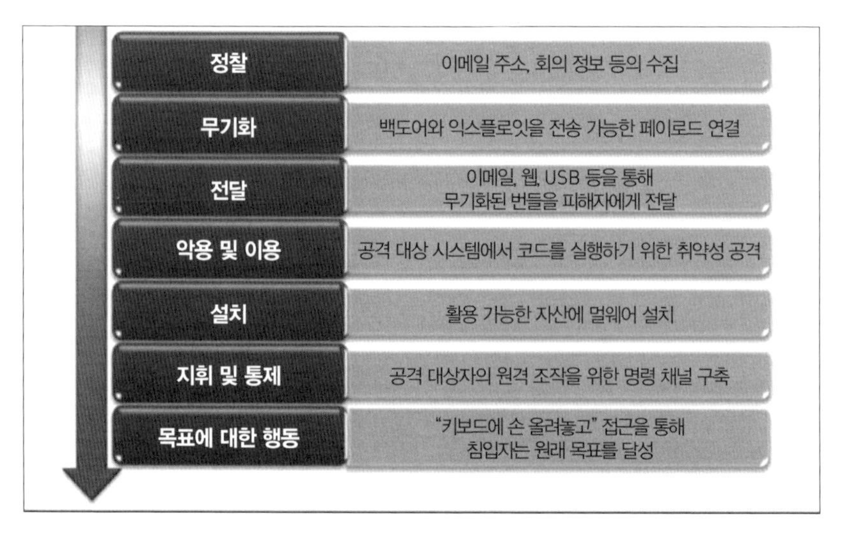

:: 록히드 마틴사의 사이버 킬 체인 모델의 단계 ::

Chain Model) 또는 MITRE[140] ATT&CK [141]프레임워크를 활용하는 것이다.

다음 그림은 이런 공격 상황이 사다리를 타고 올라가는 것처럼 고조되는 개념을 적용한 록히드 마틴사의 사이버 킬 체인 모델이다.

MITRE ATT&CK 프레임워크는 약간 더 상세하고 구체적으로 도시(圖示)해 준다. 이 프레임워크는 다음에 설명하는 표처럼 자세히 설명되어 있지만, 프레임워크 전체를 간결하면서도 실용적으로 보여 주지는 못한다.

최초 접근	실 행	지 속	권한 증가	방어 회피	자격증명 접근
침입을 위한 접근	애플스크립트	.bash_profile .bashre	액세스 토큰 조작	액세스 토큰 조작	계정 조작
공용 대면 앱 악용	CMSTP	접근성 기능	접근성 기능	바이너리 패딩	히스토리 없애기
하드웨어 추가	명령 라인 인터페이스	AppCert DLLs	AppCert DLLs	BITS Jobs	무차별 대입
저장매체를 통한 복제	컨트롤 패널 아이템	AppInit DLLs	AppInit DLLs	사용자 계정 통제 우회	자격증명 덤핑
스피어피싱 첨부	다이나믹 데이터 교환	애플리케이션 쉬밍	애플리케이션 쉬밍	명령 히스토리 정리	자격증명 파일
스피어피싱 링크	API를 통한 실행	인증 패키지	사용자 계정 통제 우회	CMSTP	자격증명 레지스트리
서비스를 통한 스피어피싱	모듈 로드를 통한 실행	BITS Jobs	DLL 검색 명령 가로채기	코드 사이닝	자격증명 접근을 위한 이용

140 MITRE: 미국 연방정부의 지원을 받으며 국가 안보 관련 업무를 수행하는 비영리단체이다.

141 ATT&CK: 실제 발생한 침해 사고에 대한 공격자의 전술 및 기술 정보를 제공하는 지식 기반으로, 오늘날 전 세계적으로 액세스할 수 있는 가장 인기 있는 위협 프레임워크라고 할 수 있다.

공급망 침해	클라이언트 실행을 위한 이용	부트 키트	Dylib 가로채기	컴포넌트 펌웨어	강제 자격증명
신뢰 관계	그래픽 유저 인터페이스	브라우저 확장	등급상향을 위한 이용	컴포넌트 객체 모델 가로채기	후킹

다음은 프레임워크 내에서 추가된 5가지 범주에 대한 설명이다.

발견 19 items	측방 이동 17 items	수집 13 items	유출 9 items	지휘통제 21 items
계정 탐색	애플 스크립트	오디오 캡처	유출 자동화	공통사용 포트
애플리케이션 윈도우 발견	앱 배포 소프트웨어	자동화 수집	데이터 압축	이동 매체를 통한 통신
브라우저 북마크 발견	분산 콤포넌트 객체 모델	클립보드 데이터	데이터 암호화	프록시 연결
파일, 디렉토리 발견	원격 서비스 이용	정보 저장소 데이터	데이터 전송 크기 제한	커스텀 C2 프로토콜
네트워크 서비스 스캐닝	로그온 스크립트	로컬 시스템 데이터	대체 프로토콜에 대한 유출	커스텀 암호 프로토콜
공유 네트워크 발견	해시 통과	드라이브 공유 네트워크 데이터	지휘통제 채널에 대한 유출	데이터 인코딩
패스워드 정책 발견	티켓 통과	이동 저장매체 데이터	다른 네트워크 매체에 대한 유출	데이터 난독화
주변기기 발견	원격 데스크톱 프로토콜	데이터 스테이징	물리적 매체에 대한 유출	도메인 프론팅
퍼미션 그룹 발견	원격 파일 복사	이메일 수집	계획된 전송	페일 백 채널
프로세스 발견	원격 서비스	입력값 캡처		멀티 홉 프록시

공격 유형과 전술에 대한 이런 도표는 사이버 보안 업계 전반에서 공격의 전체 주기가 어떻게 구성되어 있는지에 대한 기본적인 사고의 틀을 제공해 준다. 이에 대한 전체적인 설명은 MITRE ATT&CK 웹 사이트(https://attack.mitre.org/)를 참조하면 된다. 제시된 사고의 틀을 활용할 때 중요한 점은 공격이 시행된 과거 사례를 나누어서 이해함에 있어 각각의 사례마다 체계적인 단계 상승의 수단이 있음을 알 수 있다는 것이다.

그러나 이런 작전의 구성요소들은 궁극적으로 성공적인 공격의 결과로 귀결되기 위해 서로 의존성을 가지고 있다. 방자(防者)의 경우, 다행스럽게도 이런 의존성은 작전이 진행되는 동안 공격의 연결 고리나 어느 한 지점이 중단되게 되면 전체 프로세스에 영향을 줄 수 있다. 공자(攻者)의 경우에는 프로세스의 각 단계에서 성공해야 한다는 것을 의미하며, 성공하지 못하면 접근 방법을 계속 재적용하고 수정해야 하는데, 이 과정에서 종종 많은 시간과 비용이 소요된다. 그러나 특정 공격이 대상을 해킹하기 위해 활용하는 공격 기술의 전체 과정을 설명하는 이런 방법도 대부분 과거 사례로 한정했을 때만 적용이 가능하다.

새로우면서 미래에 다가올 공격 작전의 접근 방법을 보면, 사이버전에서 거짓 깃발 작전을 수행할 때 인간 · 사회 · 브랜드 · 외부 공격 등에 대한 기술적 공격 중 하나를 추가해서 결합하는 등 전술적 변화를 구조화함으로써 제시된 도표의 정당성을 더해 준다.

거짓 깃발 작전은 전쟁에서 새로운 것이 아니다. 누군가가 먼저 다른 사람에게 돌을 던져 놓고 무고한 다른 사람을 지목하는 것과 같은 거짓 깃발 작전은 옛날부터 공격 작전의 한 부분이었다. 한 국가가 다른 국가를 계속 공격함으로써 만들어진 침략 국가라는 인식을 사이버 공격이라는 디지털 방식으로 표적화하는 **'해킹의 원인을 다른 곳으로 돌리는'** 현상이 디지털 전투 공간에서도 나타나고 있다. 러시아 APT 그룹은 사이버 작전에서 거짓 깃발과 거짓 지표를 이용해서 잠재적으로 다른 적대 세력들에게 책임을 돌리는 데 최고의 기술을 가지고 있다.

책임을 돌리는 방식에 따라 물벌레라는 의미의 **워터버그**(Waterbug) 또는 독을 품은 곰이라는 의미의 **베너머스 베어**(Venomous Bear)로도 알려진 **툴라 APT 그룹**[142]은 러시아에 기반을 둔 정부 주도의 해커단체일 가능성이 큰 것으로 의심받고 있다. 툴라 그룹은 주로 정보 수집을 목적으로 정부 · 군사 · 기술 · 에너지 및 상업 조직을 대상으로 다양한 도구와 기술을 사용한다. 툴라는 일반적으로 **뉴런**(Neuron)과 **노틸러스**(Nautilus)라는 공격 도구 세트의 변형인 특정한 기술적 도구를 사용하는 것으로 알려져 있다.

그들이 사용하는 도구들은 과거 Window vista, Windows XP, Windows 7 플랫폼 같은 것들을 이용하도록 설계되어 있다. 주로 메일 서버와 웹 서버를 대상으로 초점을 맞추고 있다. 그들의 공격과 작전은 운영자들이 러시아 정부 내에서 고위지도부에 이로운 정보 수집이라는 목적을 위해 네트워크를 침해할 수 있도록 계속 접근 권한을 유지하는 데 활용되었다.

기술적 분석에 따르면 툴라의 운영자는 **스네이크 루트킷**(Snake Rootkit)을 사용하고 있다. 스네이크 루트킷은 툴라 그룹이 표적으로 삼은 네트워크에 대한 접근 권한을 유지함으로써 더 오랜 기간 중요한 데이터를 도용할 수 있도록 하는 도구이다. 또한, 이런 도구들은 네트워크 내부에서 작전을 수행하기 위

142 툴라 APT 그룹: 툴라(Turla)로 알려진 기반 해킹 그룹.

한 출입문 역할을 하는 데 사용되며, 다른 조직이나 심지어 다른 해커단체와 적대적 국가 수준의 해커단체에 대한 최전방 공격을 수행하는 데 사용된다. 툴라는 표적이 되는 네트워크 내의 여러 시스템을 감염시키고 초기 감염 상태가 완화된 후에도 피해 시스템에 교두보를 확보 및 유지할 수 있도록 다양한 도구들을 배치해 놓았다.

사이버 방호 책임자들은 툴라 그룹이 사용했던 기술 요소들과 연계시키기 위해서 MITRE ATT&CK 매트릭스나 Cyber Kill Chain 모델을 활용해서 툴라 그룹과 연계시켜 보지만, 사실 툴라 그룹이 사용했던 도구는 이란의 APT 해킹 도구들이었다. 툴라 그룹은 2017년 또는 2018년에 이란의 해커단체인 **오일리그**(OilRig)에 속한 이란 해커들의 인프라 공격에 성공했다. 오일리그는 2017년과 2016년에 미국의 인프라와 취약한 상업 자산을 목표로 해킹하면서 주목받았던 해커단체다.

이 이란의 해커단체는 모든 적대적인 정부와 상업 단체들을 대상으로 수백 개의 표적에 접근 권한을 얻기 위해서 나중에 러시아의 툴라 그룹이 연관될 수 있는 것과 같은 도구를 사용했다.

의도적으로 책임을 회피하는 해커단체

작전을 수행하면서 툴라가 오일리그 도구를 부분적으로 사용하는 것과 같은 왜곡된 과정을 고려해 보면, 앞에서 설명한 도표를 적용하는 것이 얼마나 어려운지, 또한 솔직히 말해서 결함이 있을 수밖에 없다는 것을 잘 알 수 있다.

툴라에 대해 알아보기 전에, 우리는 먼저 이란의 해커단체 오일리그의 특성을 이해해야 한다. 사이버 보안 방어업체들은 오일리그를 각각 3개의 다른 이름을 가진 서로 다른 해커단체로 분류했다. 델 시큐어 웍스(Dell Secure Works)는 오일리그를 코발트 집시(Cobalt Gypsy)라고 하고, 크라우드 스트라이크(CrowdStrike)는 트위스트 키튼(Twisted Kitten)이라고 했으며, 아이언 넷(IronNet)은 포이즌 프로그(Poison Frog)라고 불렀다. 그리고 나중에는 같은 보안업체들이 헬릭스 키튼(Helix Kitten)이라고도 했다.

사실 이런 것들은 단지 이란의 실제 APT 활동을 도표로 만들 때 이런 위협 단체를 도시(圖示)해 보기 위한 것이다. 제대로 된 글로벌 표준화가 없고, 보안업체 간 구속력 있는 합의도 없으며, 이미 복잡한 분야의 특성들과 결합되어 있기 때문에 적대적인 사이버 활동에 대한 책임을 정확하게 구분하는 것은 매우 어려운 일이다. 일단 러시아 해커단체 툴라가 이란 군대가 작전 수행을 위해 사용하던 인프라를 해킹해서 그들이 사용하던 도구들을 훔쳐 가게 되자, 그런 작전들이나 그 이후 있었던 작전들과 관련 있는 도표를 잠재적으로 손상 입히거나 완전히 무효가 되게 만드는 데 효과가 있었다. 러시아 해커단체 툴라에 의해 같은 형태의 후속 공격들은 이러한 거짓 깃발 작전을 활용하는 데 추가되었고, 나아가 그런 작전들을 도시(圖示)하려는 능력을 무효화시켜 버렸다.

혼란을 만들기 위한 지휘 · 통제 조작

다양한 공격을 훗날 분석해 본 결과, 툴라는 이란 APT의 지휘 · 통제(C2)

인프라에 접근해서 자신들이 사용했던 도구들을 피해자에게 뿌린 것으로 나타났다. 툴라 해커들의 작전들을 분류하는 데 있어 일부 혼란이 있었던 것은 그들이 이란의 또 다른 도구인 **'포이즌 프로그**(Poison Frog)' 지휘 · 통제 패널에 접속했을 때부터 시작되었다.

이란 APT 인프라에서 러시아 해커단체 툴라와 관련된 다른 인프라로의 데이터 유출도 이루어졌다. 툴라의 해커들에 의한 이란 인프라에서의 데이터 유출은 디렉터리 목록과 파일, 이란 해커들의 작전 활동을 포함하는 **키로거**[143] 출력물과 함께 이란의 지휘 · 통제 영역 링크와 관련된 내용도 포함되었다.

그런 식의 접근은 툴라 해커들에게 오일리그와 제휴한 이란 APT 해커들의 **전술, 기술, 절차**(TTPs, Tactics Techniques and Procedures)에 대한 통찰력을 주었다. 그 정보 중에서 일부는 툴라 해커가 오일리그 표적에 접근할 수 있도록 활동 중이던 피해자와 인증서 목록을 포함하고 있었고, 툴라 해커들에게 뉴런 같은 도구의 다음 버전을 만드는 데 필요한 코딩까지 제공하게 되었다.

괴물들의 이름 짓기

해커단체 툴라가 이란의 해커단체 오일리그의 인프라를 공격한 후, 우크라이나에서 오일리그의 도구와 인프라를 사용했다고 생각해 보라.

한 예로, 스스로를 사이버 **베르쿠트**(Berkut)라고 부르는 단체가 우크라이

143 키로거(Keylogger): 키보드의 입력 내용을 저장하여 비밀 정보를 탈취하는 해킹 프로그램.

나 중앙 선거관리위원회를 해킹했다. '베르쿠트'는 우크라이나어로 '독수리'를 뜻하며, 우크라이나 혁명에서 친러시아 정권을 두둔하고 시위대 100여 명을 사살했던 경찰국의 이름이기도 하다. 사이버 베르쿠트 해커들은 우크라이나 위원회 웹사이트를 통해 정치적 메시지를 퍼뜨리기 위해 사용된 웹 서버와 이메일 시스템을 망가뜨렸다. 러시아 단체는 우크라이나 정부의 부패를 고발하는 활동가로 위장하여 혼란을 유발했으며 누구 짓인지 밝히는 데 어려움을 더욱 가중시켰다. 러시아 해커들은 나중에 우크라이나 선거의 가짜 투표 결과를 보여 주는 이미지를 위원회의 웹 서버에 심기도 했다.

사이버 작전의 속성과 도시화(圖示化)를 혼란스럽게 하고 무효화시키려는 러시아의 가짜 깃발 작전의 다른 사례 중에서, 스스로를 **사이버 칼리파**[144]라고 부르는 해커들은 2015년 프랑스의 텔레비전 방송국 TV5 Monde를 목표로 삼았다. 그 러시아 해커들은 프랑스 TV 웹사이트에 지하드의 메시지를 올렸다. 러시아 해커들의 이런 엉뚱한 메시지는 이번 공격의 주범이 IS 해커단체라는 추측을 낳기도 했다. 2016년 크라우드 스트라이크(CrowdStrike)는 러시아 GRU가 미국을 목표로 한 해킹의 배후로 지목한 뒤, 몇 달이 지나서야 **프랑스 사이버안보국 ANSSI**[145]가 최종적으로 **러시아 GRU**를 지목했다. 이 사건은 민주당 전국위원회의 해킹 사건과 나중에 힐러리 클린턴의 대통령 선거캠프를 해킹하기도 했다. 그 일련의 공격에서, 훨씬 나중에 공자(攻者)들은 팬시 베어(FancyBear)라는 러시아 해커단체에 소속되어 있다는 것을 알게 되었다.

144 사이버 칼리파(Cyber Caliphate): 칼리파는 이슬람 국가의 최고 종교 권위자의 칭호.

145 ANSSI(Agence nationale de la securite des systemes dinformation): 프랑스 정보기관. 영어로는 'French National Agency for the Security of Information Systems'.

가끔 앞뒤가 맞지 않을 때가 있다

더 최근에 있었던 러시아 APT 단체는 사이버전 영역에서 자신들의 행동을 해석하려는 방자(防者)를 혼란스럽게 만드는 능력을 보여주었다. 2018년 2월, 러시아 GRU 해커단체의 회원들이 평창 동계 올림픽의 IT 시스템에 대한 공격에 성공했다. 이 사건은 러시아 선수들의 도핑 금지에 대한 반발로 생각되었다. 그러나 나중에, 연구원들에 의해 러시아 해커들이 예전에 사용했던 도구들과 일치하는 코드 조각과 다른 과거 공격 기술들이 발견되었는데, 거기에는 북한과 중국이 지원하는 해커들의 흔적들이 포함되어 있었다.

올림픽을 방해했던 이들의 기술적 속성은 훨씬 나중에 밝혀졌는데, 그 당시에는 러시아 GRU가 과거 공격에서 사용했었던 다른 악성 파일 모음과 프로그램을 다른 곳에 심기 위해서 피싱 문서를 사용했을 때였다. 우크라이나 정부 기관과 활동가 같은 사람들이 러시아 해킹의 전형적인 피해자들이었다. 추가 분석을 통해 과거 GRU 행위에 대한 더 많은 관련 증거들을 얻을 수 있었다. 이런 증거 중 일부는 3년 전 미국의 2개 주(州) 선거판을 침해했을 때, 동일 러시아 해커들이 사용했던 지휘 · 통제(C2) 서버에 이전에 사용했던 도메인을 포함하고 있었다.

혼란 자체가 목표다

툴라 사건은 위협 행위자들에게 분명한 행동 지침을 알려 주었다. 명확하고 현존하는 증거가 있음에도 거짓 깃발 전술을 사용하는 것이 궁극적으로 책임이 있는 사람들을 감추는 데 도움이 된다는 것을 알려 준 사건이었다. 러시아 해킹 팀의 경우, 자신들이 훔친 적국의 도구와 전술을 활용해서 자신들의 행동을 숨기고 장기간 작전의 배후를 밝히기 어렵게 만들었다.

특정 기술적 조치와 관련된 항목 때문에, 그런 해킹 활동이 있었을 때 보통은 러시아가 아니라 이란과 관련 있다고 바로 분류되었다. 이번 섹션에서 강조하고자 하는 것은 사이버전에서 공격 작전을 일반적으로 분류할 수 있는 '좋은' 방법이 없다는 것을 구체적으로 설명하는 것이다. 해킹 활동의 본질이 은밀하고 미탐지 상태를 유지하려는 것이라고 볼 때, 공격 배후에 있는 행위자들이 탐지를 회피하기 위해서는 무언가라도 하게 된다. 이러한 현실과 지구상의 모든 국가와 모든 해커단체가 서로 공격하고 피해 본 자산을 활용해서 흔적을 감추고, 다른 해킹 도구를 훔치고, 그 원인을 찾는 과정을 혼란스럽고 점점 더 힘들게 하는 능력과 관련 정보들을 혼합해서 활용한다.

향후 10년 이내 예상되는 사이버 공격 작전

앞의 예에서 지적했듯이, 지난 30년간의 사이버 공격을 광범위한 타격의 형태로 분류하는 것이 불가능하진 않겠지만 거의 어려워 보인다. 그러나 국가와 APT 관련 단체의 사이버 공격은 적어도 취약점을 찾아내고, 악용하고, 작전을 수행할 필요성과 관련하여 어느 정도 연관성이 있었다. 즉, 그들은 과거에 있었던 사이버 공격과 관련된 패러다임에 묶여 있었던 것이다.

그러나 이런 각각의 사이버 공격들은 진행되는 전체 과정에서 반드시 해야 할 필요성이 줄어들기 때문에, 앞으로 10년 동안은 하나의 절차가 다른 것에 영향을 주는 것과 같은 제한이 제한으로서의 역할을 할 수 없을 것이다. 디지털로 모두 연결되고 어떤 기술이라도 활용 가능한 세상에서 공자(攻者)는 더 이상 일련의 사건들을 추적할 필요가 없게 되었다. 기술의 확산은 소셜 미디어의 폭발, 극도로 진보된 공격 기술과 도구의 유출 등과 결합되어 해커들이 네트워크 인프라, 도메인 또는 심지어 법적 제한과 같은 과거에는 경계선으로 여겨지던 선 밖에서 활동하도록 도와주고 있다.

이제 공격 작전 수행 과정을 보면, 실행 시간은 단축되고 성공 가능성은 커졌다. 활용 가능 기술이 많을수록, 우리의 생활 방식이 집중적으로 그런 기술에 더 많이 고착될수록, 그리고 항상 연결된 상태가 계속 확산될수록 공격 작전은 더 빨라지고 그 영향력은 더 커지게 된다.

이러한 과거 유형의 공격이 여전히 국가를 상대로 한 간첩과 정보 수집 활동을 계속할 필요가 있지만, 사이버전에서 향후 공격 작전의 새로운 초점은 더 광범위하게 늘어날 것이며, 지역적 또는 많은 경우에 집단적 관심의 주제를 중심으로 불화와 분쟁을 만들어 내기 위해 국가 차원의 내러티브들을 조작하는 데 초점을 맞출 것이다. 이런 영향력에 대한 공격은 피싱과 악성 프로그램을 운용하는 것과 같은 예전 방법과 유사한 전술로 구성되긴 하지만, 과거의 작전이 어떤 결과를 얻기 위해 대상의 기술적 활용에 초점을 맞췄다면, 이제 새로운 작전은 영향력 그 자체와 영향력을 행사하는 데 초점을 맞출 것이다. 강력한 알고리즘이라는 추가적인 혜택과 늘어난 컴퓨팅 리소스는 국가 수준의 해커들이 작전하는 수준과 영역이 성장하고 확산하는 데 도움이 될 것이다.

장난질

내러티브를 조작하는 새로운 방법의 사례는 **#SyriaHoax** 작전을 둘러싼 전술과 기술에서 찾을 수 있다.

이 작전의 배경은 대단히 흥미롭다. 2017년 4월 4일, 시리아 전투기가 시리아 **칸 알셰쿤**(Khan Al Shekhoun)에 화학무기를 투하해서 200명 이상이 다치고 100명 가까이 사망했다. 피해자들은 눈이 붉어지고, 입에서 거품이 나며, 동공이 수축하고, 얼굴의 피부와 입술이 파랗고, 심한 호흡 곤란, 질식 등의 증상을 경험했다.

유엔과 서방 언론들은 현대 역사상 최악의 화학 공격 중 하나로 주목했다. 그 공격은 2개의 이야기를 중심으로 서로 경쟁적으로 트위터 폭풍을 촉발했다. 그중 하나는 **해시태그 #Syrian GasAttack**였으며, 그 이후 국제적인 합의까지 이르게 한 이야기를 지지하는 것이었다. 이 국제적 합의를 통해서 시리아 대통령 **바샤르 알 아사드**(Bashar Al Assad)가 자국민에 대한 신경작용제 사용을 지시한 책임이 있다는 것이 밝혀진 것이다.

또 다른 하나의 가짜 이야기는 트위터에 등장한 **해시태그 #SyriaHoax**였다. 러시아와 시리아 정부는 피해 지역에서 실제 분쟁에 가담한 사람들에 대한 국제적 압력을 잠재우기 위해 반대되는 이야기를 만들었다. 이 거짓 이야기는 가스 공격이 시리아 화학 공장에 대한 미국의 공습으로 자행된 속임수이거나, 구호 단체인 화이트 헬멧(White Helmet)이 이 지역의 민간인을 목표로 한 결과라고 주장했다(브라이언 로스, 2017).

국제 여론은 기본적으로 시리아 대통령이 가스 공격에 책임이 있다는 데 만

Tip-off received on Al-Nusra, White Helmets plotting chemical weapons provocation in Syria – Moscow

13 Feb, 2018 11:24 / Updated 1 year ago

Get short URL

FILE PHOTO: Fighters from Islamist Syrian rebel group Jabhat al-Nusra. © Hosam Katan © Reuters

1168 1

Follow RT on Google News

:: 러시아 국제 TV 네트워크인 〈RT.com〉의 한 기사에서 민간 구조단체인 화이트 헬멧이 아사드 정권의 조치에 대항하기 위해 화학무기를 사용하고 있다는 이야기를 퍼뜨리고 있다 ::

장일치였지만, 문제가 된 것은 **해시태그 #SyriaHoax**가 인터넷을 통해 퍼지면서 나타난 왜곡이었다. 이 거짓된 이야기는 진실보다 훨씬 더 많이 퍼졌고, 심지어 공격의 구체적인 이야기까지 전해 주는 뉴스 기사까지 퍼졌다. 조작된 이야기는 빠르게 퍼졌을 뿐만 아니라, 진짜 이야기보다 더 큰 영향력을 가지고 지역별로 더 많은 사람에게까지 전해졌다.

수치로 볼 때, 진짜 이야기는 3,600개가 조금 넘는 상호 작용을 받은 것에 비해 가짜 이야기는 같은 기간 동안 40,000개가 넘는 상호 작용을 받았다. 이 모든 것은 72시간이 조금 넘는 시간 내에 일어났다. 테러를 실제로 가한 자들이 흔적을 덮기 위해 만든 가짜 이야기가 테러의 책임이 있는 자에게 책임을 지우는 사실에 근거한 이야기보다 상호 작용과 가시성에 있어서 말 그대로 10배

Russia suggests Syria 'chemical attack' was 'planned provocation' by rebels

Published time: 21 Aug, 2013 15:44
Edited time: 22 Aug, 2013 10:55
Get short URL

A handout image released by the Syrian opposition's Shaam News Network shows a man taking the body of a child wrapped in shrouds from a line of victims which Syrian rebels claim were killed in a toxic gas attack by pro-government forces in eastern Ghouta, on the outskirts of Damascus on August 21, 2013. (AFP Photo / Daya Al-Deen) / AFP

Idlib 'chemical attack' was false flag to set Assad up, more may come – Putin

Published time: 11 Apr, 2017 12:51
Edited time: 14 Apr, 2017 10:21
Get short URL

Idlib province, April 4, 2017. © Mohamed al-Bakour / AFP

Russia has information of a potential incident similar to the alleged chemical attack in Idlib province, possibly targeting a Damascus suburb, President Vladimir Putin said. The goal is to discredit the government of Syrian President Assad, he added.

RT sources: Syrian rebels plan chem attack on Israel from Assad-controlled territories

Published time: 9 Sep, 2013 15:59
Edited time: 10 Sep, 2013 12:58
Get short URL

AFP Photo / Ricardo Garcia Vilanova / AFP

Foreigners train Syrian rebels in Afghanistan to use chem weapons - Lavrov

Published time: 11 Oct, 2013 09:26
Edited time: 11 Oct, 2013 11:16
Get short URL

Russian Foreign Minister Sergey Lavrov (Reuters / Sergey Karpukhin) / Reuters

:: 시리아 가스 공격에 대한 조작된 이야기를 더 많이 언급하고 있는 트위터와 구글 ::

이상이었다.

그 이야기는 현지 언어로 빠르게 퍼져 나갔지만, 시리아와 그 주변 지역에서는 유명한 인플루언서에 도달하기 전까지는 제대로 알려지지 않았다. 이번 사건의 경우, 그런 유명한 인플루언서 역할을 한 사람은 SNS에서 극우 성향을 보이는 이로, 트위터에서만 531,000명 이상의 팔로워를 가진 **마이크 체르노비치**(Mike Cernovich)였다.

:: SNS 인플루언서인 마이크 체르노비치가 시리아 가스 공격과 그에 따른 가짜 선전을 언급한 트윗 ::

그가 이 이야기를 특정해서 게시하여 상호 작용을 시작한 후, 많은 팔로워로 인해 이런 선전 활동은 극에 달했다. 24시간도 채 되지 않아 해시태그 #SyriaHoax는 트위터에서 가장 유행하는 아이템이 되었으나, 트럼프 대통령이 아사드 대통령의 가스 공격에 대응하여 지시한 실제 미사일 공격을 트위터에 언급함으로써 빛을 잃게 되었다.

이야기가 퍼져 나가는 것이 사이버 작전에 해를 끼치거나 심지어는 실제로 사이버 작전의 일부가 아닌 것처럼 보일 수 있지만, 폭풍처럼 퍼져 가는 트윗

:: 해시태그 〈**#SyriaHoax**〉의 확산을 도와주는 팔로워 ::

Sort by Total Shares

	Facebook Engagements	Linkedin Shares	Twitter Shares	Pinterest Shares	Number of Links	Evergreen Score	Total Shares ↓
Tip-off received on Al-Nusra, White Helmets plotting chemical weapons provocation in Syria – Moscow By Rt – Feb 13, 2018 rt.com	4.3K	11	1.6K	7	-	0	5.9K
Russian MoD: Al-Nusra, White Helmets Preparing Provocation With Chemical Weapons By Sputnik – Feb 13, 2018 sputniknews.com	867	1	431	0	-	0	1.3K
Al-Nusra, White Helmets Preparing Provocation With Chemical Weapons -MoD - Muraselon By موقع مراسلون – Feb 13, 2018 muraselon.com	314	0	96	0	-	0	410
Al Nusra, White Helmets may be preparing chemical weapons attack in Syria, military warns By White Helmets – Feb 13, 2018 tass.com	194	0	20	0	-	0	214
Tip-off received on Al-Nusra, White Helmets plotting chemical weapons provocation in Syria – Moscow By Overnewser.com – Feb 13, 2018 overnewser.com	0	0	166	0	-	0	166
Tip-off Received on Al-Nusra, White Helmets Plotting Chemical Weapons Provocation in Syria By Rt News – Feb 14, 2018 globalresearch.ca	142	0	5	0	-	0	147
Al Nusra & White Helmets Plotting Chemical Weapons False Flag In Syria By Niamh Harris – Feb 13, 2018 yournewswire.com	44	0	26	0	-	0	70
David Icke | Tip-off received on Al-Nusra (Al-Qaeda) and White Helmets plotting chemical weapons provocation in Syria – Moscow By andrew Cheetham – Feb 13, 2018 davidicke.com	5	0	14	0	-	0	19
Exclusive: Al-Nusra Front and White Helmets preparing chemical weapons provocation in Idlib By Vop Editor – Feb 14, 2018 voiceofpeopletoday.com	2	1	1	1	-	0	5

:: 허위 정보 캠페인의 확산 정도를 보여 주는 통계 ::

에 악의적인 링크와 단축 URL을 포함해서 보낼 수 있다는 것을 고려하면, 이런 것들이 추가로 무기화될 가능성이 있다는 것을 알 수 있을 것이다.

소식통에 따르면, 트위터의 일반 사용자는 평균적으로 하루에 약 17개의 잠재적인 악성 링크 또는 내장된 악성코드를 포함하는 트윗을 접한다(Waugh, 2011). 여기에 덧붙여서 트위터에 게시된 500개 웹 주소 중 약 1개가 악성코드를 호스팅하는 사이트로 이어진다. 트렌드 마이크로(Trend Micro)의 연구에 따르면, 단 2주 동안의 트윗 중에서 악성 프로그램이나 손상된 도메인에 관한 링크가 포함된 악성 트윗의 비율은 특정 날짜에서 최대 8%에 이를 수도 있다(Pajares, 2014).

날짜 (요일)	URL을 포함한 트윗 숫자	악성 트윗 숫자	악성 트윗의 비율(%)
2013.09.25. (수요일)	39,257,353	2,292,488	5.8%
2013.09.26. (목요일)	47,252,411	3,190,600	6.8%
2013.09.27. (금요일)	49,465,975	3,947,515	8.0%
2013.09.28. (토요일)	37,806,326	2,018,935	5.3%

:: **Trend Micro** 연구소에서 제시한 **4**일간의 트윗 중에서 악성 링크 포함 비율에 대한 통계(**Pajares, 2014**) ::

흥미롭게도, 트위터는 거의 실시간으로 악의적인 URL을 탐지하기 위해 구글이 개발한 필터링 시스템을 사용한다. 이 시스템은 게시된 URL을 블랙리스트와 비교해서 확인하고 악성 링크를 게시하지 못하게 차단하거나 파이어폭스(FireFox)와 크롬(Chrome) 사용자들이 클릭하기 전에 생각해 보도록 경고한다. 그러나 이 필터는 **bit.ly 서비스**[146]를 사용하여 단축된 URL에서만 작동한다. 그런데 이 서비스는 인터넷에서 사용할 수 있는 수백 개 이상의 URL 단축 도구 중 하나일 뿐이다. 악의적인 사용자나 해커들의 작전이 이러한 기술이나 전술을 포함한다면, 그들의 내장된 단축 URL은 트위터의 필터에 의해 잡히지 않을 것이다.

결론

이런 새로운 공격 작전의 목표는 단지 특정 주제에 관한 이야기를 왜곡하는 것이 아니다. SNS의 주제와 특유의 공유하는 특성을 활용해서 허위 또는 오해의 소지가 있는 정보를 퍼뜨릴 뿐만 아니라, 악용의 확산을 위해 이야기 자체에 잘못된 방향성과 악성 프로그램 링크를 포함하는 것이다.

다시 말해, 오늘날과 미래에 존재하는 새로운 형태의 공격 작전 목표는 가짜 뉴스를 공공연히 퍼뜨리고 표적이 되는 대중에게 무엇이 진실인지 혼란스럽게 만드는 것이다. 또한, 이러한 플랫폼의 반응, 공유, 동향 및 인플루언서 기능을 기술적으로 활용하는 것을 확산하기 위한 목적도 있다. 악의적 해커, 특히 그런 해커를 조정하는 배후세력과 대량의 자금 지원 능력을 가진 국가 기관과 운영자에게는 이런 방법이 전체적으로 그들의 공격이 상호 작용하고 궁극적으로 활성화될 가능성을 증가시키기 훨씬 쉽다.

146 bit.ly 서비스(비틀리 서비스): 통상 URL이 길게 표현되는데, 이를 간단히 줄여 주는 서비스.

이런 작전 방식은 범위가 훨씬 넓고 과거의 스피어 피싱이나 기술 개발만큼 '우아'하거나 '집중적'이진 않지만, 규모 면에서 더 효과적이며 숫자를 획기적으로 늘릴수록 성공 가능성이 훨씬 커진다. 이것은 '다이너마이트로 피싱하는 것'과 동일시될 수 있는 새로운 방법이다.

사이버 보안 전쟁을 위한 작전의 새로운 패러다임은 과거와는 다르며 새로운 공격에 대한 방향성을 잠재적으로 분류하고 이해하기 위해서는 사고의 변화가 필요하다. 이 새로운 접근 방식은 다음과 같다.

- 유행하고 있는 뉴스 항목과 기사를 분석
- 공공연한 가짜 정보 작전을 추적
- 잠재적으로 악의적인 URL과 도메인을 가로채기 그리고 분석
- 인플루언서의 허위 뉴스와 이야깃거리에 대한 공유 상황을 추적하고, 해당 주제나 항목의 진실성을 해당 공유자와 팔로워에게 전파
- 잠재적인 감염에 대응하고 치료하거나 최소한 감염된 링크 및 URL과 상호작용하는 감염자에게 통지
- 공격 전술과 도구에 대한 후속 분석과 분류 작업 수행
- 향후 유사한 공격 사례에 대한 기술적 대응 조치 만들기
- 업데이트 및 기술 업데이트 적용 항목 공유

방자(防者)에게는 그들과 그들의 지휘부가 이런 새로운 작전에 대해서 알고 있고, 이런 유형의 공격이 가져올 수 있는 광범위한 의미를 이해하는 것이 중요하다. 공간이 존재 자체로서 오묘하고 역동적이며 특정 속성에 대항하기 위

해 작동할 때, 이 공간에서 누가 그것을 했는지에 대한 귀속성을 추적하는 작업은 거의 가치 없는 일이 되어 버렸다. 과거의 보안 방식은 더 이상 온전히 적용되지 않았고, 오래된 원인을 찾는 방법이나 작전에 관한 모델링도 마찬가지이다.

다음 7장에서는 사이버전의 미래와 관련된 전략적 계획에 대해 알아보고자 한다.

제7장

미래 사이버전을 위한 전략기획

"나는 전투 준비를 하면서 항상 계획은 쓸모없지만, 반드시 기획은 필요하다는 것을 깨달았다."

– 드와이트 D. 아이젠하워

아이젠하워 장군은 세계사뿐만 아니라 미국의 군 지휘부 역사상 가장 뛰어난 전술가이자 전략가라고 할 수 있는 인물로서 이번 7장을 시작하면서 인용한 문장에서 흥미로운 점 하나를 지적하고 있다. 그는 전투가 시작되면 계획은 무용지물이지만, 기획은 필수적이라고 말했다. 이게 무슨 뜻일까? 변화, 실패, 기동, 역동성이 동시다발적으로 발생하는 전투를 완벽하게 계획하는 것이 불가능하다는 의미이다.

그러나 발생 가능한 사항들에 대해서 생각해 보고, 생각한 것에 대응해서 가능한 한 철저하게 계획해 보는 것 자체는 대단히 유용하다. 현실에 기초해서 무슨 일이 일어날지에 대비한 계획을 세우고, 잠재적 결과에 대응하기 위해 자원을 조정 · 조치하더라도 예상되는 최종 목표와 관련하여 자신이 취하고 있는 조치가 얼마나 효과적인지에 대해서 지속적인 평가를 하는 등 현명하게 조치해야 한다.

이를 염두에 두고 이번 7장에서는 다음 사항을 살펴보고자 한다.

- 사이버전에서 물리적 살상전의 전술과 전략을 어떻게 활용할 수 있는가?
- 어떤 것을 적용할 수 있고, 어떤 것을 적용할 수 없는가?
- 사이버 분야의 일부로써 과거의 물리적 조치들을 관찰함으로써 무엇을 배울 수 있는가?

먼저, 물리적 전투와 디지털 전투 공간 사이의 상관관계를 살펴보는 것으로 시작해 보자.

주먹으로 두들겨 맞기 전까지는 누구나 계획은 가지고 있다

이번 7장을 시작하면서 우리는 아이젠하워 장군의 잘 알려진 문장을 인용했다. 전략의 맥락에서 적용될 수 있는 '주먹으로 두들겨 맞기 전까지는 누구나 계획은 가지고 있다.'라는 또 다른 유명한 문장은 전 세계 헤비급 챔피언인 마이크 타이슨이 한 말이다. 다시 말해, 계획하고 준비를 잘하는 것이 분명 필요한 것이긴 하지만, 결국 강력한 첫 번째 타격을 받고 나서 어떻게 대응하느냐가 더 중요하단 말이다.

사이버전에서도 마찬가지다. 최근의 역사를 보면 엄청난 데이터의 유출과 국가 차원의 사이버 침입을 통해 우리는 단체로 주먹에 얻어맞기도 했고, 둔탁한 둔기에 얻어맞는 상황도 자주 있었다. 여기서 중요한 것은 우리가 얻어맞으면서 얻은 지식을 어떻게 활용하고 문제 해결을 위해서 어떻게 지능적으로 대응하느냐 하는 것이다. 복싱용어로, 우리는 상체를 상하좌우로 움직이는 **더킹(ducking)**을 통해서 반격하는 요령을 배울 필요가 있다.

앞에서 살펴본 바와 같이, 사이버 보안에 대한 과거의 접근 방식은 주로 기술적 조치 위주의 형태였다. 그렇게 제시된 '해결책'이라는 것이 지금은 점점 더 해결 불가능한 상황으로 가고 있는 것에 대한 단순 조치 정도의 수준에 불과했다. 따라서 그런 접근 방법은 비참할 정도로 비효과적인 것으로 입증되었다.

다가오는 사이버 보안 분야의 공격에 더 잘 대비하기 위해서 제대로 된 희망을 찾아보려면, 정부와 민간기업 차원의 능력 있는 사람들에 의해서 업무 수행 방식을 변화시키는 것이 필수적이다. 우리는 광범위한 접근 방식이 필요한 문제를 해결하는 데 있어 개별 조치에 해당하는 기술적 솔루션을 통합하려는 시도를 더는 할 수 없게 되었다. 왜냐하면, 대부분의 상황이 용역업체에서 만든 유사한 종류의 최고 솔루션과 기술적 솔루션에만 국한되지 않는 광범위한 접근 방식이 필요한데, 업체에서는 보안 분야에 대한 대규모 수정에 의미를 두기보다는 비즈니스를 통한 수익 확대에 더 관심이 많기 때문이다.

사이버 공간의 본질은 이윤을 추구하는 사업과 글로벌한 정보 교환만을 위한 것이 아니다. 사이버 공간은 지구상의 모든 국가와 범죄 조직이 실존하고 있는 디지털 전쟁터이다. 모든 사용자, 기기 및 네트워크, 그리고 무수히 많은 다른 기술들이 끊임없이 변화하면서 상호 작용하고 정보를 교환한다. 사이버 공간은 또한 세계와 역사를 통틀어 불량 국가들과 가난한 나라들, 종종 자기 국민을 거의 먹여 살리지 못할 정도로 가난한 나라들도 세계의 초강대국을 상대로 효과적으로 조준하고 상대할 수 있는 유일한 공간이다.

만약 그것이 현실이라면, 그리고 우리의 시스템이 (이전의 장에서 논의했듯이) 본질적으로 바람만 불면 쓰러질 것 같은 카드로 만든 집과 유사한 방어선에 기초한 보안모델을 기반으로 구축된 것이 현실이라면, 우리는 이러한 문제를 해결하기 위한 접근 방식을 바꿔야 한다. 하지만 그 조치가 단순히 더 많은 기술 가운데 하나를 사용하는 것이어선 안 된다. 우리는 앞으로 업무를 해 나가는 과정에서 **'프랑켄슈타인 방식'**처럼 짜깁기할 수는 없으며, 결국 충분한 기술들이 제대로 적용되면서 궁극적으로는 우리가 총체적으로 직면하고 있는 문제들을 해결해 나가야 한다.

이제는 우리가 이런 문제들에 대해서 어느 정도 입지를 굳히고 마침내 적으로부터 유리한 고지를 탈환하기 위한 전략을 수립해야 할 때이다. 특히 전략에 집중해서 말이다.

어떤 유형의 전략이 필요한가?

사이버 공간이 전쟁의 영역이며 실제적인 디지털 전쟁터라는 현실을 이해하고 진정으로 받아들인다면, 어떤 전략이라도 기술 분야라고 해서 군사 분야와 관련 없이 적용하게 되면 분명 헛수고가 되고 말 것이다.

그러나 사이버 공간에는 조직이 도입하기로 선택한 전략에 대해 어느 정도의 유연성이 필요하다는 전제가 상당 부분 포함되어 있다. 사이버 공간이 전쟁 영역이긴 하지만, 그 공간은 또한 가까운 미래에 비즈니스와 일반 기업을 위한 새로운 중심축이기도 하다. 사이버 공간은 지구상의 거의 모든 비즈니스를 위한 통로이기도 하고, 세계가 정보를 교환하는 가장 풍부한 수단이기도 하다. 따라서 사이버 보안 분야에서 제대로 싸우기 위한 원칙으로 적용되는 모든 전략은 효과적 대응이라는 것에 기초해야 하겠지만, 비즈니스가 번창하고 필요한 곳에 정보가 흐를 수 있도록 충분히 개방되어 있어야 한다는 것에도 반드시 주목해야 한다. 그러나 이는 풀기 어려운 문제다.

사이버 보안 전략 계획의 주된 목적은 보안이 필요한 곳에 특정한 투자를 위한 의사 결정을 내리는 데 필요한 정보를 경영진과 리더에게 제공하는 것이다. 전략 계획은 보안과 업무 수행 방향을 같이 연계해야 한다. 사이버 공간은 전쟁의 영역인 동시에 기업에도 매우 중요한 영역이다. 그리고 전략을 설명할 때 리더에게 업무 수행 사례를 함께 제시해야 한다. 이런 업무 수행 사례는 보안과 관련된 주요 업무에서의 이점과 그 결과를 함께 설명하는 것이어야 한다.

보안을 위한 최상의 전략은 업무 수행 기능과 정책적으로 보안이 요구되는 사항을 식별하고 해결하며 이러한 요구사항을 보호하는 데 도움이 되는 인프라, 인력 및 프로세스를 제공함으로써 업무 수행의 목표를 달성하는 데 도움이 되어야 한다. 업무 수행 항목에 특정되지 않을 수 있는 요구사항에 의해 주도될 수도 있다. 따라서 좋은 전략은 그러한 결과를 달성하는 데 영향을 미칠 수 있는 다른 요소들도 고려해야 한다. 전략은 업무 수행 방향, 기술 변화 및 새로운 제약 요소나 법률적 고려 요소에서 변화를 허용하도록 주기적으로 수정되어야 한다.

앞장에서 논의하고 자세히 설명하였듯이 **방어선에 기초한 보안 전략**이라는 예전의 모델은 완전히 실패했으며 더는 효과적이지 않았다.

차이를 만들 수 있는 전략은 위협이 가장 많은 곳에 적용할 통제에 초점을 맞추는 전략이다. 즉, 내부 보안 네트워크 또는 인프라에서 통제 영역을 외부로 확장함으로써 호스트에 기초한 세분화, 다중 인증 등과 같은 전략적 정책에 기초한 통제를 적용해야 한다. 네트워크가 통제의 영역이라기보다는 가장 통제하기 어려운 싸움이 벌어지는 영역에 지나지 않는다는 인식에 기초한 전략에는 사고의 변화가 필요하다.

인프라의 특성이 정부인지 민간기업인지에 따라 다르긴 하지만, 실제로 모든 인프라에서 가장 많고 해킹하기 쉬운 것은 사용자와 그 사용자들이 사용하는 기기들이며, 그다음이 조직에서 업무를 수행하고 기업의 성장을 위해서 업무를 처리하는 데 활용하는 애플리케이션과 클라우드 자산들이다.

전장의 요구가 리더로 하여금 '전쟁에서 승리'하도록 만들어 주기 위해 적용할 전략적 변화를 어떻게 만들어 냈을까? 이에 대한 흥미로운 결과는 다음 섹션에서 논의할 이라크 분쟁에 대한 간단한 분석을 통해서 얻을 수 있다.

전투의 성격이 전략의 변경을 요구할 때

2003년, 미군은 이라크를 침공한 다음 이라크를 '해방'시키기 위해 모든 노력을 기울였다. 목표는 독재자 사담 후세인을 권좌에서 제거하고 수십 년간 나라를 지배해 온 바트당을 제거하는 것이었다. 이런 침공을 부추겼던 주장의 실체와 속셈은 앞으로도 계속 논의되겠지만, 주권국가를 침공해서 그 지도부를 제거하고 대중을 새롭고 다른 삶으로 바꾸기 위한 전쟁에 노력을 다했다는 사실은 여전하다.

그해 4월, 미국과 연합군은 이라크 침공을 위해 총공세를 펼쳤다. 미군들이 지난 100년 가까이 해 왔었던 전쟁과 같은 방법으로 선별적인 포격이 끝난 후 지상군으로 육군이 동원되었고, 이라크의 영공은 미국에 의해 장악되었다. 채 일주일도 되지 않아 연합군 및 미 해병대와 함께 미 육군의 거의 모든 기갑사단이 이라크 국경에서 바그다드로 진격했다. 침공은 완료되었고, 이는 미군사기구와 지도부의 전략이 적들을 격파한 것으로 볼 수 있는 또 다른 승리라고 생각되었다. 그러나 그 생각은 완전히 틀린 것이었다.

〈침공〉에 성공했다고 해서 〈지배〉까지 성공한 것이 아니다

연합군과 육군이 이라크를 침공 · 지배하는 임무를 수행했지만, 공격 속도와 그로 인한 결과는 이라크 육군과 지휘부의 붕괴로 나타났다. 공화국 수비대는 해산되었고, 전투원 수천 명은 말 그대로 군복을 버리고 일반 대중 속으로 사라져 버렸다. 목표였던 바그다드를 점령하기 위한 전략은 이라크군과 그 부속기관의 운영자와 실무자들을 혼란에 빠뜨렸고, 그들을 그들의 가정과 이웃으로 흩어지게 만들었다.

바그다드가 함락된 지 약 90일에서 120일 동안은 진전이 매우 빨랐다. 이라크군 출신이거나 다양한 테러리스트 조직에서 활동했던 저항세력들은 주로 도시 지역의 작은 구역 안이나 급조폭발물 장치(IED)를 활용한 제한적인 교전으로 미군과 연합군에게 큰 피해를 입히기 시작했다. 이런 유형의 공격에서 저항군은 베트남 전쟁 때 미군 병사를 혼란스럽게 했던 것과 같은 전술을 채택했지만, 그들은 또한 잠재적으로 부수적 피해가 큰 지역에서 전투가 벌어지게 하며 이런 공격의 복잡성을 더욱 확대해 나갔다.

베트콩은 베트남 외딴 정글에서 효과적이었던 전술을 채택했었지만, 이라크 저항군은 정글 대신 콘크리트와 구조물로 구성된 지역을 선택했다. 이런 전술적 변화는 저항군들과 테러리스트들이 우위를 점하고 있다는 것을 의미했다. 또한, 저항군들은 교전규칙에 얽매이지 않았고, 표적에 대한 공격은 혁신적이었으며 공격 방법에 제한도 없었다. 반란군은 어떤 표적이든 언제든지 공격할 수 있었고, 연합군과 미군의 사기를 떨어뜨릴 수 있는 어떤 전술이라도 활용할 수 있었다. 이런 상황에서 힘의 균형은 그들에게 유리하게 작용했다.

한편, 미군과 연합군은 과거 제2차 세계대전에서나 효과 있었던 도구와 전술을 사용해 곤경에 처하게 되었고, 이러한 새로운 형태의 위협에 대처하는 데는 성공하지 못했다. 사실, 그런 전술이 베트남에서도 잘 먹히지 않았을뿐더러 미군 내 대부분의 고위 리더에게는 베트남과 이라크 분쟁 사이에 벌어졌던 걸프전 때나 먹히던 낡은 대규모 부대 전술과 전략으로는 처음 겪는 경험이었다. 모든 대대급 부대들이 공중으로부터 엄호를 받으며 대규모 전차부대들이 선도하는 지역으로 신속하게 진입하는 것은 오래된 접근 방법의 한 사례이다. **'100시간의 전쟁'**으로 알려진 걸프전에서 공개적으로 신속한 승리를 거두었던 적이 있었기 때문에, 미국의 리더는 이런 새로운 형태의 공세에 대한 모든 작전을 수행하면서도 빠른 승리를 거두지 못해 혼란스러워했다. 예전의 적군은 미국의 군사력에 대한 충격과 경외감으로 완전히 산산조각 났었지만, 이번에는 적들이 뿔뿔이 흩어져 버렸고, 그 뿔뿔이 흩어진 적들의 일부가 되돌아와 연합군에게 수백 개의 작은 피해를 되돌려준 것이었다. 이런 상황은 걸프전 참전용사들에게 전혀 익숙하지 않은 상황이었다.

걸프전 때처럼 기술적으로 대규모의 적을 섬멸하고 조직적으로 한 지역으로 이동함으로써 미군의 의지를 강요하는 대규모의 전략적 접근은 통하지 않았다. 저항군들은 저격수 공격, 값싼 폭탄, 박격포 공격 등으로 신속하게 치고 빠지는 교전의 형태를 보였다. 미군과 연합군에게는 교전규칙의 형태로 자신들에게 부과된 제한사항으로 인해 더한 좌절감을 느낄 수밖에 없었다.

이렇게 극도로 제한적인 명령들은 미군과 연합군에게 먼저 발포하지 않는 한, 또는 부수적인 피해 가능성이 큰 경우를 제외하고는 적과 교전하는 위험을 감수하지 말라는 것들이었다.

이러한 제한사항과 저항군들의 혁신적인 능력이 어우러져 앞으로 수년 동안 미국과 연합군의 비용이 많이 들 것이라는 걸 암시했다. 빠른 승리를 예상했던 것이 10년 이상 계속되어 궁극적으로 수천 명이 희생을 치르고 심지어 더 많은 이라크 민간인들까지 영향을 받게 되었다.

이런 현상은 사이버전에서도 대부분 어떤 방식으로든 인프라에 대한 피해가 이미 있었다는 사실과 유사한 관련성이 있다. 대부분의 인프라에는 어딘가에 뒷문이 열려 있거나 적이 이미 네트워크에 교두보를 마련해 놓았을 가능성이 크다. 방어선 안에 설치된 이런 형태의 교두보 때문에, 간단하게 적을 '지배'하고 그들이 들어오지 못하게 하는 것은 불가능하다. **적들이 이미 아군의 내부에 있을 때는 방어벽이 아무리 높아도 높은 것이 아니다.** 그리고 적을 색출해내기 위해 강압적인 전술을 쓰는 것은 네트워크의 구성요소와 기술의 활용도가 떨어지는 결과를 초래할 가능성이 크다.

리더에게는 '현장에서 신을 부츠'가 필요하다

이라크전에서 결정적 승리를 위한 전략과 능력을 방해했던 또 다른 문제는 저항군의 위협에 대한 대응 능력이 거의 전적으로 최고위급 리더십에 있었다는 사실이었다. 이로 인해 장교들은 점점 진화하는 적의 위협에 대응할 수 없게 되었다. 과거 전쟁에서 통상적인 관례로 했던 것처럼, 대규모 전투에 대한 최종 결정은 종종 전장에서 멀리 떨어진 장군들과 제독들에게 있었다.

이런 방법은 제2차 세계대전과 베트남전에서 효과를 발휘했지만, 이라크 전역처럼 역동적인 전투 공간에서는 지상군 병사들의 대응 능력을 오히려 방해했다. 네이비 씰이나 육군 델타포스 또는 레인저 부대처럼 위협에 능동적으로 대응할 수 있는 더 많은 자율성과 특별 지침을 받은 매우 제한된 특수작전 부대를 제외하고, 대부분의 부대는 과거와 같은 지휘체계 아래 통제권이 제한되었다.

사이버전과 사이버 작전에서는 조직 내 지휘부들이 기꺼이 자신들의 부대와 함께 '더러워질' 필요가 있다. 상부 지휘부로부터 멀리 떨어져 있으면서 실제 작전을 수행하는 기술에 특화된 작전팀이 종종 있다. 만약 그 팀원들이 자신들의 행동이 왜 중요한지 그리고 그들이 조직의 생존과 번영에 얼마나 필요한 것인지에 대해 제대로 이해하지 못한다면, 그들은 혼란을 겪을 것이다. 효과적인 지휘 · 통제가 제대로 먹히기 위해서는 사이버전 지휘부들이 직접 현장으로 뛰어들어 작전팀 옆에 앉아서 '키보드 위'에서 벌어지는 조치로부터 배울 준비가 되어 있어야 한다. 사이버 전사들이 임무를 수행하는 것을 돕는 것보다 더 나은 조치는 없다.

장비가 아니라 환경이 임무 수행 방식을 결정한다

심지어 연합군과 미군이 사용한 도구와 자산도 이라크라는 새로운 전쟁터에서는 그들이 요구하는 변화에 제대로 대비하지 못했다. 과거 전투에서는 전장에서 지상으로 이동할 수 있는 능력은 경전차, 험비, 지프, 그리고 중장갑 전차와 '고급 장갑 전차'가 선도하는 군용 트럭들에 의해 아주 잘 지원되었다.

전장이 개방되어 있고 앞뒤 거리와 폭이 넓을 때는 그런 접근 방법이 통한다. 하지만, 싸움이 일어나는 지역이 일반인들이 손을 뻗어 골목길 전체를 가로막을 수 있을 정도로 건물들이 아주 가까이 있는 오래된 도시일 때, 그런 장비들이 주는 혜택은 기껏해야 제한적이다.

이와 더불어 기동성을 제공하던 험비와 지프의 경장갑은 급조폭발물과 도로변에 설치된 폭탄에 의해 파괴되도록 완벽한 표적을 제공했다.

:: 과거 전투에서 주요 자산이었던 경장갑 험비 ::

:: 급조폭발물(IED)로 인해 피해를 본 경장갑으로 무장된 험비 ::

:: 엔진으로 들어가서 기동을 방해하는 모래, 먼지, 미립자 먼지들 ::

헬리콥터와 전차는 공기를 압축해서 빨아들이는 원리로 작동되는 제트 엔진을 가지고 있다. 미세한 모래와 먼지가 많은 지역에서, 그런 엔진은 청소와 유지보수가 계속 필요했고, 이는 종종 공중지원을 받아야 하거나 전투에 참전하는 미군 부대를 지원해야 하는 전차부대의 능력을 방해했다. 이 지역의 모든 장비는 다른 작전 지역에 있을 경우를 대비해서, 해당 장비들의 전투력 발휘에 제한을 주는 데 대응하기 위해 맞춤 제작이 필수적이었다.

사이버전이라는 영역도 이와 같은 현실이 존재한다. 종종 방어팀은 '최고' 또는 '가장 발전된 해결책'을 가지고 있다고 말을 하지만, 그들은 여전히 피해를 보고 있다는 걸 알게 되었다. 업계에서 제공하는 가장 최고이면서 가장 발전된 사이버 보안 솔루션에 수십억 달러를 지출했지만, 방자(防者)는 여전히 실패를 겪고 있고, 인프라 역시 여전히 피해를 받고 있다. 방자(防者)는 가장 강력한 고급 솔루션을 추구하고 있지만, 이에 대항하는 적들은 잘못된 패스워드를 가진 사용자나 패치되지 않은 애플리케이션만 있으면 전체 방어 진지를 뚫을 수 있다.

제대로 된 정보가 제공되지 않을 수도 있다

이라크전에서는 정보도 연합군이나 미군이 준비했던 것과는 상당 부분이 달랐다. 베트남전을 포함한 과거 전투의 대부분은 적 규모가 상당히 컸었고, 정보를 수집하고 분석하는 사람들이 적의 조치들을 해독하고 그에 따른 계획을 세울 수 있을 만큼 정치적 동기가 충분히 일치했었다. 이라크군과의 걸프전 초기에도 정보기관은 수십만 명의 이라크군 병사와 대규모 전차부대로 구성된 잘 조직된 적 부대를 감시하고 대응하도록 잘 구성되어 있었다. 정보기관에서 미군을 위해 운용하던 위성의 탐지 범위와 의사 결정 지원을 위한 대형 결심지원도표는 느리게 전진하거나 후퇴하는 적들의 템포에 맞출 수 있었다. 소부대를 요격하고 엄호하기 위해서도 동일 수준의 정보 능력이 필요하게 되었고, 정치적으로 서로 다른 수백 개의 위협집단, 더 은밀한 통신수단, 그리고 무수히 많고 새로운 공격 수단이 등장하면서 이런 모든 상황이 미국과 연합군의 정보 활동을 혼란스럽게 할 뿐만 아니라 임무 수행에도 악영향을 끼쳤다.

그런 위협들과 싸우기 위해서는 전술에 필요한 장기적 분석과 반격을 꾀할 만한 시간적 여유가 없었다. 종종 어떤 행동이나 잠재적 공격 징후가 발견되었을 때도 이미 일어났거나, 자신에게 닥친 상황을 알아챈 반란군들의 계획은 수시로 바뀌었다. 나라 전체가 정치적으로 수백 개의 개별적인 단체들로 나누어져 있었기 때문에, 정보를 활용해서 광범위한 대중들에게 영향을 미칠 수 있는 수단이 없었다. 이런 전쟁터에서는 모든 전화기와 PC방의 모든 사용자가 잠재적 공격팀의 일원이었기 때문에 특별히 군사 관련 정보를 수집할 수 있는 대규모 기반시설이 없었다. 모든 것을 수집, 분석, 해독 및 활용해야만 정보 작전에 대한 이점을 얻을 수 있었다.

제2차 세계대전 이후 반세기 동안 기술적 수단을 통한 통신 능력은 크게 향상되었지만, 지상의 지휘관들은 종종 수천 마일 떨어져 있는 지휘관들에게 작전 승인을 요청한 이후 적과 교전해야 하는 것이 현실이었다. 한편, 저항군들은 현장에 있거나 근처에 있는 지휘관들에게 도움을 요청할 수 있었는데, 이는 곧 저항군들이 미군이나 연합군보다 더 빠르고 지휘 · 통제에 더 적극적이었음을 뜻한다. 저항군들의 반격은 거의 실시간으로 지상군 조치에 대응하고 병력 운용계획과 위치를 조정할 수 있었지만, 미군과 연합군은 종종 같은 방식으로 대응할 수 있는 능력이 제한되었다.

이런 것이 사이버 보안과 사이버전에 어떤 관련이 있는지 다시 한번 찾아볼 수 있다. 미 국방부와 민간기관들은 해커들과 적대국에 더 잘 대응하기 위한 핵심적인 정보를 찾으려고 계속 노력했다. 하지만, 상대는 이런 것을 알고 있었으며 그러한 조치를 뒤집기 위해 끊임없이 뭔가를 한다. 가짜 공격, 가짜 도메인, 도난당한 공격 도구, 그리고 다양한 다른 전술은 사이버 공간에서의 정보 수집과 운용을 방해해 왔다. 사용되는 기기와 계정의 확대로 인해 현존하는 네트워크에 데이터가 폭발적으로 늘어났고, 따라서 정보에 기초한 사이버 조치에 유용한 데이터를 찾는 것은 훨씬 더 어려워졌다.

너무 많이 하려고 해도 문제다

이라크전에서 지휘부와 현장 군인들에게 있었던 또 다른 혼란스러운 문제는 승리를 위해 필요한 대규모 프로젝트들이 무질서하게 진행되고 있었다는 것이다. 집권 바트당의 부패와 국가 기반시설에 대한 잘못된 관리와 함께 수십 년간 진행된 제재와 제한 조치로 인해서, 기본적으로 국민에게 필요한 모든 것들이 근본부터 혼란 그 자체였고 심지어 어떤 것은 존재하지도 않았다.

도로의 경우 대부분 이용할 수 있었지만, 그 외에는 국가 기반시설이 비참할 정도로 방치 상태에 있었다. 수천 명에 달하는 민간인을 위한 신뢰할 만한 식량 공급, 필요한 물, 전기, 병참 지원 등이 없었다. 제재와 침공 과정에서 은행 시스템이 무너졌고, 침략으로 인해 집권당이 축출되면서 정치적 안정성은 유동적인 상태에 빠졌다. 나라 전체가 완전히 붕괴 직전이었다.

그렇게 해결해야 할 것들이 많았기 때문에 미군과 연합군은 모든 것을 한꺼번에 조치하려고 노력해야 하는 상황이었다. 그렇다. 나라를 다시 일으키기 위한 능력을 키워 나가는 과정에서 각 단계 단계마다 분명히 더 긴급한 문제들이 있었지만, 미 육군이나 다른 많은 국가와 함께 구성된 연합군이라 해도 해결해야 할 문제들이 너무 큰 규모였다.

복잡하게 얽혀 있는 유동성이 많은 국가의 모든 문제를 한꺼번에 해결하려는 접근 방법은 수렁으로 빠지고 있는 상황을 더욱 악화시켰고, 점점 더 장기간 지연되었으며 각각의 업무들은 따로따로 처리되었다. 이런 이유로 그들과 했던 약속과 프로젝트가 몇 년 동안, 그리고 어떤 경우에는 몇십 년 동안 계속 지연되었다.

이렇게 각각의 프로젝트들이 지연되는 현상은 이라크 국민에게 더욱 좌절감을 안겨 주었을 뿐만 아니라 해당 지역에서 폭력사태가 계속 늘어 가는 데 영향을 끼쳤다.

사이버전과 사이버 방어 작전에서도 이와 유사한 관계를 찾아볼 수 있다. 대규모 조직의 방어 계획과 작전의 중점 대부분은 **'지금 당장 모든 것을 해결해야 한다.'**라는 접근 방법을 적용하고 있다. 긴급성이 필요한 것은 분명하지만, 동시에 너무 많은 프로젝트를 진행한 것은 잘못된 조치였다. 그렇게 진행하면, 인프라 중의 일부만 완전한 보안 상태에 도달할 뿐이며, 종종 방어 계획과 실행을 방해만 할 뿐이다. 효과를 얻으려면, 다른 프로젝트가 착수되기 전에 한 프로젝트를 완료해야 했었으며, 아니면 최소한 프로젝트와 계획이 하나의 프로젝트가 다른 프로젝트를 업고 진행하는 방식인 **'피기백 방식'**[147]으로 진행되어야만 연속적으로 수행될 수 있다. 90%의 여러 요소 기술을 실전에 배치해서 운용한다는 것은 조직의 10%가 여전히 위협을 받고 있다는 것을 의미한다. 프로젝트를 완료했다고 간주하는 것보다 완료했었어야 했다.

큰 방호벽은 오히려 큰 문제가 될 수도 있다

이라크 전역에서 분쟁의 마지막에는 민간의 도시 인프라 자체를 전장으로 활용하기 시작하는 양상을 보였는데, 이는 미군과 연합군을 혼란스럽게 만들었고 저항군들에게는 미군과 연합군에게 계속 피해를 입히는 데 도움을 주었다. 과거의 전쟁에서는 민간인들이 전투가 일어나는 지역을 비웠거나 적어도 교전 지역에서 멀리 떨어진 지역으로 밀려난 경우가 많았다. 과거에는 상황이

147 피기백 방식(Piggyback System): 화물을 적재한 트럭이나 트레일러를 그대로 열차의 평상차에 싣고 수송하는 방식. 사업을 진행할 때도 하나의 사업이 다른 사업을 업고 진행한다는 의미이다.

느리게 진행되었기 때문에 종종 그런 현상이 발생했으며, 일반적으로 민간인들이 자신의 안전을 위해 그 지역을 반드시 떠나야 할 만큼 실제 전투가 충분히 치열하게 일어났다. 그러나 이라크전에서는 그렇지 않았다.

미군과 연합군이 너무 빨리 침공해 이라크군을 너무 일찍 해산시켰기 때문에 말 그대로 며칠 만에 실업자가 된 이라크 군인들이 미군 침략자들을 공격하기 위해 외부의 저항세력과 협력하면서 교전이 시작되었다. 저항세력들은 침략자들이 작전 지역을 확보하기 위해서 집집마다, 거리마다 수색할 준비가 덜 되었다는 것을 알고 있었다. 저항세력은 이라크 도시의 중심지역 안에서 대기하다가 서서히 도시 전체를 장악하면서 민간 지역을 확대해 나가고 지역 내 지도자들을 살해하거나 위협했다.

이렇게 저항군은 도시 중심지역 속으로 '깊숙이 파고 들어감'으로써 미군과 연합군의 공격을 무력화시킬 수 있었다. 미국이 이런 상황을 깨닫고 저항군들이 계속해서 측방으로 기동하는 것을 막고, 도시의 거리와 집으로 구성된 네트워크를 통해 확산되는 것을 멈추게 하는 데 더 많은 시간이 걸릴수록, 그들은 점점 더 깊숙이 파고 들어갔다.

미국은 처음에 제2차 세계대전 당시 독일 전역에서 효과적이었던 것처럼, 위협이 되는 지역을 높게 막아 봉쇄하면 폭동의 확산을 막을 수 있을 거라고 생각했지만, 그런 조치는 저항세력이 있는 지역의 방어 능력을 오히려 높여 주었고, 저항세력들이 미군을 측방으로 공격하기 위한 새로운 방법을 찾아낼 수 있도록 시간만 벌어 줄 뿐이었다.

그런 방어벽들은 또한 일반 무고한 민간인들을 더욱 고립시키고 좌절시켜 저항군들에게 도움을 주기도 했는데, 주민들이 집에서 하룻밤 지내고 다음

날 아침에 일어나 보면 콘크리트 장벽으로 이웃들과 격리되어 버린 경우도 많았다.

한때 도시의 거리였던 곳을 높은 방어벽으로 고립시키고 '보안 통제'를 위한 통제소를 증가시켰던 조치는 일상생활에 방해가 되고 혼란스러운 것으로 받아들여졌으며, 더 많은 민간인이 미군에 대항하여 전쟁에 참전하도록 만들었다. 게다가, 출입 금지 구역 안에 갇혀 버린 무고한 민간인들은 살인지대 안에 갇

:: 이라크 자유 작전에 참전했던 저자(2003년 4월) ::

:: 2003년 5월, "임무 완수"를 선언하는 조지 HW 부시 미국 대통령. 그러나 이라크에서의 전쟁은 10년 이상 계속되었다. ::

혀 버린 꼴이 되었다.

과거 방식인 방화벽 기반으로 인프라를 크게 나누는 것이 전형적인 세분화 방법이다. 해커들이 가장 큰 승리로 간주하는 것은 시스템에 접근만 하는 것이 아니라 네트워크에 더 깊이 들어가 장차 운영할 환경을 마음대로 설정할 수 있는 영역을 찾았을 때이다. 그들의 목표는 장기적인 접근과 교차 영역을 마음대로 옮겨 다닐 수 있는 능력을 확보하는 데 있다.

이렇게 인프라를 크게 나누어서 운용하는 것이 올바른 세분화처럼 보일 수 있지만, 이는 더 많은 요구사항 중의 일부였을 뿐이다. 호스트에 기초한 세분화, 접근 통제의 세분화, 측방으로의 이동 가능성 제거 등이 해커들의 위협을 최소화하는 방법이다.

완수되지 않은 임무

2016년, 미군과 연합군이 이라크 전역에서의 전투를 대략이긴 하지만 어느 정도 줄여 놓고 나서야 미군과 연합군의 손실은 현저하게 감소하기 시작했다. 이라크 지역에서의 주도권은 여전히 저항군의 손에 남아 있었다. 왜냐하면, 저항군들은 자신들을 방해할 어떤 규칙도 적용할 필요 없이 작전할 수 있었기 때문이다. 반면, 미군과 연합군은 저항군을 완전히 제압하거나 격퇴할 만큼 충분히 적응하거나 역동적이지 못했다.

여기에 나온 전체 시나리오는 우리가 사이버 공간에서 계속 마주치고 있는 문제에도 같이 적용될 수 있다. 상대방은 주도권을 가진 위치에 있으며, 마음대로 활동할 수 있는 권한과 능력을 보유하고 있다. 사이버 보안에서 '저항군'은 방자(防者)와 마음먹은 대로 교전하고, 방자(防者)의 대비에서 벗어나는 전술을 사용한다. 사이버 공간에서 저항군들은 네트워크와 인프라에 있는 시스템을 더 깊이 파고들어 이러한 도구들이 제공하는 통제권을 우회하기 위해서 강점으로 생각되는 것들을 모두 활용한다. 이라크전에서의 저항군들과 마찬가지로, 이 디지털 공간의 저항군들도 그들이 언제 어디서 교전을 할 것인지를 지시할 수 있는 주도권과 능력을 보유하고 있다는 것을 잘 알고 있다.

사이버 보안에서 방자(防者)는 일반적으로 완벽함을 추구하거나 매우 높은 수준의 신뢰성을 추구하며 적에게 전술적으로 대응하려고 시도하고 반응하지만, 저항군은 그보다 약 2수 앞을 내다보고 있었다. 이 디지털 전쟁이 벌어지는 사이버 공간에서 '저항군'과 해커들은 교전규칙에 대해서 잘 알고 있다. 그들은 어떤 규칙이나 제한 없이 작전할 수 있는 능력 덕분에 나날이 발전한다. 사이버 공간에 있는 저항군들은 악의적 목적을 위해 의도적으로 지휘 · 통제 인프라를 조작하고 바꿔 버린다. 해커와 적대 국가는 규정에 얽매이지 않으며 예산이나 업무용 애플리케이션 운영에도 지장받지 않는다.

저항군들을 '통제 가능한' 영역 안으로 차단하기 위해서 취했던 미군과 연합군들의 대응을 보면, 네트워크나 디지털 인프라가 세분화된 것을 떠올리게 된다. 이라크 전역의 경우, 미 육군은 위협을 막기 위해 말 그대로 전체 이웃 주민들을 대상으로 거대한 방벽을 쌓았다. 이는 네트워크 엔지니어가 디지털 위협을 억제하기 위해 네트워크를 나누면서 방화벽으로 차단하는 것과 매우 유사하다. 그리고 사실, 이런 방법은 기본적으로 군의 전략이 그랬던 것처럼 실패한다.

이라크전에서 저항군은 자신들을 위해 방벽 통과에 필요한 서류를 만들어 주는 사람을 비밀리에 운영하거나, 어떤 경우에는 어둠을 이용해서 막아 놓은 건물을 그냥 넘어갈 수 있다는 것을 아주 금방 알게 되었다. 세분화가 제공하던 이점은 양쪽 모두에게서 제거되었다. 디지털 공간에서 적들이 측방으로 이동할 수 있다면 조직 전체를 더욱 감염시킬 수 있다는 사실을 인식하는 순간(대부분 이를 위해 필요한 것은 관리자 패스워드나 네트워크 공유뿐임) 네트워크를 나누어 세분화했던 것이 제공하던 통제 능력은 무력화되어 버린다.

:: 이라크 전역에서 거리마다 작전 영역을 나누기 위해 세웠던 "방벽"의 예 ::

이라크전에서 미국과 연합군을 괴롭혔던 정보와 사이버 보안 공급업체가 제공하는 정보를 비교해 보면 같은 문제가 떠오른다. 이라크전에서는 전투에 위협이 되는 것에 대해 단호하게 조치하기 위해 신속한 결정이 필요했다. 종종 고전적 정보에서는 위협 정보라고 하는 것을 필요로 하고, 공유하는 다수의 전력과 결합함으로써 정보 처리에 더 많은 시간이 필요하게 만들었다. 이로 인해 최악의 경우 또는 이따금씩 작전상 피해가 발생하기도 했다.

디지털 공간에서는 위협 정보가 어떻게 도움이 될 수 있는지를 고려해 봐도 이런 현상이 나타난다. 그러나 디지털 공간의 속도와 역동적인 공간의 복잡성이 업무 처리와 작전 요구사항과 얽히게 되면, 상황이 매우 빠르게 혼란스러워진다. 또한, 디지털 또는 사이버 공간에서 인프라를 대상으로 분석과 가시성에 도움을 주는 도구인 **SIEM**[148] 솔루션은 '하나로 통합되었다'라고 홍보하고 있지만, 일반적으로는 요구에 부응하지 못했다.

숨겨진 사각지대가 많고 명확한 기준이 없는 전장에서 어떤 도구로 비정상적인 현상이 발생한 것을 제대로 알 수 있을까? 감시와 분석을 통해서 위협 정보와 데이터 지점이 합쳐지긴 했지만 '정상적인' 것이 어떤 모습인지 제대로 알 방법이 없었던 이라크전 때와 마찬가지로 사이버 공간에서도 필요한 조치에 대한 예측 가능성은 현저히 낮았다.

이라크전에서 의사결정권자들에게 영향을 미치고 어떤 분야에서 진전을 이루고 적을 제압하는 데 심각한 어려움을 주었던 문제들을 지적하는 것은 사이버 공간에서도 유사한 형태의 문제들과 관련 있을 수 있다. 종종 사이버 보안에서 조직의 방어를 담당하거나 임무를 맡은 사이버 분야의 리더들은 인프라의 변화를 만들어낼 수 있는 권한에 한계가 있다.

사이버 공간에서 처음으로 **최고 정보보안 책임자**(CISO)가 많은 조직에서 '핵심적'리더로 널리 인식된 것은 지금(저자가 원고를 쓴 2020년 전반기로 추정)으로부터 약 18개월 전부터였다. 오늘날 다수의 최고 정보보안 책임자(CISO)들은 수직적 지휘체계의 일부로 **최고 정보 책임자**(CIO) 또는 다른 임원에게 지휘체계로 보고한다.

많은 경우에, 최고 정보보안 책임자(CISO)가 보고했던 사람들이 사이버전 작전이나 기술에 대한 지식이 거의 없고, '현장에서의 조치'와 동떨어진 생각을

148 SIEM(Security Information and Event Management): 보안 정보와 이벤트 관리. 다양한 장비로부터 보안 로그와 이벤트 정보를 수집한 후 정보들 간의 연관성을 분석해서 위협 상황을 인지하고, 침해사고에 신속하게 대응하는 보안관제 솔루션.

하고 있을 때 문제가 될 수 있다. 이라크전 때와 마찬가지로 사이버 공간에서 적과 위협에 대처하는 데 통찰력과 친숙함이 부족했기 때문에 영향력을 제대로 미치게 하려면 지휘 권한이 필요하다. 이렇게 오래된 방법론과 지휘구조에 익숙한 조직은 혼란과 모든 전쟁 영역, 특히 디지털 영역에서 승리하는 데 매우 중요한 요소인 결정력의 부족을 초래하게 된다.

이라크전에서 헬리콥터, 탱크, 험비, 지프 같은 장비에 결함이 있었던 것처럼 우리가 사이버 공간에서 운용하는 자산에도 고유한 결함이 있다. 사이버 공간에서 기업은 수익을 창출하고 고객들과의 인터페이스 역할을 하기 위해 애플리케이션에 의존한다. 또한, 이와 같은 애플리케이션은 안전한 상태를 유지하기 위해 정기적으로 패치를 적용하고 보안 코드 개발 절차에 의존하고 있다. 종종 업무 처리 속도가 너무 빠르거나 애플리케이션 운용 시간이 필요해서 '패치할 수 없는' 상태가 되거나, 어떤 경우에는 수십 년 동안 필요한 패치나 업데이트 없이 사용하는 상황도 생긴다.

이러한 애플리케이션을 사용하는 기기에는 내장된 결함, 설치된 백도어, 논리 프로그래밍 오류, 과도한 네트워크 기능 및 보안 상태를 방해하는 초기 설정값으로 된 인증서 등이 있다. 그런 방해 요소들은 미국과 동맹국들에 공개적으로 적대적이거나 적어도 집단 이익을 목표로 하는 비밀 프로그램을 운용하는 나라에서 만들어진다. 개발자와 코딩을 하는 사람은 이러한 애플리케이션과 기기에도 위협이 된다.

애플리케이션과 기기 개발인력들 대다수가 저임금으로 일을 하고 있으며, 범죄 조직이나 평판이 좋지 않은 단체들이 이를 주목하고 있다. 이러한 응용 프로그램이나 기기에 백도어 및 결함을 집어넣으려면 저임금 개발인력이 필요한 것이다. 그들에게 적당히 돈을 주면, 백도어가 만들어지게 하고 시스템 깊숙이 하드 코딩된 결함을 만들어 넣을 수도 있기 때문이다. 심지어 사용자의 특성도 이러한 자산에 문제가 될 수 있다.

기업과 정부의 IT 환경이 개인휴대기기로 일하는 접근 방법으로 옮겨 가고 있다. 그러나 이러한 접근 방법이 확산되고 더 많은 사용자가 더 많은 기기를 보유하게 되면서 잘못된 보안 관리, 패스워드 그리고 종종 의심스러운 온라인 상호 작용을 통해 위협이 발생할 가능성이 기하급수적으로 증가하고 있다.

또한, 네트워크에 적용하던 표준 보안 관행들은 이라크전에서의 작전 실패와 비교할 때 흥미로운 결과를 보여 준다. 이라크전에서 미 육군은 도시와 인근 지역의 물리적 분할을 통해서 잠재적 위협이 더 큰 지역을 고립시키고 통제하려고 했다. 이런 방법이 과거 전쟁에서는 사망을 줄이면서 민간인 간의 교류를 제한하고 고립시키는 데는 도움이 되었지만, 이라크에서는 오히려 민중을 소외시키고 더 많은 저항군을 만들어 냈다.

사이버 공간에서, 단순히 노후화된 방화벽 규칙을 적용하고 특정 지점에서 트래픽을 광범위하게 제한한다면, 네트워크는 데이터를 주고받는 데 덜 최적인 수단이 되어 버린다. 점점 더 많은 방화벽 규칙이 계속 만들어지며, 상황에 따라 수백만 개의 새로운 규칙들이 네트워크에 쌓여서 트래픽을 방해하고 보안에 대한 분석과 대응까지도 제한하게 된다. '최선의 관행'이라는 뒤처진 생각으로 일부 주어진 환경만 방화벽으로 차단하면, 네트워크는 이전보다 훨씬 취약해질 수 있다.

이런 문제와 관련 있는 것 중 하나가 사용자 집단에 대한 보안 도구의 일괄

적용이다. 종종 데이터 손실 방지[149], 패스워드 관리, 암호화 및 기타 보안 솔루션과 같은 보안 도구는 사용자에게 부정적인 영향을 미친다. 사용자가 이러한 도구의 제한 조치에 부정적인 경험이 있다면 즉시 이를 회피하려고 시도할 것이다. 이는 보안 통제의 이점을 부정하고, 보안환경의 전반적인 대비 태세를 하향시키는 결과를 낳는다. 즉, 사용자, 네트워크, 기기 및 사이버 공간에 있는 다양한 자산에 매우 제한적인 보안 도구를 광범위하게 적용하는 것은 오히려 보안에 있어서 문제를 만들 수 있다.

이라크전을 지지하거나 반대하는 정치적 논점은 차치하고, 여기에서 논의하고자 하는 요점은 과거의 전략이 그 당시 전투에서는 효과적이었을지 모르지만, 심지어 제2차 세계대전의 경우에나 대규모로 효과적이었을지 모르지만, 새로운 전장과 적의 새로운 전술로 인한 요구사항에 제대로 대비하지 않으면 전략에서의 승리는 얻을 수 없다는 것을 보여 준다.

과거에는 당시 전략을 매우 효과적으로 만들었던 모든 것들이 이라크전이라는 새로운 전쟁터와 전혀 다른 적들과 함께 새로운 전쟁터에 적용되었을 때, 같은 전략이라 하더라도 실패하게 된다. 이렇게 시대에 뒤떨어진 접근 방법은 '표준' 교전규칙을 전혀 따르지 않거나 심지어 교전규칙 자체를 인정하지 않는 저항군들의 행동과 결합되어 미국과 연합군에게 아주 심각한 문제를 만들어서 진정한 승리를 거둘 수가 없었다. 통신부터 물류, 정보작전, 지휘 · 통제, 심지어 전쟁에서 승리하기 위해 지휘관들이 운용했던 자산까지 모든 것이 전장의 복잡성으로 인해 전략적으로 실현될 수 없었던 것이다.

149 데이터 손실 방지: DLP(Data Loss Prevention).

방자(防者)들이 시대에 뒤떨어지고 위협이 되는 공간의 현실을 제대로 다루지 않았던 실패한 전략적 접근을 계속 적용한다면, 디지털 전장의 고지는 적의 통제 아래로 확실하게 넘어갈 것이다.

사이버 공간에서 효과적인 전략은 어떻게 보일까?

현재 연방 및 상업용 인프라를 지원 중인 대부분의 인프라가 실패했던 **방어선에 기초한 보안모델**로 구축되어 있다는 것을 깨달은 후, 새로운 위협과 시대가 도래함에 따라 업계는 새로운 사이버 전략을 향해 나아가게 되었다. 새로운 전략을 채택한다는 것은 새로운 위협에 대한 보다 나은 대응을 가능하게 하고, 취약점을 감소시키며, 적을 저지하고, 가장 현실적으로 달성할 수 있는 것에 초점을 맞춰 시스템을 보호하는 것과 같은 의미다. 더 나은 사이버 공간 확보라는 희망을 실현하려면 이 새로운 전략이 연방 정부와 민간 부문에 걸쳐 기술적 진보와 관리 및 행정적 변화를 요구할 것이라는 근본적인 깨달음이 있어야 한다. 같은 일을 반복하면서 다른 결과를 기대할 수는 없다.

전략 개념의 변경

변화를 꾀하는 지도자들은 또한 사이버 공간에서 더 큰 전략적 문제를 해결하기 위해서 순수한 기술 관료적 접근으로는 향후 10년 및 그 이후에 우리가 직면하게 될 새로운 문제의 본질을 다루기에 충분하지 않다는 것을 인식해야 한다. 리더는 단순히 '규정 준수 여부만 확인'하는 데 초점을 두어서는 안 되며, 그렇게 했다고 해서 실제 보안 수준을 달성했다고 생각할 수는 없다. 이렇게 규정 준수에 의한 전략이 효과가 있었다면 카드 결제 산업 PCI[150] 관련 침해나 HIPAA[151](의료 규정 준수 표준) 관련 침해는 한 번도 발생하지 않았을 것이다. 왜냐하면, 이러한 규정 준수 의무는 10년 이상 시행되어 왔기 때문이다.

모든 위협으로부터 정보와 시스템을 보호하고 침해나 공격이 전혀 없는 제로섬 결과를 기대하는 것은 헛된 생각이다. 이렇게 기능이 작동하려면 조직은 모든 비트와 바이트에 대해 항상 완벽해야 하며, 시스템에 단 하나의 결함도 없어야 한다. 이는 불가능하다. 대신 지능적으로 접근하는 방법은 정보시스템 운영자, 기술과 운영 또는 비즈니스 자산과 같은 기능적 인프라 구성요소에서 발생한 문제를 해결하는 여러 가지 교차 보호 솔루션을 활용하는 것이다.

단일 시스템이 결코 **'해킹 불가능하지 않다'**는 것은 사실이며, 그 시스템에 접근하는 모든 상호 연결된 시스템이 안전하지 않으면 어떤 시스템도 안전할 수 없다는 것 또한 사실이다. 따라서 조직이 효과적으로 작동하려면 서로 중첩되는 보호 솔루션을 함께 사용해야 한다. 그렇게 함으로써 개별적으로 보호하는 접근 방법의 실패 또는 회피로 인해 전체 인프라가 손상되지는 않는다.

사이버 공간에서의 올바른 전략적 접근 방식은 위협에 가장 잘 대처하기 위해서 조직이 심혈을 기울이고, 기술생태계 내부 교차지점에서 위협 대응을 위해 제대로 된 기술적 조정 과정이 있어야 한다는 것을 인식하는 것이다.

150 PCI(Payment Card Industry): 결제 카드 산업.

151 HIPAA(Health Insurance Portability and Accountability Act): 미 건강보험 양도 및 책임에 관한 법률.

이는 사용자가 사용할 수 있는 기기와 시스템을 제어하고, 가능한 한 데이터를 보호하며, 클라우드의 성능을 최대한 자주 활용하는 전략적 접근 방식을 적용함으로써 제대로 수행된다. 또한, 이 전략의 핵심 사항은 다른 방법으로 증명될 때까지 손상된 모든 네트워크, 장치, 사용자, 계정, 접근 또는 기타 관련 항목을 고려하는 것이다. 항상 모든 것이 위협이다. 기본적으로 어떤 것도 실행을 허용해서는 안 되며, 모든 접근은 실행하기 전에 유효하단 것이 명시적으로 입증되어야 한다.

마지막으로, 이 전략이 효과적이려면 의사결정권이 있는 사람은 네트워크가 항상 싸우고 있는 공간임을 깨달아야 한다. 네트워크는 전투가 벌어지는 곳이자 가장 역동적이며 위협이 항상 존재하는 영역이다. '네트워크'가 클라우드 기반인지, 또는 직접 설치한 것인지는 그렇게 중요하지 않다.

이 접근 방법이 효과적이려면, 시스템 운영 상황에 대한 통찰력을 얻기 위해서 네트워크의 일부인 핵심통제지점에 제공 가능한 통제를 활용하는 데 초점을 둬야 한다. 하지만 이런 핵심통제지점은 항상 취약할 것이다.

현재 이런 전략적 접근 방법에 대한 많은 용어가 있긴 하지만, 이 책의 목적상 우리는 이 전략을 **에지 및 엔티티 보안**(Edge & Entity Security, **이하 EES**)이라고 부를 것이다.

전략적으로 '최말단(=Edge)'을 방어

사이버 보안 분야에서 리더와 경영진 대부분이 잊어버리거나 적어도 인식하지 못하는 경향이 있는 것은 모두가 시스템을 더 잘 보호하기 위해 노력하는 과정에서 '앞서가는 자'를 따른다는 것이다. 그렇게 앞서가는 기관에는 사이버 보안 분야에서 흔히 〈연방 정부〉라고 불리는, 즉 미 국방성이 있다. 그 이유는 미 국방부가 사이버 공간, 특히 사이버전에서 어떤 위협이 일어나고 있는지에 대한 명확한 설명을 제공함과 동시에 '시장으로 가는 첫 관문'이기 때문이다. 사이버 위협에 능동적으로 대응하기 위해 가장 노력을 많이 기울인 유일한 곳은 바로 미 국방부였다. 따라서 EES와 일치하는 미 국방부의 전략적 원칙을 활용하는 것이 가장 타당성 있는 조치다.

이 전략을 위한 국방부 지침을 정리한 주요 문서는 NIST 800-207이며, 다른 명칭으로는 **'제로 트러스트 아키텍처'**[152]라고 한다. 여기서 NIST는 국립표준기술연구소를 말하며, 미 상무부의 비규제 기관이다. 그리고 NIST에는 정보기술연구소(ITL)[153]가 있다.

국립표준기술연구소 웹사이트에 의하면, '정보기술연구소는 정보기술의 개발과 생산적 사용을 촉진하기 위해 테스트, 테스트 방법, 참조 데이터, 개념을 증명하기 위한 구현과 기술 분석을 개발하는 역할을 한다. 정보기술연구소는 연방 정보시스템의 국가보안 관련 정보 이외의 데이터의 비용 대비 효율적인 보안 및 개인 정보 보호를 위한 관리, 행정, 기술 및 물리적 표준과 지침의 개발에 대한 책임을 지며, 특별 출판물인 800시리즈를 통해 정보시스템 보안에 관한 정보기술연구소의 연구와 지침, 그리고 외부 기관과의 노력과 업체·

152 제로 트러스트 아키텍처(Zero Trust Architecture): 정상임을 인증받고 지속 검증되기 전에는 기업 네트워크 내외부의 어떤 사람 또는 기기에도 접속 권한을 부여하지 않는 네트워크 보안모델.

153 정보기술연구소(ITL): Information Technology Laboratory.

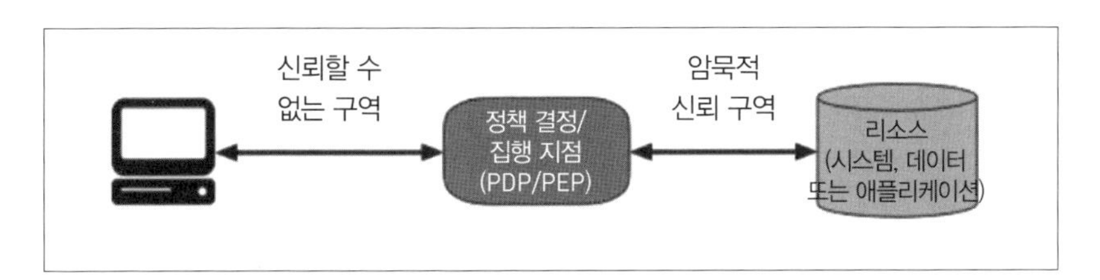

:: NIST 800-207의 액세스 모델 샘플 ::

정부 · 학술 기관과의 협업 활동에 대해 보고하고 있다.'라고 밝히고 있다.

서로 다른 국방부의 각 기관이 앞에서 언급한 ESS, 즉 제로 트러스트 아키텍처를 가능하게 만드는 전략적 접근 방법을 조정하는 데 필요한 공식문서 800-207에 대해 가장 직접적인 책임이 있는 기관은 정보기술연구소이다.

이미 방어할 수 없는 것으로 증명된 어떤 방어선 또는 대규모로 구성된 네트워크 방어가 EES 전략의 핵심이 아니다. EES는 보안을 위해서 '엔티티**(Entities)**'와 이들이 인프라의 **'에지(Edge)'**에 어떻게 접근하거나 접촉하는지에 중점을 두어야 한다고 규정하고 있다. 이 개념에 대해서는 먼저 이해를 하고 넘어가야 할 매우 구체적인 사항이 있다.

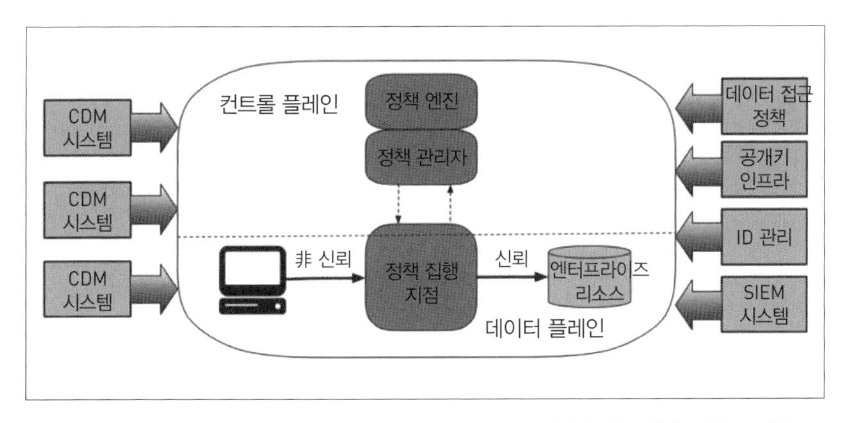

:: NIST 800-207에서 설명하는 핵심 구성요소 샘플 ::

'엔티티(Entities)'가 무엇인지에 대한 구체적인 설명이 필요할 때, 아주 간단한 방법이 있다. 중요한 데이터에 접근할 수 있는 모든 사용자, 기기, 애플리케이션 또는 자산을 '엔티티'로 간주하고, 이에 대한 세부적인 보안 통제가 적용되어야 한다고 설명할 수 있다.

'에지(Edge)'는 '방어선(Parameter)'과는 다르다. 방어선은 본질적으로 네트워크를 멀리서부터 인프라를 경계하고 적을 막아 주는 방어를 위한 '벽'이 있는 개념이라고 기술하는 반면, **'에지(Edge)'**는 인프라의 말단에서부터 모든 구성 요소가 중요한 데이터에 대한 접근 권한을 얻기 위해 같이 움직이고 돌아다니기 때문에 매체와 구조적으로 결합되어 있는 통제가 필요하다고 기술하고 있다.

EES 전략의 일환으로, 향후 인프라를 이전하는 것과 관련 있는 사람들은 일반적인 인프라가 점점 더 복잡해지고 실질적인 방어벽을 보유하고 있지 않기 때문에 보안 전략이 네트워크 방어선을 단독 방어하고 있다는 점을 인정하는 것이 가장 중요하다. 현재 사용 중인 시스템은 각각 고유한 로컬 인프라, 사용자 기반, 데이터 저장소 및 클라우드 서비스를 갖춘 수백 개 이상의 네트워크 및 하위 네트워크를 운영할 가능성이 크다. 오늘날의 인프라에는 복잡성이 만연하기 때문에 조직에는 하나의 방어선만 있는 것이 아니다.

오늘날 시스템 작동 방식의 특성과 시스템 · 사용자의 '일하는 수단'에 가장 핵심적인 요소를 확보하기 위한 서로 다른 접근 방법이 전체 전략의 일부가 된다.

종종 사이버전에서 전략의 실행을 고려할 때, 사용자들과 리더는 '우리가 가장 중점을 두어야 할 한 가지는 무엇인가?'라는 질문을 던진다. 이 질문이 타당하긴 하지만, 다시 생각해 보면 '우리가 어떻게 가장 먼저 실패하는가?'라는 질문이 더 적절할 것이다. 다시 말해, EES와 같은 새로운 전략 계획에 참여하게 될 때, 책임자는 먼저 뭔가를 완료하기 위해 단 1개의 '무엇'을 제안해서는 안 된다. 대신, 그들은 공격을 받았을 때가 아니라 조직에 가장 큰 피해를 줄 수 있는 요소에 대한 보완을 먼저 목표로 삼아 새로운 전략을 시행할 기회를 찾아야 한다. 사이버 공격의 희생자가 되었을 때 조직에 가장 큰 피해를 주는 인프라 중에서 가장 중요한 지점은 어디인가? 자산, 항목, 데이터베이스 또는 그것이 무엇이든 간에 가장 먼저 다루어야 할 지점이 바로 거기다.

한 번에 하나씩 처리하라

EES에 중점을 둔 전략 계획에 참여하는 방법을 고려할 때 주의해야 할 또 다른 점은 전략에 참여하는 절차가 있다는 것이다. 그 전략은 모든 것을 동시에 해결하려고 시도하는 전략이 아니다. 이라크전에서 언급한 바와 같이, 모든 것을 동시에 해결하려는 전략이 전쟁에서는 제대로 작동하지 않으며, 연방 또는 민간 분야의 사이버와 관련된 어떤 전략적 시도에서도 권장하지 않는다.

EES를 위한 프로세스는 '전략 계획의 다른 부분이 착수되기 전에 각 조직의 보안이 온전하게 확보되고 사업적으로도 완료되어야 한다.'라고 요구한다. 이렇게 하면 같이 작업해야 할 부담이 제거되고, 한 번에 너무 많은 업무가 처리될 가능성을 줄일 수 있다. 이런 부분이 사이버전 공간에서 조직들이 핵심적으로 많은 실패를 보게 되는 지점이다. 다양한 연구에서 사이버 보안 프로젝트를 추진하면서 다른 조치를 하기 전에 특정 작업을 완료하지 않은 경우의 약 30%

가 영향을 받을 수 있다고 보고하고 있다.

실제로 수백만 개의 엔티티(Entities)와 동적 에지(Edge)를 포함하는 인프라의 여러 프로젝트 항목이 모두 병렬식으로 실행되면 중요한 항목이 제대로 완료되지 않아 결과적으로 침해 또는 악용될 수 있음을 쉽게 알 수 있다.

실제 전쟁과 마찬가지로, EES 전략의 핵심 요소는 전장에 대한 가시성을 확보하는 것이다. 이라크전을 괴롭혔던 문제들에 대해서 〈전투의 특성이 전략의 변화를 요구할 때〉라는 부분에서 언급한 바와 같이, 정보는 원격으로 측정한 데이터를 정보의 목적에 맞게 활용하는 자산의 수집 및 분석 능력만큼만 좋을 뿐이다. 재래식 전쟁에서 전장 가시성을 가장 잘 확보하는 방법은 고지대를 점령하거나 언덕 위에 있거나 전투 지역을 위성사진으로 촬영해서 보는 것이다.

사이버전에서 **'고지'**는 조직의 **'모든 것을 보는 것이 가능할 때'** 얻어진다. 모든 엔티티(Entities)와 에지(Edge)의 구성요소 및 인프라와의 상호 작용을 모두 볼 수 있을 때, 방자(防者)의 대응 능력 향상을 가능케 하는 유용한 데이터 포인트를 제공할 수 있다. 핵심은 제공되는 데이터와 분석이 일이나 결과를 가능하게 하는 것이다.

분석과 데이터가 아무리 혁신적이더라도 조직 내부의 문제 대응에 활용할 수 없다면 무용지물이다. 만약 위성이 제공한 고해상도 사진이 호송차가 IED 위를 달리는 것을 막을 수 없다면, 그 지역에 대한 위성 커버리지가 무슨 소용이 있겠는가? 정답은 없다. 정보 수집 장치가 제공하는 분석과 데이터가 실제로 존재하는 문제 해결에 사용되지 않는다면, 분석가와 방자(防者)의 업무량만 증가시킴으로써 말 그대로 문제를 더 힘들게만 할 뿐이다.

전략으로서의 EES는 분석과 데이터를 단순히 '분석하는 것'이 아니라 정보를 발전시키고 신속히 조치하기 위해 사용해야 한다. 전쟁에서는 분석과 데이터가 전투원에게 도움이 되지 않을 때 '분석이 마비되었다'라고 하는데, 이것은 EES가 원하는 상태가 아니다.

보다 최적으로 구성된 **EES 중심의 보안모델**을 구축할 때 하나의 버전을 고려해 보자. 이 경우 인프라의 실제 손상을 유발할 가능성이 가장 큰 엔티티, 즉 사용자에 초점을 맞춰 보겠다. 사용자 보호라는 어려운 문제를 해결하기 위해서는 다양한 단계와 중복 솔루션이 있어야 한다.

사용자가 네트워크 자산 또는 일부에 접근하려는 목적은 결국 해당 인프라 내의 일부 리소스를 활용하려고 하는 것이다. 애플리케이션, 데이터 또는 기타 자산일 수 있지만, 사용자가 '사용'을 위해 접근 권한을 요청할 게 분명하다. 따라서 사용자가 피해받지 않은 것으로 확인되고 인프라에 연결하려는 타당하고 정당한 이유가 있기 전까지는 위협으로 간주해야 한다.

이러한 방어 진지를 가능하게 만들기 위해 다양한 제어장치가 운용될 수 있다. 다중 요소 인증과 같은 기술을 사용해서 사용자가 누구인지 검증하고 대역 외 인증 요청을 설정해야 한다. 즉, 접근을 요청하는 사용자에게 요청된 자산에 대한 접근 권한을 부여하기 전에 자신이 누구인지 확인하기 위한 추가 단계를 활용하도록 요청하는 수단이다. 다중 요소 인증 도구는 사용자에게 원활한 접근 권한 요청을 지원하고 지나치게 복잡한 액세스 제어 문제를 제거하기 위해 구축된 전체 ID와 접근을 관리하는 IAM[154] 프로그램의 일부가 되어야 한다.

154 IAM(ID and Access Management): ID와 접근을 관리하는 시스템.

전략 활성화를 가능하게 하는 '오케스트레이션'

이런 접근 방법은 사용자의 접근 권한 요청을 통제할 때 도움이 되는 **오케스트레이션**[155]과 분석을 활용해야 한다. 오케스트레이션과 분석을 적용할 때, 사용자 기기는 패치 수준이 확인되어야 하고 보안 목적의 인프라에 의해 관리되어야 한다. 모니터링 소프트웨어의 활용은 기본적으로 사용자가 정보나 데이터에 접근하지 못하도록 차단하는 기존 데이터 손실 방지[156] 방식이 아니라 식별 및 접근관리[157] 제어에 기반하여 접근을 허용하고 사용자가 원하는 자산에 액세스하거나 활용할 때 사용자를 기록하고 추적하는 방식으로 이러한 EES 접근 방식을 적용할 수 있다.

분석 및 검증 절차는 EES 프로세스의 일부이며 파일 시스템의 권한 부분에도 적용해야 한다. 사용자에게 자산에 대한 접근 권한이 부여되기 전에 원격으로 평가하고 분석하는 절차를 활용해서 요청된 파일의 접근 수준과 유형에 대해서 실시간 결정을 내리고 이러한 매개 변수 중 하나가 정상적인 유효한 요청의 범위를 벗어날 경우를 대비해야 한다.

조직에서 EES를 활용하기 위한 이런 전략적 접근 방식의 가장 기본적인 원칙을 다음과 같이 간결하게 설명할 수 있다.

- 모든 데이터의 원본과 컴퓨팅 서비스는 보안을 확인해야 하는 엔티티

155 오케스트레이션(Orchestration): 컴퓨터 시스템과 소프트웨어의 자동화된 구성, 조율, 관리를 의미함.
156 DLP(Data Loss Prevention): 데이터 손실 방지.
157 IAM(Identity and Access Management): 식별 및 접근 관리.

(Entities)로 간주된다.

- 물리적 또는 가상 연결지점과 관계없이 모든 통신은 안전하다.
- 접근 권한은 단일 엔티티(Entities)에만 연결을 허용하고 사용 시간을 제한하여 연결한다.
- 기술 정책은 모든 엔티티(Entities)에 적용되어야 하며 시스템의 에지(Edge)에서 시행 가능해야 하고 트랜잭션의 유효성을 확인하는 데 활용되는 작업의 속성을 포함해야 한다.
- 모든 시스템은 항상 가능한 한 가장 안전한 상태로 유지되어야 하며, 인프라 및 모든 관련 엔티티(Entities)가 가능한 가장 안전한 상태로 유지되도록 모니터링 및 분석이 사용된다.
- 엔티티(Entities)에 대한 인증은 접근 권한이 부여되기 전에 동적으로 수행되며 엄격하게 적용되어야 한다.
- 인프라는 접근 제어, 분석, 위협 검색 및 평가, 측면 이동 제한, 접근 요청의 지속적인 유효성 확인 주기를 통해 운용된다.
- 네트워크는 싸우는 공간이며 계속 위협이 있는 영역으로 간주된다.
- 제어는 인프라 내의 통제된 공간으로부터 시스템의 에지(Edge)에 대한 연결 패브릭을 통해 외부로 확장되어야 하며, 조직의 모든 엔티티(Entities)에 적용되어야 한다.

전쟁에서 전략과 전술이 있는 것처럼 변화가 필수적이다. 더 효과적으로 방어하려면 리더와 영향력 있는 위치에 있는 사람들이 현재와 가까운 미래의 인프라 상태를 다루는 접근 방식에 적응해야 한다. 앞에서 언급한 바와 같이,

사이버 공간의 문제를 전략적으로 다루면, '에지(Edge)'와 '엔티티(Entities)'는 전체 인프라와 함께 더 잘 보호될 수 있다.

결론

이번 7장의 목적은 물리적인 공간에서의 전쟁이란 어떤 것이며 새로운 전쟁과 전술의 현실이 어떻게 전략의 변화를 요구하는지에 대한 요점을 규정하는 데 도움을 주는 것이었다. 다른 전략들의 실패나 이점을 통한 통찰력을 얻기 위해서는 분석 가능한 많은 다른 전쟁에 관한 참고 문헌들을 읽으며 역사를 공부해야 한다. 구체적인 전투와는 상관없이, 문제의 실체는 전쟁 자체가 끊임없이 변화하고 잠재적 실패의 요소들로 이루어져 있다는 것이다. 이라크전은 가장 최근의 사례 중 하나일 뿐이며 전투 환경에서 새로운 변화에 직면했을 때 예전에는 승리했던 전략이 어떻게 실패할 수 있는지를 보여 주는 데 가장 적합한 사례이기도 하다.

이번 7장 전체의 가장 중요한 목표는 사이버 공간에서 적과 교전하고 상호작용하는 방식을 전략적으로 바꾸기 위해서 대대적으로 접근 방식을 바꿀 필요가 있다는 것을 독자들이 이해하도록 돕는 것이다. 이 분야에서 우리의 총체적 전략을 수정하고 또 수정하는 것 이외의 다른 일은 해커들의 침해와 공격이 계속 성공하는 데 도움을 줄 뿐이다. 이 분야의 실무자와 리더가 장기적인 계획을 세우고, 각자의 기능을 발휘하는 데 필요한 현실에 기초하여 인프라를 확보하고 위협을 완화할 수 있는 분야에 초점을 맞추는 것은 의무사항이다.

제8장

사이버전을 위한 전략적 혁신과 전력 증강

"마법 그 자체는 선도 악도 아니다. 마법은 칼과 같은 도구이다. 칼이 나쁜가? 아니다. 다만 악의 무리가 나쁠 뿐이다."

– 릭 리오단

도구는 그저 도구일 뿐이다. 태생적으로 도구에는 선과 악의 구분이 없다. 도구를 사용하는 사람이 어떤 목적으로 사용할 것인지를 결정하고 궁극적으로 도구 사용의 결과에 대한 책임을 지는 것이다. 도랑을 파고 농작물과 집에 필요한 물을 제공하는 데 삽이 사용될 수 있다. 또한, 삽은 누군가의 머리를 내려치고 무덤을 파고 묻는 데 사용될 수도 있다. 본능적이며 폭력적인 이야기이긴 하지만, 가끔은 핵심이 되는 요점을 전달하기 위해서는 약간의 충격요법도 필요하다.

이는 사이버전에서도 마찬가지다. 국가나 특정 집단에서 특수 목적으로 개발된 무기들이 있는 것은 분명하지만, 사이버전에서 사용된 무기의 대부분은 사실 혁신이나 시스템 보안에 사용 가능한 기반체계 또는 도구의 단순한 기능일 뿐이었다. 이 사이버 공간에서 사용되는 도구들은 대부분 이중적인 면을 가지고 있다. 한편으로는 시스템의 보안을 유지하고 인프라의 품질을 개선하는 데 사용되기도 하지만, 다른 한편으로는 방어하는 측의 기기에 전원을 켜고 시스템과 사용자를 제거하는 데 활용되기도 한다.

이번 8장에서는 악의적 목적으로 활발하게 사용되고 있거나, 그 활용이 처음 만들어졌을 때보다 지나치게 악의적으로 변한 도구 중 일부에 대해서 알아볼 것이다. 또한, 사이버전에서 기업이나 조직 방어에 사용할 수 있는 유사 도구들에 대해서도 자세히 알아보고자 한다. 그러나 도구는 단지 도구일 뿐이라는 것을 명심해야 한다. 도구 그 자체는 도구 뒤에 숨어서 그것을 사용하는 사람만큼 선하거나 악할 뿐이다.

이번 8장에서는 방자(防者)의 전력에 승수 역할을 할 수 있는 몇 가지 도구와 기술에 대해 알아보고자 한다.

- 실제 방어 작전을 계획하는 방법을 자세히 알아보고자 한다.
- 암호 관련 문제를 해결하는 방법에 대해 알아보고자 한다.
- **소프트웨어로 정의하는 방어선**이 더 강력할 수 있다는 것에 대해 알아본다.

방어와 전략적 지원에 도움을 주는 도구들

미래에 있을 수 있는 공격으로부터 조직을 방어하는 데 있어, 방자(防者)가 공격에 더 잘 대비하기 위해서는 자신들의 사고방식을 바꿔야 한다. 안티바이러스 도구들을 사용하거나 방화벽을 세분화하고 가상 LAN으로 위협에 대비하려는 것과 같은 기존의 패러다임만으로는 이제 충분하지 않다.

공자(攻者)가 사용하는 도구와 위협의 방향성으로 볼 때 앞에서 설명한 방법은 요즘 시대에 뒤떨어진 접근 방식이며 비효율적이라는 것이 입증되었다. 그리고 이미 불충분한 것으로 입증된 접근 방식과 도구로 어떤 것이든 계속 시도하고 방어하는 것은 미친 짓과 같다. 인프라와 사용자들을 관리할 때, 공격하는 방식을 바꿔 가면서 끊임없이 변화하는 해커들이 진화하는 방식에 맞춰 새롭고 혁신적인 솔루션을 활용하는 것이 이제는 선택 사항이 아닌 필수 사항이 되어 버렸다. 새롭고 혁신적인 솔루션 활용은 생존의 유일한 방법이기 때문이다.

뭔가를 아주 잘 방어하려면, 먼저 어떤 유형의 공격이 성공할 가능성이 가장 큰지를 알아야 한다. 이를 통해 조직은 가장 즉각적으로 영향을 미치고 우려되는 영역의 문제 해결을 위해 우선순위를 어떻게 정해야 하는지에 대해 더 잘 이해할 수 있다. 물리적 공간 내에서 전투하듯, 방자(防者)가 공격 가능성이 가장 큰 곳을 방어하기 위해 전략과 기술을 적절하게 조율하는 것이 바로 최선의 방어가 될 것이다.

〈인펙션 몽키〉 같은 도구를 적절히 활용하라

사이버 공간과 사이버전에서의 공격은 시스템과 네트워크의 취약점을 활용하기 때문에 성공하는 것이다. 그들은 기술적 · 인적 취약점을 찾아낸 다음, 실패로 이어질 수 있는 지점들을 천천히 그리고 조심스럽게 찾아내서 연결하는 방법으로 공격한다.

이런 형태의 공격으로부터 제대로 방어하기 위해서는 시스템을 계속 점검해서 가능한 한 약점들을 직접 확인하고 조치해야 한다. 그러나 이런 취약점들은 특히 클라우드 그리고 비(非)클라우드, 조직 내외를 포함한 기타 다양한 잠재적 구성요소 간에 교량처럼 연결된 대규모 인프라를 다룰 때 어려움을 겪을 수 있다. 이러한 요구에 맞는 가장 잘 맞춰진 도구 하나가 오픈소스에서 제공되고 있다.

:: 인펙션 몽키의 로고 ::

바로 **인펙션 몽키**, 일명 **감염 원숭이**[158]라고 불리는 것이다.

인펙션 몽키는 어떤 조직에서 인프라와 데이터 센터가 해커들에 의해 침입을 당했을 때 얼마나 저항력이 있는지, 그리고 일반적인 내부 서버 또는 기기 침입 이후 더 많은 감염을 위해 내부에서 돌아다니는 상황을 점검할 수 있도록 지원하는 오픈소스 솔루션이다.

인펙션 몽키 시스템은 다양한 방법과 전술을 활용해서 자동으로 모의 공격을 시행하고, 그 결과를 인프라 전체에 자율적으로 전파하는 역할을 한다. 이 시스템에는 중앙 집중식 몽키 아일랜드라는 서버에 모의 공격이 성공했을 때와 피해를 봤을 때의 상황을 비교해서 차이점을 시스템적으로 보고하는 기능도 포함되어 있다.

이 시스템은 인프라에서 핵심 구성요소를 표적으로 삼을 수 있는 잠재적인 모의 공격 도구와 전술을 폭넓게 제공함으로써 자동화된 점검 방법을 적용하

158 감염 원숭이(Infection Monkey): 네트워크 보안을 지속적으로 테스트하여 정보에 입각한 보안 결정을 지원하는 통찰력을 얻는 데 사용되는 오픈소스 플랫폼.

고 있으며, 이를 통해 방자(防者)는 장애 지점이 될 가능성이 가장 큰 부분을 식별해 내고 향후 조치하는 데 노력을 집중할 수 있다. **인펙션 몽키**에 포함된 최신 모의 공격 모듈 중 몇 가지는 다음과 같다.

- **삼바 크라이(Sambacry)**: 악의적인 가입자가 공유 라이브러리에 쓰기 가능한 자료를 업로드한 다음, 서버에서 공유 라이브러리를 불러들여서 원격으로 실행할 수 있는 원격코드 실행의 취약점을 모의한다.
- **쉘 쇼크(ShellShock)**: OpenSSH[159]의 ForceCommand 기능, Apache HTTP 서버의 mod_cgi 및 mod_cgid 모듈, 특정되지 않은 DHCP 클라이언트에 의해 실행된 스크립트, Bash[160] 실행으로 권한을 넘어서도록 환경을 설정하는 등 다른 상황들을 포함해서 이미 증명된 방법으로 원격공격자가 조작된 환경을 통해 임의의 코드를 실행하는 기능을 모의한다.
- **일래스틱 그루비(ElasticGroovy)**: 원격으로 공격하는 해커가 샌드박스 방식의 보호 메커니즘을 무시하고 조작된 스크립트를 통해 임의의 쉘 명령을 실행하도록 모의한다. 인펙션 몽키 시스템은 개방된 9200번 포트를 통해서 컴퓨터를 찾고 명령을 실행하려고 시도한다. 성공하게 되면 인펙션 몽키 시스템이 스크립트를 활용해서 기기의 정보와 환경설정 정보를 수집하고 실행 파일을 장치로 내려받아서 인프라에 전파하는 것을 모

159 OpenSSH(Open Secure SHell): 공개 SSH, Secure Shell 프로토콜을 이용해서 암호화된 통신세션을 컴퓨터 네트워크에 제공하는 컴퓨터 프로그램의 모임.

160 Bash: GNU 프로젝트의 일부로, Bourne shell 을 대체하기 위해 만들어진 Unix 계열 운영체제용 POSIX셸. 거의 모든 리눅스 배포판에 기본 로그인 셸로 깔려 있다. 그래서 보통 '셸 스크립팅'이라고 하면 십중팔구 Bash를 의미한다.

의한다.

- **스트럿2(Struts2):** 공격자가 악의적인 Content-type 값으로 원격코드 실행 공격을 수행토록 모의한다. 만약 Content-type 값이 유효하지 않으면 예외가 발생하며, 이 예외는 사용자에게 오류 메시지를 표시하는 데 사용되는데, 인펙션 몽키 시스템은 공격받은 기기가 취약한지를 알아보고 만약 취약하다고 판단되면, 임의로 부하를 주는 데이터를 만들어 이 취약점을 활용한다. 이후 인펙션 몽키 시스템은 이렇게 공격받은 기기로 네트워크 내부에 계속 전파토록 모의한다.
- **웹 로직(WebLogic):** 오라클의 웹 로직 서버에는 조작된 패킷으로 공격할 수 있는 블라인드 원격 통제 실행 모듈인 RCE가 있다. 이 모듈을 점검하기 위해 인펙션 몽키 시스템은 네트워크상에서 통신하는 취약한 서버를 표시해 주는 수신 트래픽을 받을 수 있도록 대기하는 서버를 설치한다. 그런 다음 인펙션 몽키 시스템은 조작된 취약한 패킷을 특정 명령과 함께 웹 로직 서버의 각 구성요소로 보낸다. 이 취약점으로 인해 서버가 응답하게 되고 인펙션 몽키 시스템은 스크립트로 작성된 명령을 사용해서 웹 로직 서버에 대한 공격을 모의한다.
- **인증서 수집:** 관리자 계정과 과도한 권한을 부여받은 사용자 계정이 확대되고, 그런 계정과 관련 있는 패스워드가 네트워크 시스템에서 널리 사용되고 있기 때문에, 인펙션 몽키 시스템에는 인증서를 수집하기 위한 모듈도 포함하고 있다. 인증서 수집을 위해 인펙션 몽키 시스템은 Windows 시스템을 대상으로 사용자가 정의하는 버전의 Windows 컴퓨터에서 패스워드를 비밀리에 수집하는 형태의 일반적인 공격 도구인 미미카츠

(Mimikatz)[161]를 사용해서 인증서를 수집한다. 또한, 인펙션 몽키 시스템은 접근 가능한 SSH(Secure Shell) 페어링 키를 긁어내고 이를 활용하여 네트워크의 다른 컴퓨터에 로그인하려고 시도하는 방법으로 리눅스 시스템을 공격하도록 모의한다.

앞에서 설명한 기능은 인펙션 몽키가 제공하는 기능 중 일부에 불과하다. 인펙션 몽키에는 다양한 모의 공격 기능이 내장되어 있지만, 일반적으로는 제대로 설정되지 않은 패스워드, 지나치게 과도한 공유 환경과 권한 부여로 인한 모의 감염 상황은 더 깊숙이 퍼져 나가도록 모의한다. 이 시스템이 인프라에 그렇게 깊이 파고들 수 있게 하는 모의 공격은 보통 어떤 특별한 형태의 공격 능력도 아닌 경우가 많다.

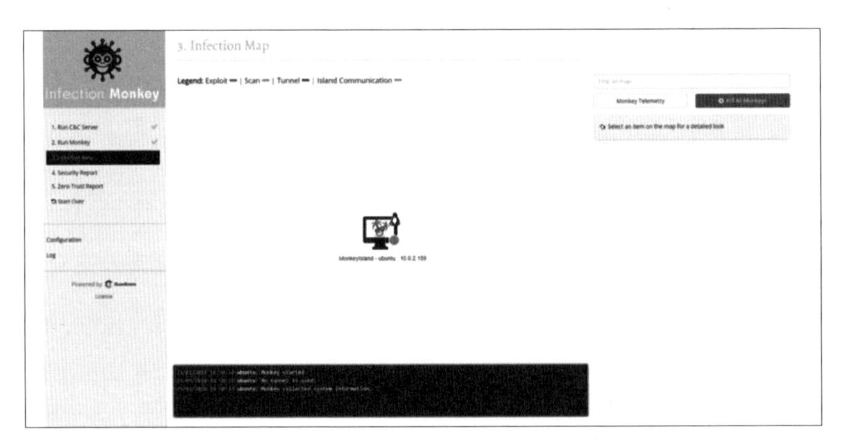

:: 인펙션 몽키가 점검을 시작할 때의 장면 ::

161 미미카츠(Mimikatz): 메모리에서 해시, PIN, 커버리스 티켓, 패스워드 등을 찾아내 탈취하는 도구.

다음 섹션에서는 **인펙션 몽키**의 특정 기능에 대해 자세히 알아보자.

〈인펙션 몽키〉가 제공하는 더 많은 서비스

인펙션 몽키는 또한 종종 공격이 단순히 문제가 있는 수준에서 워너크라이 랜섬웨어 수준으로 넘어가려고 할 때, 방자(防者)가 인프라 내에서 해커들이 측방으로 이동하는 경로를 해독하는 데 도움을 줄 수 있다. **인펙션 몽키**는 방자(防者)가 잠재적 감염 및 공격 경로를 분석하는 것을 자동화하는 데 활용할 수 있는 다양한 탐지 기능을 제공하는 방법으로 해커들이 측방으로 이동하는 경로를 해독하는 데 도움을 준다. 시스템에서는 기존에 설치된 분석 도구를 활용해서 동일 도메인 또는 작업 그룹에 있으면서 동일 사용자와 패스워드가 있을 수 있는 시스템을 확인한다. 이 방법은 해시 안에 포함된 패스워드/인증서를 공유함으로써 시스템에 접근하기 위한 일반적 침투 형태를 확인할 수 있는 **'해시 통과(Pass-the-Hash)'**라는 공격 방법을 통해 수행된다.

해시 통과 공격 방법을 통해서 공자(攻者)는 기본적으로 해당 시스템의 사용자로 인증받는 데 필요한 조치를 끝내고 나면, 사용자의 실제 암호에 접근하지 않고도 인증이 가능하다. 해시 통과 공격 방법에서 공자(攻者)의 목표는 해시가 손상되지 않은 상태에서 직접 사용하는 것이다. 이런 조치를 하게 되면 많은 시간이 걸리는 패스워드 해독 절차가 덜 필요해진다. 패스워드는 보통 텍스트로 저장되거나 간단한 암호화를 사용하면서 일반적으로 해시 형태로 저장되기 때문에 이런 공격은 종종 성공한다. 공자(攻者)가 유효한 **패스워드가 담긴 해시**

를 얻는 데 성공하면 이를 활용해서 시스템에 접근할 수 있다.

해시 기능은 입력값을 받아 되돌릴 수 없는 출력값으로 변환하도록 설계되었다. 이 방법은 많은 시스템에서 표준 인증을 무시하고 시스템 내에서 측방으로 기동하는 데 적합하다. 이 기술을 사용하면 표적이 되는 사용자 계정의 유효한 패스워드가 담긴 해시가 인증에 접근하는 기술을 활용해서 캡처된다. 공자(攻者)가 유효한 사용자로 인증되면 이미 패스워드가 제거된 해시를 추가 활용해서 로컬 또는 원격 시스템에서 인증 작업을 수행할 수 있다.

해시 통과 공격 방법은 Windows 시스템에 대한 공격에서 가장 자주 언급된다. 그러나 다른 시스템에서도 가능하다. 취약한 웹 애플리케이션도 해시를 활용한 공격 방법이 가능한 대상이다. Windows에서 이 공격은 인증 프로토콜에서 모든 인증을 한 번에 처리해 주는 기능(SSO)[162]을 사용하는 상황에 따라 달라진다. SSO 기능을 사용하면 사용자가 패스워드를 한 번 입력한 다음 시스템에 대한 재인증 없이 권한이 주어진 자산들에 접근할 수 있다. SSO 기능을 사용하려면 임시저장소 내에 사용자의 인증서를 임시로 저장해야 한다. 그런 다음 Windows 시스템은 해당 인증서를 패스워드를 포함한 해시(일반적으로 티켓) 형태로 대체된다. 그런 다음 실제 인증서 대신에 대체된 패스워드가 포함된 해시를 활용해서 후속 인증이 가능하게 된다. Windows에서 이러한 해시는 로컬 보안 인증 하위 시스템(LSASS)[163]에 업로드된다. 이 시스템은 다른 것보다도 사용자 인증을 주로 담당한다. 공자(攻者)는 버려지는 해시를 수집하는

162 SSO(Single Sign On): 모든 인증을 하나의 시스템에서 한 번에 하기 위해 개발된 인증 시스템.

163 LSASS(Local Security Authority Subsystem): 로컬 보안 인증 하위 시스템. 윈도우 컴퓨터나 서버에 접속하는 사용자들의 로그인을 검사하고, 패스워드 변경을 관리하고, 액세스 토큰을 관리한다.

도구를 활용, 해시를 모은 다음 추가 활용을 위해서 패스워드가 포함된 해시를 쓰레기 더미 속에서 뒤져 보려는 것이다.

또한, 추가로 **인펙션 몽키** 시스템은 방화벽을 통해 적절한 마이크로 세분화 정책과 통제를 점검할 수 있는 기능이 있다. **인펙션 몽키** 시스템은 관리자나 점검관이 점검의 목적으로 '건드릴 수 없게' 세분화된 것으로 여겨지는 네트워크 세분화의 목록을 수집한다. 그런 다음 **인펙션 몽키**는 공통 도메인 간 공격이 가능한 도구를 활용해서 건드릴 수 없게 세분화된 자산들에 접근하려고 시도한다. 이런 공격이나 로그인 시도 중 하나라도 성공하면, 결과는 **인펙션 몽키** 보고서 서버로 성공했다고 보고된다.

마지막으로, **인펙션 몽키**는 조작된 멀웨어인 것처럼 동작할 수 있으며 영향을 받는 시스템에 이러한 도구가 있는 경우 멀웨어 경고를 발령할 수도 있다. 또한, 더 많은 여러 멀웨어를 작동시켜서 네트워크 밖으로 터널링을 시도할 수도 있다. 이런 기능은 맞춤형 도구를 사용함으로써 내부 네트워크의 공통 프로토콜과 포트를 활용, 인프라 내부로부터 트래픽에 대한 터널링을 자동으로 시도한다.

인펙션 몽키 시스템의 터널링 기능은 **'아래로 느리게 공격하는 APT'**의 공격 사례와 매우 유사한 방식으로 작동한다. 시스템은 동일 네트워크의 하위 네트워크 또는 가상 LAN에 2개의 **인펙션 몽키** 시스템을 설치해서 이런 것들을 점검한다. 그런 다음, 이런 시스템은 네트워크에서 허용되는 콘텐츠에 따라 공통 TCP 연결 또는 HTTP(또는 구성된 경우 HTTPS)를 통해 연결된다. 한 컴퓨터는 로컬 멀티캐스트 주소를 통해 두 번째 **인펙션 몽키** 사례로 전송되는 수신 메시지를 기다린다. 두 번째 시스템은 하위 네트워크와 열려 있는 터널 또는 통신 경로를 계속 검색하고 찾는다. 이런 터널링이 발견되면 절차가 반복적으로 이루어진다. 이런 작업은 인펙션 몽키 컴퓨터가 궁극적으로 중앙에 있는 **인펙션 몽키 서버**와 통신할 때까지 반복될 수 있으며, 이러한 유형의 공격과 악의적인 통신 방법에 무방비로 개방된 인프라에서 잠재적으로 장애가 될 수 있는 지점을 표시한다.

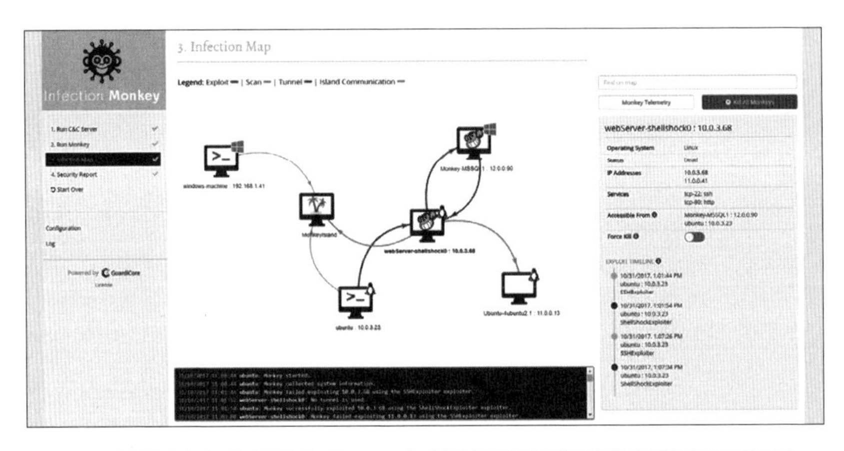

:: 인펙션 몽키 시스템과 동일 네트워크 포트가 터널링과 공유 인증 방법을 찾기 위한 경로를 탐색한다 ::

하지만 **인펙션 몽키**의 능력은 거기서 멈추지 않는다. 이 시스템을 제대로 사용하면 방어 계획을 보다 고도화하는 데도 도움이 될 수 있다.

〈인펙션 몽키〉의 진화된 활용

인펙션 몽키 시스템을 활용하면 인프라 내에서 잘못된 설정과 해커들의 잠재적 내부 측방 이동 경로를 확실하게 찾아낼 수 있다.

또한, 방어하는 측에서 종종 언급하듯이, 사이버 보안에서 해결하기 가장 어려운 문제 중 하나는 바로 소요되는 인력이다. 인펙션 몽키를 자동화된 침투 루트 점검 도구로 활용하면 소요되는 인력 문제를 바로 해결할 수 있다. 실질적인 사이버 방어 전략 계획을 담당하는 사람들에게, 인펙션 몽키와 같은 도구는 성공적 방어와 피해를 만드는 성공적 공격 사이의 차이점을 식별해 낼 수 있게 해 준다.

가상 모델링 분야도 최근 몇 년 동안 크게 발전했으며 방어하려는 인프라의 모델링을 반복함으로써 보다 안전한 시스템을 구축하는 데 활용될 수 있다. 이런 방법은 실제 건물을 설계하는 방법과 유사하다. 실제 물리적 인프라를 구축하려고 할 때 가장 먼저 해야 하는 일은 최종적인 건물을 설계하고 계획하는 것이다. 설계와 계획을 담당하는 사람들이 종이에 디자인을 그린다. 그러나 요즘은 대부분 이런 디자인을 할 수 있는 소프트웨어를 사용할 것이다. 어떤 것을 사용하는지와는 상관없이, 그 과정을 보면 먼저 설계하고, 그다음에 계획을 세우고, 부품을 조달한 다음, 건축을 시작하고, 마지막으로 물리적 건물을 완성한다. 디지털 세계나 사이버 공간에서도 이와 다르지 않아야 한다. 이제는 가상 설계 도구를 제대로 활용하게 되면 이러한 작업을 수행할 수 있다. 그리고 그것은 단순하게 종이에 그린 디자인이나 화이트보드의 스케치보다 훨씬 더 혁신적일 수 있다.

이런 접근 방법을 활용하면 보안 엔지니어가 가상 환경의 역동성을 활용하여 인프라의 주요 구성요소를 반복적으로 구현하고 재구성할 수 있게 된다. 이런 구성요소의 복제품과 가상 복사본을 활용하면 엔지니어가 잠재적으로 보안에 유용한 도구를 찾아내고, 취약점이나 잘못된 설정을 식별하고 제거하거나 해결할 수 있다. 물리적으로 설계한 사람이나 엔지니어가 설계 소프트웨어를 활용해서 하중이 걸리는 내벽이나 구조물을 즉시 추가하고 제거할 수 있는 것과 같은 방식으로 가상 환경에서 이런 것들을 해 볼 수 있게 된다.

여기서 또 다른 이점은 가상공간과 환경설정 기능을 활용해서 멀웨어와 바이러스 감염에 대한 시스템의 대응 능력을 점검할 수 있다는 것이다. 이런 것을 흔히 **'샌드박싱'**[164]이라고 한다. 이러한 방식으로 보안 엔지니어와 설계자는 잠재적인 악성코드와 애플리케이션을 가상 인프라에 설치해 보고 악의적 해커들의 활동을 파악해 볼 수 있다. 이를 통해 실제 운영체제에 대한 부정적인 영향 없이 모든 장애 지점이나 설계상 결함을 관찰하고 해결할 수 있다.

설계 절차에서는 이를 가능하게 하는 가상화 플랫폼을 활용해 볼 수 있어야 한다. 이를 위해 특별히 제작된 도구 중 하나가 **하이퍼 큐브**(HyperQube)라는 회사에서 제작되었다.

이 솔루션의 주요 목적은 보안 엔지니어와 리더가 시스템 작동을 가능하게 하는 다양한 복잡성을 이해하고 인프라를 강화하는 데 사용할 수 있는 솔루션과 기술을 결정하는 것이다. 예전에는 주로 **VMware**[165] 회사의 제품군을 사용하는 가상 연구소에서 이런 시도를 했다. 그런 방법이 가능하긴 하지만, 시간이 많이 소요되고 노동 집약적인 작업이기 때문에 가상공간에서 보안 인프라

164 샌드박싱(Sand Boxing): 보호된 영역 안에서 프로그램을 작동시키는 보안 소프트웨어를 샌드박스(Sand Box)라고 한다.

165 VMware: 클라우드 컴퓨팅 및 가상화 소프트웨어를 개발 판매하는 미국 기업. VM은 가상 장비라는 의미로 'Virtual Machine'에서 따왔다.

를 설계하고 설치해 보는 업무와는 다른 이야기다.

vSphere[166]라는 프로그램에서 가상 환경에 기본 복사본을 활용할 때 이런 접근 방법이 비효율적이었던 이유는 구축 기간이 길어질 수 있고 스토리지 요구사항이 너무 많았기 때문이다. 기본적으로 **VMware의 vSphere 제품군**은 인프라의 모든 가상 장치에 대해 매우 상세한 복제본을 만들기 때문에 관련 가상 장치의 효과적인 복사본 구축에 오랜 시간이 걸렸다. 즉, 엔지니어나 설계자가 1테라바이트 이상의 데이터를 구축하기 위해서는 소요 시간과 스토리지 요구사항을 충족하는 모든 환경을 먼저 구축해야 한다는 것을 의미하는 것이다.

복제하려면 네트워크를 통해 대량의 가상 인프라 구성에 대한 데이터를 전송해야 하며, 전체를 한꺼번에 저장해야 한다. 그러나 VMware의 vSphere는 네트워킹에 대한 복사를 지원하지 않기 때문에 시스템을 '다시 네트워크로 만들기'를 해야 하므로 최종 단계에서 작업 시간이 늘어나게 된다. 즉, 새로운 인프라가 구축될 때 복사본의 각 네트워크 연결에는 새 IP 주소와 새 MAC[167] 주소를 모두 같이 넣어야 한다. 대부분의 보안에 필요한 도구들은 이런 설정을 세부적으로 활용해야 했기 때문에 보안 엔지니어에게 많은 문제가 발생한다. 따라서 VMware의 vSphere의 경우 복사본에 결함이 생기기 마련이다.

하이퍼큐브의 기술은 vSphere 모델과는 다른 방법으로 이런 문제를 해

166 vSphere(v스피어): VMware 회사에서 만든 제품군 중의 하나. Data Center에 포함되는 것으로 내부 클라우드에서 주로 사내와 데이터센터 클라우드를 표준화해서 외부 클라우드와 연결, 통합하는 클라우딩 운영체제.

167 MAC(Media Access Control): 미디어 액세스 컨트롤, 매체 접근 제어.

결했다. 하이퍼큐브가 규모에 맞게 가상 인프라 설계를 지원하는 방법은 VMware사의 vSphere 애플리케이션 프로그래밍 인터페이스[168]를 사용해서 환경요소들이 복사될 때 새로운 가상 스위치를 만들어 주는 것이다. 그런 다음 애플리케이션 프로그래밍 인터페이스 프로그램이 기존 네트워크 인터페이스 카드[169]의 설정 파일을 모두 확인하고 IP 주소와 MAC 주소를 저장한 다음, 확인된 IP 주소를 시스템 정보와 연결된 새로운 가상의 네트워크 인터페이스 카드에 제공해 줌으로써 기존 네트워크와 똑같은(올바른) IP 주소값을 갖게 된다. 그런 다음 애플리케이션 프로그래밍 인터페이스의 프로그래밍을 통해 하이퍼큐브 시스템은 생성된 새 가상 스위치에 새 시스템을 연결한다.

다음으로 향후 방어 전략의 핵심 보안 요소가 될 **SDP**[170]**(소프트웨어 정의 방어선)**에 대해 알아보자.

소프트웨어로 만들어 내는 방어선

차세대 보안 전략을 지원할 때 포함되어야 하는 이 분야의 또 다른 방어 작전을 지원하는 기술적 요소는 핵심 인프라에 포함된 보안 영역을 최말단이 위치한 외부로 확장하는 데 초점을 맞추는 것이다. 오늘날 대부분 이를 **〈소프트웨어 정의 방어선(SDP, Software Defined Parimeter)〉**이라고 한다.

168 API(Application Program Interface): 애플리케이션 프로그래밍 인터페이스.

169 NIC(Network Interface Card): 네트워크 인터페이스 카드.

170 SDP(Software Defined Parimeter): 소프트웨어 정의 방어선.

소프트웨어 정의 방어선은 2007년 **블랙 코어 네트워크**[171]라는 프로젝트의 일환으로 미 국방 **정보체계국 DISA**[172]에서 수행한 연구를 통해 발전된 인프라 보안에 관한 방법이다. 인프라 보안을 위한 소프트웨어 정의 방어선(SDP)이라는 전략적 방안에서 네트워킹은 알고자 하는 모델을 기반으로 한다. 이런 방법에서는 모든 기기와 ID는 해당 장비 또는 사용하려는 요구가 애플리케이션에 접근하기 전에 미리 검증되어야 한다. 소프트웨어 정의 방어선(SDP)이 구현되면, 전체 애플리케이션 인프라는 사실상 **'블랙**(인프라를 탐지할 수 없음을 의미하는 국방부 용어)' 상태가 된다.

소프트웨어 정의 방어선(SDP) 방법을 적용하면 애플리케이션을 가지고 있는 쪽이 기존 네트워크에서 보안 통제와 권한이 없는 사용자가 접근할 수 없는 **'세부(Micro)'** 방어선을 운용할 수 있게 함으로써 많은 문제점을 제거할 수 있다. 그러나 가상 네트워킹과 인터넷 연결 덕분에 소프트웨어 정의 방어선(SDP)이 이론적으로는 어디에나 설치될 수 있다. 이를 가능하게 하는 제품들이 시장에 나와 있고, 많은 제품이 여전히 개발되고 있다. 이런 모델은 개방형 인터넷, 클라우드, 호스팅 센터, 사설 기업 네트워크 또는 일부 또는 모든 위치에서 조직이 보안을 유지하는 데 필요한 도구와 통제 기능을 제공하는 것이 가능하다.

소프트웨어 정의 방어선(SDP) 방법은 애플리케이션이 요구하면 처리해 주는 방식[173]으로 내부 보안 통제 기능을 운용함으로써 서버에서부터 최말단까지

171 블랙 코어 네트워크(Black Core Network): 미 DISA에서 만든 국방 정보체계 중의 하나.

172 DISA(Defense Information System Agency): 미 국방 정보체계국.

173 온 디맨드(On Demand): 요구하면 처리하는 데이터 처리 방식.

를 대부분 보호할 수 있는 기능과 기술에 의존한다. 이는 조직이 물리적 기기만 운용하는 것이 아니라, 가상 기기를 운용할 때도 적용할 수 있다. 간단히 말해서, 사실 **'가상화'**가 많을수록 더 좋다. 소프트웨어 정의 방어선(SDP)에서 가상의 보안 장치는 응용 프로그램이나 서비스에서 통제되며 보안 정책을 실행하는 핵심 메커니즘 역할을 한다.

소프트웨어 정의 방어선(SDP)의 인프라는 ID를 확인하고 인증하며 기기에 올바른 패치와 보안 통제가 있는지 확인한 후에만 기기에 대한 접근을 허용한다. 가상 시스템 아키텍처에 대한 이런 접근 방법은 미 국방부 내의 다양한 조직에서 이미 사용되고 있다. 소프트웨어 정의 방어선(SDP)을 구현할 때 미 국방부에서 분류한 네트워크별로 설치된 서버는 모든 연결을 할 때 사실상 소프트웨어 정의 방어선(SDP)의 브로커 역할을 하는 접근 통제용 게이트웨이 뒤에 위치한다.

이런 형태의 소프트웨어 정의 방어선(SDP)이 작동하기 위해서는 소프트웨

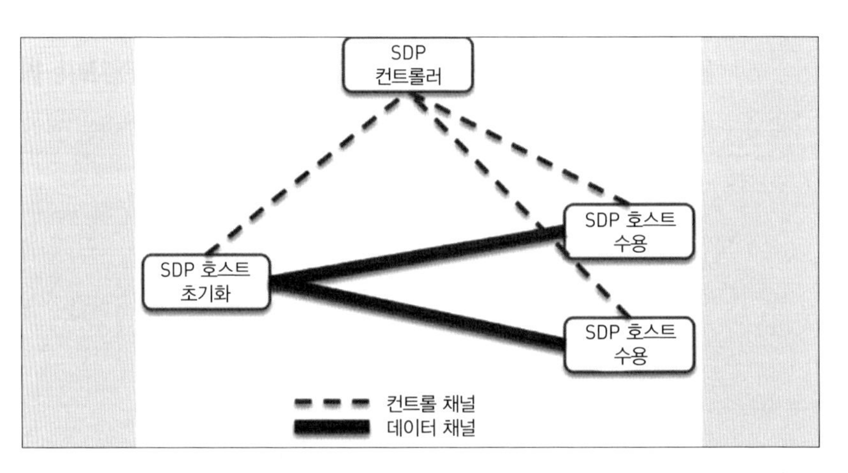

:: 소프트웨어 정의 방어선(**SDP**) 아키텍쳐의 샘플(브렌트 빌저–**Brent Bilger** 제공) ::

어 정의 방어선(SDP) 게이트웨이가 서버나 해당 서버의 응용 프로그램 또는 서비스에 대한 접근을 허용하기 전에 가입자(시스템)를 먼저 인증해야 한다.

여기에서 기본이 되는 원칙은 소프트웨어 정의 방어선(SDP)의 브로커가 인프라 내에서 사용 요청된 기기에 암호화된 네트워킹을 실시간 적용하기 전에 모든 가입자 기기, 애플리케이션 및 사용자를 먼저 인증한 다음 검증과 테스트를 한다는 것이다.

IEEE에 제출된 논문에 따르면, 소프트웨어 정의 방어선(SDP)의 아키텍처는 일반적으로 보안에 있어서 중요한 역할을 하는 5개의 핵심 구성요소가 있어야 한다(Abdallah Moubayed, 2019).

- **단일 패킷 인증**(SPA, Single Packet Authorization) **:** 단일 패킷 인증은 기기를 인증하는 데 핵심 요소이다. 소프트웨어 정의 방어선(SDP) 인프라에서 시스템은 단일 패킷 인증을 활용해서 인증된 기기에서 오는 데이터만 수신한다. 요청하는 첫 번째 패킷은 가입자 기기에서 소프트웨어 정의 방어선(SDP) 컨트롤러로 암호화되어 전달된다. 컨트롤러는 인프라에 대한 접근 권한이 부여되기 전에 인증 여부를 검증하는 위치에 있다. 그런 다음 단일 패킷 인증은 기기의 접근에 대해서 계속 허용 여부를 결정하는 데 도움이 되는 분석 절차에 들어가기 위해서 해당 기기가 보내는 데이터를 소프트웨어 정의 방어선(SDP) 게이트웨이로 전송한다. 또한, 단일 패킷 인증을 활용하면 시스템이 검증된 패킷의 흐름만 처리하므로 DoS 공격의 위협을 줄일 수 있게 된다. 단일 패킷 인증 컨트롤러가 올바르지 않은 패킷을 수신하게 되면 공격으로 간주하기 때문에 분석에도 유용하다. 단일 패킷 인증

을 사용하면 패킷의 흐름이나 전체 바이트 대신 단일 패킷을 기반으로 공격하는 방법에 대한 실마리를 찾고 결정하는 데 도움이 된다.

- **전송계층 상호보안**(mutual Transport Layer Security): 소프트웨어 정의 방어선(SDP)을 활용하는 시스템은 양방향 암호화 인증을 위해 전송계층보안(TLS) 표준에 등록된 모든 기능을 활용한다. 전송계층 상호보안(mTLS)을 사용하게 되면 인증서를 유효경로를 인증해 주는 기관으로 네트워킹해 주는 인증체계를 활용할 수 있으며, 브라우저 대부분에서 신뢰할 수 있는 수백 개의 인증서를 관리하는 데 방해가 되지 않는다. 전송계층 상호보안(mTLS)은 해커가 손상된 인증기관에서 인증서를 위조하는 가짜 인증서 공격을 방어할 수 있다.
- **기기에 대한 유효성 검사**(Device Validation): 기기에 대한 유효성 검사는 접근이 허용되기 전에 사용된 암호 키가 적절한 기기에 보관되어 있는지 확인함으로써 보안을 강화한다. 소프트웨어 정의 방어선(SDP)에서는 전송계층 상호보안(mTLS) 접근 방식을 사용하기 때문에 이런 현상이 발생하는 것이다. 전송계층 상호보안(mTLS)을 활용하면 사용 중인 기기에 대한 인증과 유효성 검사 키가 만료되었거나 취소되지 않았는지를 확인할 수 있다. 그러나 컨트롤러는 키가 잘못된 키인지 도난된 키인지 확인할 수 없기 때문에, 기기에 대한 유효성 검사는 기기가 인증된 사용자의 소유가 맞는지 신뢰할 수 있는 소프트웨어를 실행 중인지를 확인하는 것이다. 이런 유형의 기기 유효성 검사와 추적 기능을 활용하면 필요할 경우 모든 패킷을 분석하고 포렌식을 위해 상호 연관성까지 확인해 볼 수 있다. 기기의 유효성 검사가 필요하다는 것은 어떤 기기와 어떤 사용자가 어떤 특정 서비스

에 각각 특정 네트워킹을 했는지에 대한 데이터와 원격 검사를 통해 모든 네트워킹을 포렌식으로 기록할 수 있다는 것을 의미한다. 기기에 대한 검증이 주는 추가적인 이점은 기기가 접근에 필요한 개별 키를 보유하고 있고, 기기에서 실행되는 소프트웨어가 조직에서 정한 정책적 표준을 충족한다는 걸 증명할 수 있는 기기 자체의 능력으로 인한 것이다. 이렇게 하면 기기에 대한 유효성 검사를 통해 인증서 도용이나 인증서 도용을 활용한 위장 공격의 위험요인이 제거된다. 마지막으로, 사용자는 인증된 애플리케이션에만 접근할 수 있으며 모든 네트워킹이 세션을 기반으로 하기 때문에 피해 본 기기가 내부 네트워크에서 측방으로 이동하는 위협이 많이 감소된다.

- **동적 방화벽**(DFs, Dynamic Firewalls): 소프트웨어 정의 방어선(SDP)이 작동하려면 동적 방화벽(DFs)이 있어야 한다. 동적 방화벽에서 기본이 되는 규칙은 각각의 고유하면서도 복잡한 수만 개의 개별 규칙을 갖는 대신 모든 연결을 거부하는 것을 기초로 한다. 이는 훨씬 더 단순한 접근 방식이긴 하지만, 그런 유동적인 네트워크 공간에서 실행하는 것은 대단히 어렵다. 게이트웨이의 소프트웨어 정의 방어선(SDP) 정책은 실시간 동적으로 규칙을 추가하고 제거하는 방식으로 작동한다. 이런 것은 접근에 대한 요청이 승인되기 전에 처리되어야 하며, 인증된 사용자만 보호 가능한 응용 프로그램과 서비스에 접근할 수 있다.
- **응용 프로그램 바인딩**(Application Binding): 소프트웨어 정의 방어선(SDP)을 적용하는 절차에서 이 부분은 인증된 모든 응용 프로그램이 암호화된 전송계층 보안 터널을 사용하도록 강제한다. 이 작업은 기기와 사용자가

인증서와 권한을 부여받고 다른 외부 소프트웨어 정의 방어선(SDP) 컨트롤러를 통과할 때 수행된다. 이 접근 방법을 사용할 때, 소프트웨어 정의 방어선(SDP) 시스템은 인증된 응용 프로그램만 허용하고 암호화된 터널을 통해서만 통신할 수 있도록 보장한다. 이런 터널의 외부나 암호화되지 않은 통신은 기본적으로 차단된다.

소프트웨어 정의 방어선(SDP) 시스템으로 제안된 구성요소를 고려할 때, 인프라를 현대화하는 방법을 어떻게 해야 하는지에 대한 공통적인 의문도 있다. 소프트웨어 정의 방어선(SDP) 접근 방법은 대부분의 시스템 인프라에 적용될 수 있다. 예를 들어, 일반적인 핵심 인프라에서는 소프트웨어 정의 방어선(SDP) 접근 방식을 활용해서 일반적인 하위 네트워크보다 더 세분화시킴으로써 동적으로 보안 영역을 생성, 관리 및 통제할 수 있다. 이는 일련의 전용 소프트웨어 방식으로 지원되는 방화벽을 요구가 있을 때 처리해 주는 방식으로 동적으로 만들어 낼 수 있는 자동화된 가상화 방화벽을 활용하면 가능하다.

모바일에 기반을 두거나 중앙 집중적 인프라에서의 소프트웨어 정의 방어선(SDP)은 모바일 장치에서 발생하는 문제와 IoT를 지원하는 자산들이 만들어 내는 위협을 제거하는 데 도움이 될 수 있다. 소프트웨어 정의 방어선(SDP)에서는 단일패킷인증 시스템을 통해 이런 것이 가능하다. 이 모델에서 패킷을 중계하는 것은 개별 기기와 IoT를 지원하는 자산들의 사용자 ID/Password로 로그인을 대체하거나 제거할 수 있다.

또한, 소프트웨어 정의 방어선(SDP)을 적용하면 기기들이 공개적으로 정보를 전송하지 못하게 되며 모든 기기들이 '블랙' 상태에 있기 때문에 기본으로 설정된 통신 메커니즘이 차단된다. 따라서 인프라에서 검증되지 않은 사용자나 해커들은 기기들을 탐지할 수 없게 된다.

또한, 소프트웨어 정의 방어선(SDP) 시스템에서 모든 단일패킷인증을 위한 패킷은 암호화되고 **해시 기반 메시지 인증 코드**[174]로 인증된다. 이는 해커나 위협 행위자가 이런 자산들을 공격하려고 하면 먼저 단일패킷인증에서 인증서를 훔친 다음, 개별적으로 단일패킷인증을 위한 패킷을 속여야 한다는 것을 의미하며, 이는 경고나 보안 운영 분석을 통해 쉽게 발견될 수 있어서 대단히 어려운 일이다. 소프트웨어 정의 방어선(SDP) 게이트웨이에 의해 검증된 모든 단일패킷인증을 위한 패킷의 로그와 분석이 묵시적으로 활용되기 때문에 위조되거나 재생된 단일패킷인증용 패킷으로 인한 위협이 거의 없다.

이 접근 방식은 내부 네트워크 인프라에도 유용할 수 있다. 소프트웨어 정의 방어선(SDP) 방법을 사용하면 권한이 없는 사용자와 검증되지 않은 기기에 대해 클라우드 리소스를 '블랙' 상태로 유지할 수 있다. **중립지대**[175]가 기존 시스템에서 **'해자'** 역할을 하는 것과 달리, 소프트웨어 정의 방어선(SDP) 접근 방법은 **'알 필요가 없는'** 사용자에게 명시적으로 데이터를 뿌리지 않게 만들고, 애플리케이션 자체를 **'블랙'** 상태로 만들어 버림으로써 조직의 클라우드 리소스 관리와 보안을 손쉽게 할 수 있다. 소프트웨어 정의 방어선(SDP) 도구를 사용하면 시스템을 지속적으로 운영할 수 있다. 모든 세션에 대해 호스트를 인증하고 확인하며, 네트워킹이 발생하기 전에 각 네트워크, 패킷, 호스트, 사용자와 기기가 검증 · 인증되었는지를 확인한다. 이를 통해 소프트웨어 정의 방

174 HMAC(Hash-based Message Authentication Code): 해시 기반 메시지 인증 코드.

175 DMZ(DeMilitarized Zone): 중립지대를 의미한다.

어선(SDP)은 공격 이벤트가 발생한 이후 해커들이 내부에서 측방으로 이동할 수 있는 능력을 최소화시킨다.

포트 스캔과 네트워크 목록화를 하더라도 소프트웨어 정의 방어선(SDP)의 이점은 쉽게 드러난다. 아래 그림에서, 첫 번째 사례는 잠재적으로 표적이 되는 호스트에 대한 포트 검색을 보여 준다. 해커들의 시스템은 표적이 되는 시스템에서 포트 검색을 수행한다.

그런 다음 포트 스캔을 통해 표적이 되는 시스템에 1~1000 사이의 열린 포트가 없음을 알 수 있다. 두 번째 사례에서는 동일 시스템을 스캔하더라도 이번에는 소프트웨어 정의 방어선(SDP) 인프라 내에 숨겨져 있고 포트 검색이 불가능해서 **'블랙'** 상태가 되는 것을 볼 수 있다(Abdallah Moubayed, 2019).

소프트웨어 정의 방어선(SDP)에 기반한 접근 방법을 인프라에 적용하는 것은 방자(防者)를 괴롭히는 시스템 내의 어두운 구석구석을 제거하는 데 도움이 되도록 잘 조정되어 있다. 이러한 특정 접근 방법을 올바르게 구현하려면 전체 시스템 설정을 변경해야 하며, 보안 엔지니어는 환경설정뿐만 아니라 보안 인

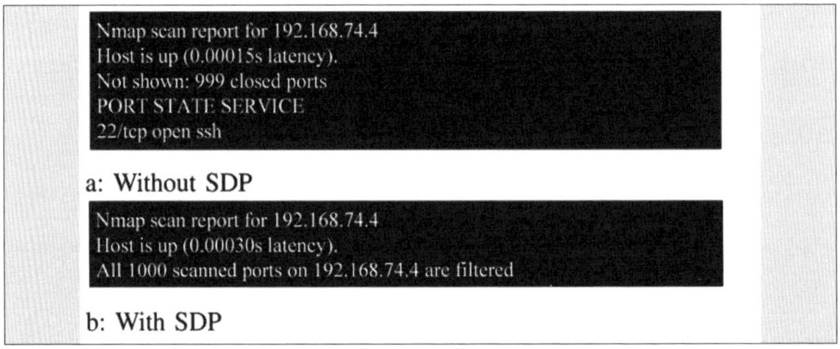

```
Nmap scan report for 192.168.74.4
Host is up (0.00015s latency).
Not shown: 999 closed ports
PORT STATE SERVICE
22/tcp open ssh
```

a: Without SDP

```
Nmap scan report for 192.168.74.4
Host is up (0.00030s latency).
All 1000 scanned ports on 192.168.74.4 are filtered
```

b: With SDP

:: SDP를 사용하지 않을 때와 사용할 때 포트 스캐닝 결과의 차이 ::

프라의 개념도 변경해야 한다. 이 작업이 올바르게 수행된다면 진정 안전하고 역동적인 인프라 구축이 가능할 것이다. 바로 이것이 구글이 3년 동안 수백 개의 국가에서 85,000명 이상의 직원을 보유하고 있지만, 주목할 만한 피해나 공격을 받은 사건이 거의 발생하지 않았던 방법이다. 간단히 말해서, 이런 방어적 전략 구상은 효과적인 방법이다.

가상 인프라의 성능을 제대로 활용하려면 소프트웨어 정의 방어선(SDP)을 활용해서 통제와 보안의 대상 영역을 말단과 해당 기기까지로 확장해야 한다.

애플리케이션 화이트 리스트 만들기

소프트웨어 정의 방어선(SDP)은 차세대 방어 도구의 일종으로 애플리케이션을 화이트 리스트로 만들어 **구분관리**[176]하는 방법을 활용한다. 소프트웨어 정의 방어선(SDP)을 구현할 때, 시스템의 **'능력'은 가상화 운용에 따라 다르며** 이러한 접근 방법을 가능하게 만들기 위해 시스템이 재구축될 때는 재정적으로 큰 부담이 된다. 애플리케이션을 화이트 리스트로 구분관리할 경우, 인프라에 필요한 변경 사항이 줄어들고 시스템에서 가장 중요한 자산의 우선적인 정책적 보호가 가능해진다.

애플리케이션 화이트 리스트는 명시적으로 승인된 소프트웨어 애플리케이션이나 실행 파일의 인덱스를 선택적으로 지정하는 방법이다. 그렇게 하면 선

176 구분관리(Ring Fencing): '구분관리'로 번역되며, 관리 대상을 링 형태로 구분하는 것을 의미한다.

택적으로 지정된 파일만 컴퓨터나 서버에 존재할 수 있다. 블랙리스트와 달리 화이트 리스트는 더 제한적이며 명시적으로 허용된 프로그래밍만 허용한다. 화이트 리스트를 만드는 과정에서 첫 번째로 해야 할 일은 초기 화이트 리스트를 컴파일하는 데 시간을 투자해야 한다.

화이트 리스트는 복잡하고 상세해야 하며 각 사용자의 작업, 컴퓨터 설정과 작업을 수행하는 데 필요한 모든 애플리케이션에 대한 자세한 정보와 같은 다양한 데이터들을 포함해야 한다. 대부분 업무 절차와 애플리케이션의 복잡성과 상호 연결, 개인 휴대용 기기에 대한 접근 방법을 선택함으로 인해 목록을 유지하기 위해서는 일정 수준의 성능이 요구된다는 점이 지적되는 사항이다. 종종 사용자는 IT 그룹이 개별 시스템에 명시적으로 명령을 하달하는 것과 차단 정책 사용을 기본적으로 좋아하지 않으며, 이로 인해 이런 접근 방법에 대한 거부감이 발생할 수 있다.

그러나 화이트 리스트 접근 방법이 구현될 경우 악성 프로그램에 대해서 보다 구체적인 보호 기능 제공이 가능해진다. 이는 특정 애플리케이션만 실행되거나 실행이 허용되고, 다른 모든 애플리케이션은 기본적으로 거부되기 때문이다. 애플리케이션 화이트 리스트 솔루션은 운영체제를 실시간으로 모니터링하는 데도 도움이 될 수 있다. 애플리케이션 화이트 리스트는 또한 **파워쉘**[177] 스크립트와 기타 유형의 스크립트 사용을 제한해야 하며, 이는 랜섬웨어 공격의 가능성을 제거할 수 있는 방법이다.

애플리케이션 화이트 리스트는 위협 식별과 대응에 필요한 특정 지표에 한

177 파워쉘(Power Shell): MS가 개발한 확장 가능한 명령 줄 인터페이스 셸 및 스크립트 언어를 특징으로 하는 명령어 인터프리터.

계를 두지 않기 때문에 악성 프로그램과 랜섬웨어를 제거하는 데 더 능숙하다. 소프트웨어가 승인되지 않으면 특정 지표에 기반을 둔 기존 바이러스 백신 소프트웨어와는 달리 그런 지표를 필요로 하지 않게 된다. 일반적인 바이러스 백신 소프트웨어는 악성 소프트웨어의 실행을 명시적으로 금지하는 형태로 작동하지만, 이는 위협이 되는 특정 지표에 의한 것이거나 예전에 식별했던 사례에 의존한다.

그러나 문제는 새로운 악성코드가 매시간 생성된다는 것이다. 따라서 바이러스 백신으로 사용 가능한 모든 잠재적인 악성코드에 대한 완전한 데이터베이스를 유지하는 것이 거의 불가능하다. 그 반대의 방법인 애플리케이션 화이트 리스트는 더 제한적이다. 관리자가 명시적으로 승인하고 애플리케이션이 화이트 리스트의 일부인 경우를 제외하고는 실행 코드를 실행할 수 없다. 이렇게 하면 제대로 구현되었을 경우 시스템이나 기계에서 랜섬웨어나 악성 프로그램이 실행될 가능성을 효과적으로 제거할 수 있다.

미국 표준기술연구소 NIST[178]에 따르면, 가장 직접적으로 적용할 수 있는 몇 가지 주요 유형의 애플리케이션 화이트 리스트가 있다.

- **파일 경로[179]를 활용한 애플리케이션 화이트 리스트:** 이 방법은 가장 광범위하고 일반적인 유형이다. 이 방법을 사용하면 화이트 리스트에 포함된 파일 위치(디렉토리/폴더)에 있는 모든 애플리케이션은 사용할 수 있다. 그러나 이 방법 하나만 적용하는 것은 결함이 있으며, 애플리케이션 화이트 리

178 NIST(National Institute of Standards and Technology): 미국 표준 기술 연구소.

179 파일 경로(File Path): 컴퓨터 하드 드라이브에 있는 파일의 위치.

스트의 이점을 최대한 활용하지 못한다. 이 방법이 승인된 디렉터리에 있는 모든 악성 파일까지 실행할 수 있도록 허용하기 때문이다. 이 작업을 보다 안전하게 수행하려면 파일이나 폴더의 위치도 접근 통제에 따라 보호되어야 한다.

- **파일명을 활용한 애플리케이션 화이트 리스트:** 화이트 리스트에 애플리케이션 파일명을 적용하는 방법을 말하는데, 이는 너무 일반적인 접근 방법이며 절충안을 잠재적으로 너무 많이 개방해 놓은 방법이다. 예를 들어, 파일이 악의적이거나 대체되고 이름이 변경되지 않은 경우에도 해당 파일은 계속 실행 가능해진다. 또한, 호스트는 유사한 이름의 악의적인 파일을 활용함으로 인해서 악의적인 작업이 실행되도록 허용할 수도 있다. 이런 한계와 잠재적 결함으로 인해서 이 방법 또한 단독으로 사용해서는 안 된다. 가장 좋은 방법은 경로와 파일명의 속성을 접근 통제하는 방법과 결합하거나 파일명 속성을 디지털 서명 속성과 연결해서 운용하는 것이다.
- **파일 크기를 활용한 애플리케이션 화이트 리스트:** 이 접근 방법은 파일명이나 파일 경로 활용 방법과 같이 다른 속성을 가진 다른 방법과 같이 사용해야만 한다. 간단히 말해서, 이런 방법은 잠재적으로 악의적인 활동을 탐지하기 위해 파일 크기의 모든 변경 사항을 활용하는 방법이다. 다른 접근 방법과 마찬가지로 이 방법은 추가 기능과 결합해서 운용되어야 한다.
- **디지털 서명을 활용한 애플리케이션 화이트 리스트:** 많은 응용 프로그램 파일이 디지털 서명으로 되어 있다. 이러한 디지털 서명은 수신자가 확인해야 하는 각 애플리케이션 파일에 대해 고유한 특정 숫자값을 제공한다. 이렇게 하면 파일이 유효한지 아닌지를 확인할 수 있다. 이런 애플리케이션

화이트 리스트를 사용할 때는 새로운 디지털 서명이 제공되거나 공급업체가 응용 프로그램의 서명 키를 업데이트할 때만 업데이트해야 한다는 것은 이점 중의 하나이다. 또한, 이 접근 방법도 사용하려면 다른 애플리케이션 화이트 리스트 방법과 같이 사용해야 한다.

- **암호화 해시를 활용한 애플리케이션 화이트 리스트:** 이 접근 방법에서, 각각의 개별 애플리케이션은 고유한 암호화 해시를 제공한다. 해시가 변경되지 않고 저장된 해시값과 상관관계가 있는 경우 파일은 사용하기에 적합하고 안전한 것으로 간주한다. 암호화 유형이 강력하며 화이트 리스트가 실행 중인 업데이트를 유지하는 경우, 이 접근 방법은 매우 적합하다. 그러나 새로운 소프트웨어 패치가 있을 때 해시 데이터베이스가 손상되거나 화이트 리스트가 계속 업데이트되지 않으면 응용 프로그램이 작동하지 않거나 잠재적으로 손상될 위험이 크다. 다시 한번 말하지만, 다른 방법과 마찬가지로 이러한 접근 방법을 다른 방법과 조합해서 사용하면 가장 안전하면서도 실패할 잠재적 위험을 최소화할 수 있다.
- **일반적인 보고 기능이 있는 도구를 활용한 애플리케이션 화이트 리스트:** 이를 통해서 관리자와 보안 전문가는 어떤 사용자가 위험한 행위를 하거나 악의적으로 행동하는지 알 수 있다. 또한, 이 기능은 활용하고 있는 접근 방법 덕분에 네트워크에서 가로채거나 무효화된 활동이 무엇인지 리더가 확인할 수 있기 때문에 애플리케이션 화이트 리스트 솔루션의 비용을 정당화하는 데 도움이 될 수 있다. 애플리케이션 화이트 리스트를 사용하면 조직에서 문제가 되기 전에 악성 프로그램 및 위험한 작업을 사전에 차단하는 데 도움이 될 수 있으며, 인프라의 보안 상태를 확인할 수 있다. 마지막으로,

제공되는 보고서와 분석 덕분에 모든 시스템과 말단에서 실행 중인 소프트웨어의 모든 것들을 쉽게 사용할 수 있으므로 규정 준수와 관련된 문제를 쉽게 해결할 수 있다.

오래되고 시대에 뒤떨어진 블랙리스트에 의한 방법은 오늘날 방어하는 측의 요구에 잘 맞지 않는다. 애플리케이션 화이트 리스트를 사용하면 모든 자산에서 작동할 수 있는 것과 작동하지 않는 것을 제한할 수 있으며 잠재적 피해 영역을 제거할 수 있다. 간단하게 장애 지점을 제거함으로써 인프라를 기본적으로 더욱 안전하게 만들 수 있다.

공격 도구와 전략적 지원 도구

방어에 필요한 도구와 전략적 지원 기술이 있듯이 공격에 필요한 솔루션과 도구도 있다. 전쟁에서의 좋은 공격 전략이 있는 것처럼 정보 수집과 선택적 표적화의 필요성이 항상 존재한다. 사이버 공간, 특히 사이버전에서는 공격 작전을 계획하는 데 사용할 수 있는 효과적인 데이터를 수집하고 대조해 봐야 할 필요성이 전통적인 전쟁보다 훨씬 더 많다. 가능한 표적이 너무 많고 표적의 영역이 너무 광범위하기 때문에 공격하는 측에서 잠재적으로 피해를 줄 수 있는 방법을 신중하게 탐색하는 것이 중요하다.

왜 패스워드를 없애야 하는가?

지난 장에서 자세히 설명했듯이 가장 쉽게 이용할 수 있는 공격 방법 중 하나는 패스워드를 활용하는 것이다. 과거 공격에서 도난당한 사용자 ID와 패스워드가 말 그대로 수십억 개에 달한다. 고맙게도 아무리 훌륭한 해커라 할지라도 계획을 수립하고 정보를 수집할 때 가장 먼저 해야 하는 일이 사용 가능한 패스워드를 찾는 것이다.

이 간단한 표적화와 공격 계획을 수립하는 방법이 매우 유용한 이유는 패스워드와 사용자 ID라는 패러다임이 너무 널리 퍼져 있어서 어떤 시스템에서 작동하는 ID/Password 한 쌍을 찾고 그것을 발판으로 네트워크에 더 깊이 파고들 가능성이 거의 확실하기 때문이다. 다양한 연구에서 사용자들은 평균 6.5개의 패스워드를 알고 있으며, 각각은 3.9개의 서로 다른 사이트에서 같이 사용되고 있다. 포네몬 연구소와 같은 곳에서 연구했던 다른 보고서에 따르면, 사용자의 약 69%가 둘 이상의 기기나 사이트에 동일 패스워드를 사용하고 있는 것으로 나타났다(Ponemon Institute LLC, 2019). 간단히 말해서, 패스워드는 제대로 관리되어야 하는 것이다! 다른 연구 보고서에서, **라스트 패스(LastPass)** 같은 회사들은 평균적으로 직원들이 약 200개의 패스워드를 관리해야 한다고 말하고 있다. 동일 보고서에 따르면 확인된 데이터 침해의 80% 이상이 패스워드와 관련되어 있었다. 대부분 사용자가 보유한 계정 수를 과소평가하는 것으로 나타났다. 250명의 직원으로 구성된 회사를 대상으로 조사한 보고서에 따르면, 업무와 관련 있는 애플리케이션에 접근하기 위해 사용되는 패스워드는 4만 개에 달할 수 있다. 연구에 따르면 사용자 4명 중 거의 3명이 같거나 유사한 패스워드를 사용하고 있었다(Gott, 2017).

인프라의 상호 연결성과 보안 인증 및 권한 관리에 대한 취약한 접근 방법 덕분에 공격하는 측에서 필요로 하는 것은 패스워드 한 개뿐이다.

rockyou.txt 파일에는 사용자 ID와 패스워드가 320억 개 이상의 잠재적 계정과 관련된 140억 개 이상의 사용자 ID가 있었다.

rockyou. txt contains 14,341,564 unique **passwords**, used in 32,603,388 accounts.
Jan 13, 2019

Common Password List (rockyou.txt) | Kaggle
https://www.kaggle.com › wjburns › common-password-list-rockyoutxt

:: 얼마나 많은 패스워드와 사용자 ID가 하나의 패스워드로 사용 가능한지를 보여 주는 구글 검색 결과 ::

출처: Kaggle.com

해커들이 표적화를 시작하는 데 필요한 사용자 ID와 패스워드를 수집하고 활용하는 데 도움을 주는 다양한 수단이 있다. 지하 웹사이트에서 단순히 패스워드 목록을 사는 것에서부터 pastebin.com과 같은 사이트를 찾아보는 것까지 모든 것이 잠재적으로 활용 가능한 자산을 수집하는 수단이 될 수 있다.

다음 섹션에서는 널리 사용되고 효과적인 인증서 획득 방법 중에서 하나를 살펴보고자 한다.

WhatBreach

오픈소스에서 도구를 찾아보는 것은 이러한 형태의 정보를 수집하기 위해서 활용 가능한 방법이다. 이 특정 공격에 필요한 정보를 수집하는 수단으로 가장 적합한 것 중 하나는 **깃허브**를 통해 이용할 수 있는 **WhatBreach**라는 도구이다.

깃허브 게시물에 따르면 WhatBreach는 피해를 본 이메일, 데이터베이스, 붙여 넣기와 관련 정보를 찾는 데 사용할 수 있는 오픈소스 정보와 관련 있는 도구이다.

데이터베이스를 공개적으로 사용할 수 있는 경우에 다운을 받거나, 이메일이 표시된 붙여 넣기를 통해서 다운을 받거나, 추가 조사를 위해 이메일 도메인을 검색할 수 있는 방법이다. WhatBreach는 아래 웹 사이트를 활용하거나 애플리케이션 프로그래밍 인터페이스인 API를 사용한다.

WhatBreach에 대한 몇 가지 세부 사항을 알아보면 다음과 같다.

- WhatBreach는 haveibeenpwned.com의 애플리케이션 프로그래밍 인터페이스를 활용한다. HIBP의 애플리케이션 프로그래밍 인터페이스는 더 이상 무료가 아니며 한 달에 3.50 USD를 지불해야 한다.
- WhatBreach는 dehashed.com을 활용해서 데이터베이스가 이전에 공격당한 적이 있는지 탐지한다. WhatBreach는 효과적인 다운로드를 위해서 해시가 해제된 검색 링크를 제공한다.
- WhatBreach는 hunter.io의 애플리케이션 프로그래밍 인터페이스를 활용한다. 이렇게 하면 간단하고 효과적인 도메인 검색이 가능하며 검색 중인 도메인에 대한 추가 정보를 제공받을 수 있고, 나중에 처리할 수 있도록 검색된 결과를 파일로 저장도 가능하다.

- WhatBreach는 HIBP에서 발견된 pastebin.com의 붙여 넣기를 활용한다. 또한, 침해가 확인된 붙여 넣기 링크를 제공하고 요청 시 원래의 붙여 넣기를 내려받을 수 있다.
- WhatBreach는 웹사이트에 있는 데이터베이스를 활용하기 위해서 databases.today의 이점을 취할 수 있다. 이렇게 하면 수동으로 검색하지 않고도 간단하고 효과적으로 데이터베이스를 내려받을 수 있다.
- WhatBreach는 weleakinfo.com의 애플리케이션 프로그래밍 인터페이스를 활용한다. 이렇게 하면 이메일을 추가로 검색해서 더 많은 공개된 피해 상황을 발견할 수 있다.
- WhatBreach는 emailrep.io의 간단한 개방형 애플리케이션 프로그래밍 인터페이스를 활용해서 이메일과 관련된 가능한 프로필을 검색한다. 또한, 추가 조치를 위해 검색된 모든 정보를 파일로 모아 둔다.

WhatBreach의 기능은 다음과 같다.

- 이메일이 10분 후에 자동 소멸되는 일회용인지 탐지하고 처리 여부를 확인하는 기능.
- hunter.io를 활용해서 이메일의 전송 가능 상태를 확인하는 기능.
- HIBP가 사용자를 차단하지 못하도록 요청을 조절할 수 있는 기능.
- 데이터베이스(크기 때문에)를 선택한 디렉토리로 내려받는 기능.
- 한 줄에 하나의 이메일이 포함된 단일 이메일 또는 텍스트 파일을 검색하는 기능.

다음은 WhatBreach를 활용해서 이메일을 검색한 사례를 보여 준다.

```
python whatbreach.py -e user1337@gmail.com

[ i ] starting search on single email address: user1337@gmail.com
[ i ] searching breached accounts on HIBP related to: user1337@gmail.com
[ i ] searching for paste dumps on HIBP related to: user1337@gmail.com
[ i ] found a total of 9 database breach(es) pertaining to: user1337@gmail.com
--------------------------------------------------------
Breach/Paste: | Database/Paste Link:
Dailymotion | https://www.dehashed.com/search?query=Dailymotion
500px | https://www.dehashed.com/search?query=500px
LinkedIn | https://www.dehashed.com/search?query=LinkedIn
MyFitnessPal | https://www.dehashed.com/search?query=MyFitnessPal
Bolt | https://www.dehashed.com/search?query=Bolt
Dropbox | https://www.dehashed.com/search?query=Dropbox
Lastfm | https://www.dehashed.com/search?query=Lastfm
Apollo | https://www.dehashed.com/search?query=Apollo
OnlinerSpambot | N/A
```

WhatBreach가 있는 공용 데이터베이스를 내려받는 방법은 다음과 같다.

```
python whatbreach.py -e user1337@gmail.com -d

[[ i ] starting search on single email address: user1337@gmail.com
[ i ] searching breached accounts on HIBP related to: user1337@
gmail.com
[ i ] searching for paste dumps on HIBP related to: user1337@gmail.
com
[ i ] found a total of 9 database breach(es) pertaining to: user1337@
gmail.com
--------------------------------------------
Breach/Paste: | Database/Paste Link:
Dailymotion | https://www.dehashed.com/
search?query=Dailymotion
500px | https://www.dehashed.com/search?query=500px
LinkedIn | https://www.dehashed.com/search?query=LinkedIn
MyFitnessPal | https://www.dehashed.com/
search?query=MyFitnessPal
Bolt | https://www.dehashed.com/search?query=Bolt
Dropbox | https://www.dehashed.com/search?query=Dropbox
Lastfm | https://www.dehashed.com/search?query=Lastfm
Apollo | https://www.dehashed.com/search?query=Apollo
OnlinerSpambot | N/A
--------------------------------------------
[ i ] searching for downloadable databases using query: dailymotion
```

[w] no databases appeared to be present and downloadable related to query: Dailymotion
[I] searching for downloadable databases using query: 500px
[w] no databases appeared to be present and downloadable related to query: 500px
[i] searching for downloadable databases using query: linkedin
[?] discovered publicly available database for query LinkedIn, do you want to download [y/N]: n
[i] skipping download as requested
[w] no databases appeared to be present and downloadable related to query: LinkedIn
[i] searching for downloadable databases using query: myfitnesspal
[w] no databases appeared to be present and downloadable related to query: MyFitnessPal
[i] searching for downloadable databases using query: bolt
[w] no databases appeared to be present and downloadable related to query: Bolt
[i] searching for downloadable databases using query: dropbox
[?] discovered publicly available database for query Dropbox, do you want to download [y/N]: n
[i] skipping download as requested
[w] no databases appeared to be present and downloadable related to query: Dropbox
[i] searching for downloadable databases using query: lastfm
[?] discovered publicly available database for query Lastfm, do you want to download [y/N]: n
[i] skipping download as requested
[w] no databases appeared to be present and downloadable related

```
to query: Lastfm
[ i ] searching for downloadable databases using query: apollo
[ w ] no databases appeared to be present and downloadable related
to query: Apollo
[ i ] searching for downloadable databases using query:
onlinerspambot
[ w ] no databases appeared to be present and downloadable related
to query: OnlinerSpambot
```

오픈소스를 통해서 활용할 수 있는 또 다른 도구는 깃허브에서 찾아볼 수 있는 데, 비슷한 기능을 제공하거나 WhatBreach와 결합해서 사용할 수 있는 **H8mail**이 있다. **H8mail** 도구는 손상된 사용자 ID, 이메일 계정과 관련 패스워드를 검색할 수 있다는 점에서 WhatBreach와 유사한 도구이다. 이 도구는 최근에 **실라**(Scylla)라는 새로운 버전으로 업데이트되었다. 기본적으로 동일 기능을 가진 동일 도구이지만 오픈소스 도메인 목록화와 관련된 몇 가지 전문화된 모듈도 포함하고 있다.

사용자 ID와 패스워드는 비교적 간단한 방법으로 수집할 수 있지만 이런 것들이 제공할 수 있는 잠재적인 접근 방법은 매우 중요한 의미가 있다. 관리자 계정이나 접근할 수 있는 데이터 하나만 있으면 전체 네트워크가 잠재적으로 위협을 받을 수 있기 때문이다.

이미 손상된 패스워드를 찾을 수 있는 이와 같은 도구를 활용하는 것은 방어 팀에게 매우 중요한 의미가 있다. 상대가 이미 사용하고 있을 가능성이 크다는 것을 알고 이러한 위협으로부터 사전에 예방적으로 방어할 수 있으면 공격받을 공간을 줄이는 데 도움이 되기 때문이다.

SNAP_R

새로운 공격 도구나 공격을 가능하게 만드는 방법으로는 잠재적 표적을 낚기 위한 링크인 피싱 링크를 보내기 위한 머신러닝(ML) 기법과 트위터의 능력을 조합해서 활용하는 방법이 있다. 이런 방법은 몇 년 전까지만 해도 개념조차 없었지만, 보안 회사 제로 폭스(ZeroFox)의 연구원들 덕분에 지금은 현실이 되었다. 제로폭스사의 연구원들은 자동화된 피싱 작전을 수행하기 위해 트위터를 활용할 수 있는지를 연구 목적으로 알아보려고 했다. 그들은 그것이 가능할 뿐만 아니라, 자동화된 트위터 봇의 클릭률이 같은 공격 전술을 수동으로 했을 때보다 실제로 더 나은 결과를 보인다는 것을 발견했다. 이 전체 도구 세트는 깃허브를 통해 2018년에 일반에 공개되었다.

그들이 개발한 도구는 정찰을 통해서 소셜 네트워크를 자동으로 피싱한다는 의미로 **SNAP_R**(Social Network Automated Phishing with Reconnance)이라고 하며, **'스내퍼(Snapper)'**라고 읽는다. 이 솔루션은 머신러닝(ML) 기법을 활용해서 많은 사용자 샘플을 표적으로 하는 동시에 해당 목록을 가장 중요한 표적으로 줄여 주기도 한다. 그런 다음 더 줄어든 표적 목록에서 선택된 트위터 프로필을 개발하는 데 활용된다.

이렇게 만들어진 프로필은 예전의 트위터 활동을 기반으로 최종 선택된다.

이 자동화된 공격의 마지막 단계는 트위터 봇이 프로필을 활용해서 표적으로부터 감정적인 반응을 일으키도록 의도된 고유한 트윗을 만들도록 도와주는 것이다. 특정 시간에 봇이 특정 트윗을 표적에게 전송한다. 표적화 시간은 예전에 트위터에서 상호 작용했던 것을 기반으로 프로파일링한 사용자가 가장 활발하게 상호 작용을 하던 시간을 기반으로 한다. 깃허브에 저장된 자료에 따르면, 이 도구를 실행하는 데 필요한 요구사항은 비교적 간단하다. 다음 소프트웨어 패키지와 계정에 대한 접근만 가능하면 된다.

- 파이썬 버전 2.7(Python Version 2.7)
- 트위터 개발자 애플리케이션 프로그래밍 인터페이스 인증서, 트위터 계정 사용자 ID와 패스워드, goo.gl 애플리케이션 프로그래밍 인터페이스 키(모두 credentials.py 의 해당 변수에 포함되어 있음)
- github.com/larspars/word-rnn에서 word-rnn을 내려받아서 설치

자, 그럼 어떻게 공격을 실행할 수 있는지 알아보자.

SNAP_R을 활용한 공격(샘플 명령)

다음 단계에 따라 공격을 실행한다.

1. SNAP_R 저장소를 복제한다.

2. SNAP_R 저장소의 루트 디렉토리에 있는 다양한 서비스로부터 사용자 인증을 받아서 credentials.py를 만들고 입력한다.
3. tweets_model.t7을 내려받고, word-rnn/cv/로 이동한다.
4. 클릭할 사용자 목록과 URL을 가져온다.
5. 가상 환경 안에서 pip install -r requirements.txt를 실행한다.
6. python main.py를 실행한다. python main.py -h를 실행하면 다양한 옵션과 매개 변수를 활용할 수 있다.

이렇게 간단한 설치 방법으로, 누구나 오프시켜 버릴 수도 있고, 성공할 가능성이 큰 자동화된 트위터 봇을 통해 공격을 할 수도 있다. 표적화 목록이 클수록 클릭 가능성이 커진다. 클릭 후 활동하는 최말단이 악의적 사이트를 가리키거나 자동 다운로드 기능이 있는 한, 표적이 되는 사용자는 공격의 희생자가 되고 공격은 성공한다.

영향력을 위한 댓글 날조

유사한 접근 방법으로, 연방 기관 사이트에서 봇이 분석가를 충분히 속일 수 있는지 알아보기 위해서 한 연구원이 '봇이 제대로 만들어졌는지 평가하기 위한 연구 결과'를 발표하며 인공지능(AI)과 온라인 미디어 활용을 결합한 또 다른 공격 전략을 선보였다. 이 연구는 아이다호 의학 혁신 사이트, IMFS(Idaho Medical Reform Site)에서 진행되었다.

미국에서는 각 기관이 온라인으로 의견을 수렴하는 방법으로 연방 정책을 결정하는 과정에 정보를 제공할 수 있는 의견 제출 기간이 있다. 이 연구를 위해서 연구원은 연방에서 의견 수렴 과정이 자동화되어 있고 딥페이크에 취약하다는 것을 확인했다. 또한, 이 방법으로 인간들의 상호 작용을 속일 수 있다는 점을 증명하는 데 성공했다. 그 연구원의 봇은 인간과 유사한 의견을 성공적으로 많이 만들어 냈고, 아이다호 의학 혁신 사이트 IMFS를 위한 연방 공공 의견 웹사이트에 직접 제출하기도 했다. 이 봇은 말 그대로 정책과 의사 결정자에게 영향을 미칠 수 있었고 완전히 자동화된 방식으로 운영되었다.

그 연구원의 봇은 1,000개 이상의 딥페이크 댓글을 만들어서 Medicaid.gov 홈페이지에 있는 공개 댓글 웹사이트에 4일간에 걸쳐 게시했다. 봇이 제출한 의견들은 제출된 총 공개 의견의 50% 이상을 차지했다. 봇이 제출한 의견은 아이다호주에서 시행하는 빈곤층에게 의료 지원을 해 주는 제도인 의료부조에 대한 신청을 유예하는 내용과 그와 관련한 대중들의 후속 논평에 대한 글 등이었다. 여기에는 유예 제안에 대한 수용 가능한 인원을 검토한 결과, 정부가 감당해야 하는 비용에 대한 잠재적 영향 및 납세자에 대한 불필요한 행정 부담에 대한 논의 등이 포함되었다.

봇이 만들어서 사이트에 제출된 의견 샘플은 놀라울 정도의 정확도를 보여준다. 이 시스템은 또한 분석가들을 제대로 속이기 위해서 논평의 감정, 솔직함, 그리고 재치 있는 문구 등을 사용했다. 봇이 만들어 낸 의견 중에서 가장 많은 부분은 연방에서 유예하는 제도에 대한 부정적인 견해였다. 봇이 만들어서 제출한 의견의 양과 제도가 가진 힘 때문에 실제 국민투표 결과는 부정적인 영향을 받을 수 있었다. 자동화된 봇이 만들어서 제출한 댓글은 공개 댓글을 게시할 수 있는 기간 동안 참여자들인 인간이 작성한 댓글과 사실상 구분할 수 없을 정도였다. 분석가와 조정자인 인간에게는 봇이 만들어 낸 댓글을 식별해 낼 수 있는 수단이 없었다.

딥페이크가 만들어서 제시한 의견 중에서 **'지원, 중립 및 반대'**의 사례는 다음과 같다.

댓글	반응한 ID	날짜 / 시간	의견 구분
나는 아이다호주의 의료 프로그램을 조사하기 위한 정부의 작은 노력을 지지한다.	459,669	19.10.27 오후 4:00	지지함
의료부조는 중요한 사회안전망이다. 의료부조는 대상에서 제외된 사람들이 다시 일어설 수 있도록 돕는 역할을 한다. 우리는 건강과 복지를 아이다호 의료프로그램의 우선순위로 삼을 필요가 있다.	459,825	19.10.27. 오후 6:08	중립
저는 이미 어려움을 겪고 있는 사람들에게 새로운 부담을 주는 이 프로그램을 반대한다. 의료부조에 대한 제안된 변경사항은 환자들이 가장 어려울 때 건강보험을 거부할 수 있다. 나는 접근 장벽을 만드는 이 프로그램을 지지하지 않는다. 나는 제안된 유예 방안을 바꾸기를 원한다.	460,129	20.10.27 오후 10:36	반대함

모든 딥페이크 논평은 감정적으로 부정이란 방향으로 편향될 수 있었고, 이는 중요한 민주적 절차를 흔들 수 있었다. 이런 활동을 하는 데 드는 비용은 100달러도 채 안 되었다. 공개적으로 사용 가능한 정보와 코딩에 대한 기본적인 능력만 있으면 봇으로 댓글 달기를 자동화할 수 있었다. 이런 종류의 공격은 12줄 미만의 코드로 시작될 수 있다. 또한, 이 기술은 연방 또는 민간에서 의견을 다는 웹사이트를 운영하는 다른 플랫폼을 통해서 수정하는 것도 쉬웠다.

기술력이 있는 악성 행위자의 의견만 반영된다면 정부 기관이나 민간단체가 공정한 의견 수렴의 기회를 잃을 수도 있고, 그 구체적 절차에 대한 국민의 신뢰를 잃게 될 것이며, 그 결과 또한 무효화될 것이다.

결론

뉴스와 미디어 사이클 전반에 걸쳐 가장 자주 나타나는 적대적 세력은 사이버전에서 능력이 있는 지위에 있는 자로 묘사된다. 그것이 반드시 사실이 아닌 것은 아니지만, 사이버 분야에서 방자(防者)에 의해 그 주도권을 되찾을 수 있다. 하지만 이를 위해 방자(防者)는 자신들의 오래된 접근 방식을 문제가 된 상황에 적응시키고, 적들과의 싸움에서 이길 수 있는 도구와 기술을 활용해야 한다. 전투 공간에서 잃어버린 공간을 다시 찾아오는 게 결코 쉽지는 않겠지만, 영리하고 전투력의 승수효과를 발휘함으로써 고지를 탈환할 수 있는 실질적인 가능성이 있다.

다음 9장에서는 방어하는 이에게 도움이 되는 몇 가지 새로운 혁신에 대해 살펴보고, 방어 전략과 계획에 대해 고민해 보며, 적에 의한 공격이 성공했을 경우 피해를 완화하는 방안에 대해 알아보겠다.

제9장

충격에
미리 대비하라

"전장은 끊임없는 혼돈의 현장이다. 자신에게 닥친 혼돈과 적군, 이 둘을 다 통제할 수 있는 사람이 승자가 될 것이다."

– 나폴레옹 보나파르트

사이버 공간은 인간이 지금까지 경험해 본 것 중에서 가장 역동적인 전쟁터이다. 위협은 빛의 속도로 다가오고, 공격 능력을 적절하게 조작하면 전 세계에 그 영향력을 미치게 할 수도 있다. 사이버 공간에서는 공자(攻者)에게 주도권이 주어질 수도 있지만, 그렇다고 해서 지구상의 모든 방자(防者)가 완전히 쓸모없다는 것을 의미하지는 않는다. 사실 전장이 워낙 역동적이면서 실질적이어서 방자(防者)도 공자(攻者) 못지않게 효과적일 수 있기 때문이다.

그러나 그렇게 되려면 사이버 공간이 원래 아주 융통성이 많아서 점점 더 많은 변화가 있을 것이라는 사실을 방자(防者)는 인식하고 있어야 한다. 그리고 디지털 전장에서 우위를 점하기 위해서는, 방자(防者)가 단순히 자신들이 힘의 균형에서 약자의 위치에 있을 때 대응하는 것이 아니라, 자신들이 가장 효과적일 때 적을 선택해서 교전하는 것이 필요하다.

하지만 적들이 마음먹은 대로 이길 수 있는 가장 확실한 방법으로 공격을 해 올 때, 방어를 제대로 하려면 어떻게 해야 할까? 그런 대응을 위해서 통제해야 하는 부분이 전투 공간으로 정의되어 있지만, 방어선 밖에 있을 때 방자(防者)는 어떻게 대응해야 하는가? 적의 거점 확보 능력과 혼란을 만드는 능력을 제한할 수 있는 가장 효과적인 방법과 연습이 있는가?

대답은 '그렇다'이다. 적으로부터 주도권을 되찾고 사이버 공간에서 더 나은 회복력과 대응 조치를 가능하게 하는 방법들이 있다.

그러나 이는 간단한 문제가 아니다. 새로운 기술과 적의 전술 변화로 인해 야기되는 위협을 제거하는 동시에 전투 공간 내부로 위협을 끌어들여 사용자의 능력을 제한하는 것처럼 접근 방식을 전반적으로 바꾸는 것은 쉬운 일이 아니다. 하지만 가능하다.

이번 9장에서는 아래 사항에 대해 살펴보고자 한다.

- 방어 전략의 일부로 마이크로 세분화(micro-segmentation) 적용.
- 통제/방어 영역을 내부 네트워크에서 사용자와 사용자의 기기로까지 확장.
- 정보가 사이버 공간을 방어하는 데 어떻게 도움이 될 수 있는가?

사이버 보안 분야의 새로운 혁신, 특히 마이크로 세분화가 얼마나 강력한지에 대해 알아보는 것부터 시작한다.

미리 밝혀 둘 것들

이번 섹션에서 제공되는 특정 솔루션과 솔루션 공급업체에 대한 참고 자료는 사례를 설명하기 위한 목적과 정보 제공 목적으로만 활용되었다. 공급업체의 도구나 기술에 대한 모든 정보와 참고 자료는 어떤 부연 설명, 보증 또는 편견 없이 제시되었다. 이 책에 어떤 도구나 기술 등을 설명한다고 해서 그런 도구나 기술에 대한 정보, 서비스, 제품 또는 제공자를 저자가 보증한다거나 지원한다는 의미가 아님을 밝혀 둔다.

〈마이크로 세분화〉는 생존에 필요한 열쇠다

방어선에 기초한 보안 개념이 온전히 실패했던 원인을 잘 이해하고 있다면, 실패한 원인을 기술로 뛰어넘을 방법에 대해 생각해 볼 필요가 있다.

그렇게 생각하고 있다면, 우리는 **'높은 방어벽이 우리를 지켜 줄 것'**이라는 고정 관념에 기대지 않고 인프라 내부에서 적을 고립시키고 상대적 우위를 점하기 위해 우리가 어떤 노력을 해야 하는가에 대하여 질문하게 될 것이다. 여기에 관한 기본 개념이 바로 **마이크로 세분화**이다.

마이크로 세분화(Micro Segmentation)란?

먼저 **마이크로 세분화** 사용을 제안한다는 것이 실제로 무엇을 의미하는지 자세히 살펴보자. 기존 **방어선에 기초한 보안모델**에서 세분화는 주로 방화벽에 의존하고 있었다. 방화벽이란 것이 인프라에 경계선을 긋고 통제된 공간과 통제되지 않은 공간에 대한 명확한 한계 설정을 위해서 여전히 필요하긴 하지만, 현대적 인프라의 주요 세분화 수단으로 방화벽을 사용하는 것을 **마이크로 세분화**라고 보기에는 방화벽이 너무 **'크게'** 나누어져 있다. 방화벽을 사용하는 주요 개념은 일반적으로 인프라를 네트워크로 나누는 데에만 초점을 맞추고 있으며, 그렇게 되면 인프라와 연결되는 자산에 의해 만들어진 트래픽은 점점 더 제한이 많은 통제 지점으로 흘러 들어가게 된다.

이러한 맥락에서 보면 방화벽을 활용한다는 것은 주로 대규모 네트워크 인프라에서 소규모로 나누어진 것들을 더 쉽게 관리하고 검사 지점을 통과할 수 있는 트래픽에 대한 내부 검사를 가능하게 하는 기능을 한다. 일반적으로, 방화벽 접근 방식은 인프라를 **내부, 외부 및** DMZ와 같이 **'영역'**별로 나누는 형태로 구성된다. 개인 또는 내부 영역은 조직의 인프라 내부에서 트래픽이 이동하는 인터페이스를 위한 영역이다. 이에 비해, 때때로 외부라고 할 수 있는 공용 영역은 공용 네트워크 또는 인터넷에 접하고 있는 인터페이스를 위한 것이다. DMZ 영역은 공용 웹 또는 메일 서버가 포함된 내부와 외부 영역 간에 자주 버퍼 역할을 하는 인터페이스를 위한 것이다.

그러나 이렇게 나누는 것은 **마이크로 세분화**가 아니라 그냥 단순하게 나누어 놓은 것에 불과하다. 이런 접근 방식은 개방된 인프라에서 고립된 인프라로 전환하려는 사람들에게 유용할 수 있지만, 현대적 위협이 채택하고 있는 매우 역동적이고 일시적인 전술적 조치들과 싸우기에는 본질적으로 충분히 세분화된 것이 아니다.

마이크로 세분화를 활용하려면 **보안 통제 기능을 방화벽 너머까지 확장**함으로써 보안 통제의 대상이 되는 영역은 훨씬 더 넓어질지 모르겠지만 통제할 영역은 효과적으로 나눌 수 있어야 한다.

과거에 사용하던 네트워크 세분화 도구나 **내 · 외부 그리고** DMZ와 같은 방화벽은 오늘날의 인프라와 클라우드 네트워크와는 잘 맞지 않는다. 이런 오래된 패러다임은 방어 체계가 데이터 센터의 물리적 장치 간의 트래픽을 필터링만 하도록 설계되었을 뿐이며, 새로운 작업 때문에 생기는 부하량들을 가상 서버와 호스트에 제공할 수 있는 능력은 고려되지 않았다.

마이크로 세분화가 제대로 기능하게 되면 애플리케이션의 각 계층과 네트워크의 각 사용자가 리소스에 접근할 때 각 장치와 인프라를 통해 전송되는 각 패킷 내에 작은 개별 영역이나 세분화가 효과적으로 만들어진다. 그리고 활용 대상을 대규모로 넓히게 되면, 데이터 센터 내부와 시스템 내 주요 통제 지점 전체에서 세분화가 기하급수적으로 늘어날 수 있다. 진정한 **마이크로 세분화**를 위해서는 호스트, 네트워크, 사용자, 기기, 애플리케이션, 그리고 데이터와 인프라에 접근하려는 모든 통제 가능한 구성요소나 기기들을 전담해서 보안을 통제하는 수단이 있어야 한다.

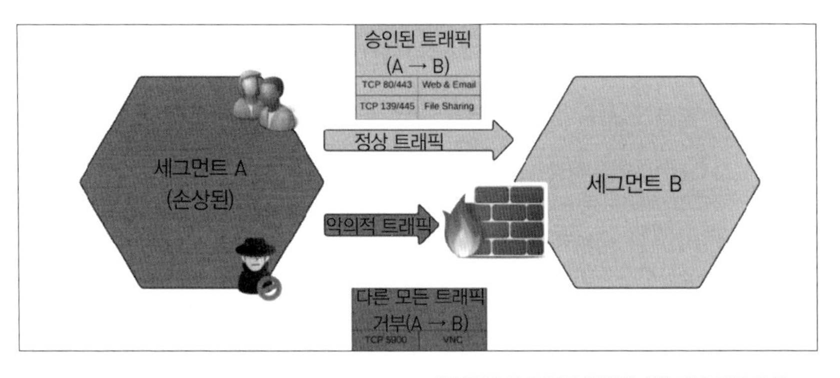

:: 방화벽으로 구분된 영역에 대한 기본 접근 방식 ::

네트워크에서의 **마이크로 세분화**는 단일 서브 넷, 가상 LAN, 동보 허용 영역[180], 또는 동일 보안 영역에 상주하는 호스트를 방호하려는 노력의 결과물이다.

네트워크에서 **마이크로 세분화**를 사용하면 통제와 호스트 기반 세분화, 그리고 동적 규칙 설정 등을 활성화함으로써 보안 통제를 먼저 통과하지 않고도 호스트가 서로 직접 통신하는 기능을 제한할 수 있다. **마이크로 세분화** 구현이

180 동보 허용 영역(Broadcast Domain): 네트워크에서 어떤 단말이 송신한 동보 패킷이 전달되는 허용 영역. 영역 내에 있는 단말은 직접 통신이 가능하며, 라우터 사용을 기준으로 분할된다.

가능하게 하려면 가상화를 통해서 접근 방식을 통제하는 것이 필수적이다. 가상화된 접근 방식을 사용하면 각각의 가상 환경은 서로 다른 환경에서 실행되는 각각의 고유한 방화벽을 가지게 된다. 그리고 원격 방화벽이나 가상 환경 자체만으로는 작동되지 않는다. 이 방법이 제대로 적용되면 먼저 호스트 방화벽에 의한 검사 없이는 각각으로 구분된 가상 환경 상호 간에 통신이 발생하지 않으며, 필요에 따라 호스트 방화벽에 의해 차단되기도 한다.

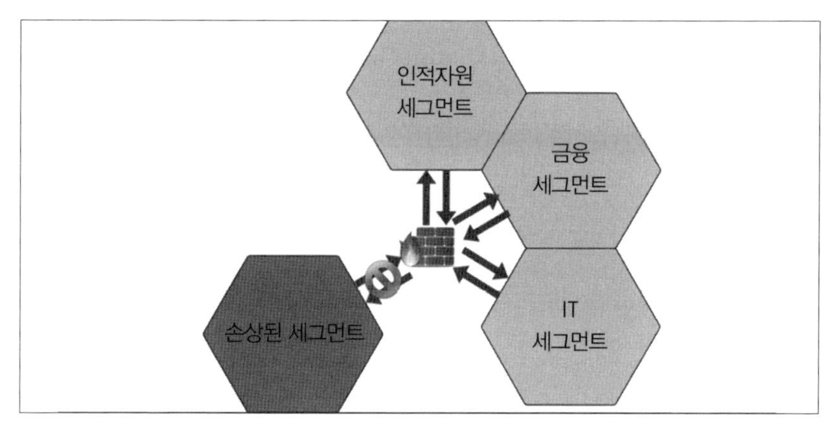

:: 마이크로 세분화의 기본 동작 원리 ::

우리는 이제 마이크로 세분화가 무엇인지에 대해 조금 더 알게 되었다. 다음은 마이크로 세분화의 몇 가지 기본적인 기술에 대해 생각해 보자.

〈마이크로 세분화〉에 필요한 도구와 기술

마이크로 세분화가 가능한 것은 하드웨어 수준에서 네트워크 계층의 통제를 가상화할 수 있는 비교적 새로운 2가지 기술 때문이다(Bigelow, 2016). 가장 중요한 첫 번째 기술은 일반적으로 **소프트웨어 정의 네트워킹**, 즉 SDN(Software Defined Networking)이라고 한다.

네트워크를 가상화함으로써 규칙과 통제 방법으로 구성된 **제어표면**(Control Plane)은 네트워크 스위치 또는 라우터에서 가치 있는 데이터와 자산이 기능하는 **데이터 표면**(Data Plane)이 제거된 별도의 제어표면으로 만들어진다. 따라서 그 제어표면은 이제 네트워크 하드웨어에서만 동작하지 않고, 대신 컨트롤러라고 하는 전용 가상 서버에서 작동하게 된다.

이 중앙 컨트롤러는 라우터와 스위치에 지시를 내리고 네트워크 전체에서 패킷을 이동하는 방법을 알려 주는 두뇌 역할을 한다. 이런 작업은 데이터 영역의 기기들과 소프트웨어 정의 네트워킹 컨트롤러가 통신하게 하는 방법[181]을 활용해서 수행된다. 소프트웨어 정의 네트워킹은 또한 현재 가상화된 인프라의 유연성 덕분에 이런 접근 방식을 유지할 수 있으며, 네트워크 제어 응용 계층과의 인터페이스[182]를 활용할 수 있다.

이런 접근법은 프로그래머뿐만 아니라 보안과 네트워킹 전문가들에게도 유익하며, 애플리케이션의 기능에 기초하여 네트워크 최적화 기능을 가진 애플리케이션을 만들어 낼 수 있는 추가적인 능력까지 확보할 수 있다. 소프트웨어 정의 네트워킹은 애플리케이션의 요구사항을 이해하고 네트워크 계층 구성요소를 제어할 수 있는 기술이기 때문에 유용하다. 이를 통해 사용자에게 가장 적합한 구성으로 최적화하기 위해 인프라 내의 구성요소를 더욱 좋게 개선시

181 Southbound API: 데이터 영역의 장치들과 SDN 컨트롤러가 통신하는 인터페이스.

182 Northbound API: 네트워크 제어 응용 계층과의 인터페이스.

킬 수 있다. 이 접근법을 사용한다는 것은 네트워크가 스스로 최적화되고, 이에 따라 애플리케이션이 성능 때문에 요구하는 사항을 '즉각' 충족할 수 있다는 것을 의미한다.

업계에서 **'새롭긴 하지만'** 마이크로 세분화를 가능하게 하는 접근 방식의 두 번째 구성요소는 **소프트웨어 정의 데이터 센터**[183]이다. 더 단순하면서도 오래 운영되었던 하드웨어 중심의 데이터 센터와는 달리 소프트웨어 정의 데이터 센터는 가상화를 통해서 하드웨어 데이터 센터의 전체 인프라를 가상화한다. 이 접근 방식에서 소프트웨어 정의 데이터 센터는 하드웨어를 컴퓨팅, 스토리지, 네트워크 및 하드웨어의 4가지 기본 구성요소로 나눈다(Rouse, 2017). 이를 통해 가상화 애플리케이션은 다양한 애플리케이션, 운영체제 및 다양한 네트워크 구성을 하나의 하드웨어에서 제공할 수 있게 되므로 운영 능력과 투자 대비 수익률이 크게 향상된다.

또한, 더 많은 컴퓨팅 성능이 필요한 경우 추가 주문 형태로 하드웨어 하나만 추가함으로써 하드웨어 계층 전반에서 가상 자산에 더 많은 능력을 제공할 수 있다. 가상화 플랫폼은 업계에서 이미 널리 받아들여지고 있어서 이 접근 방식을 통해 가상 환경을 데이터 센터 서버 간에, 그리고 데이터 센터 간에 쉽게 이동시킬 수 있다. 기본적으로 소프트웨어 정의 데이터 센터를 활용하면 한때 물리적 하드웨어 중심에서 문제였던 것을 완전한 가상화로 만들 수 있게 되고, 세분화된 전체 인프라에서 이동이 가능해지면서 역동적으로 변화한다.

183 소프트웨어 정의 데이터 센터: SDDC(Software Defined Data Center).

소프트웨어 정의 네트워킹(SDN)용 실질적인 응용 프로그램

그러나 **소프트웨어 정의 네트워킹과 데이터 센터의 발전**으로 인해 마이크로 세분화는 규모와 확산 정도라는 측면에서 보면 훨씬 더 커져야 한다. 한때 세분화해야 했던 가상의 인스턴스가 이제는 전체 가상 생태계를 동적으로 보호해야 하기 때문이다. 이 접근법이 효과적이려면 정확히 무엇을 어떻게 세분화해야 하는지 이해해야 한다. 세분화의 개념은 종종 네트워크 계층에서만 적용했지만, 보안 통제와 관리의 용이성을 확대하기 위해서 최말단까지 모든 구성요소에서 그 능력을 더 확장해야 할 필요성이 있다. 그러나 개념 설정과 무엇을 어떻게 세분화할 것인가에 대해 깊이 생각하지 않으면, 이것이 실질적으로 훨씬 더 어려울 수 있다.

방어해야 하는 **표면(Plane)**에서의 더 나은 지휘 · 통제와 가시성을 위해서는 동일 보안 영역 내에서 네트워크의 측방 또는 내부 트래픽을 활용해서 통신하는 모든 자산에 대한 가시성을 확보해야 한다. 이 업무를 제대로 수행하면 **'무거우면서 둔중'**하게 되고 비용이 많이 들 수 있다(Miller, 2015). 이렇게 하려면 보안 영역 밖의 트래픽을 별도의 검사 지점으로 이동시킨 다음에 해당 트래픽을 검사한 후에 다시 보안 영역으로 되돌려주어야 하기 때문이다. 기본적으로, 이렇게 하는 것은 일종의 보안 **'엔드 어라운드'**[184]가 된다. 어떤 이점을 얻든 간에 보안 팀은 구체적으로 어떤 것을 보호해야 하는지, 어떤 자산을 덜 방

184 엔드 어라운드(End Around): 볼을 받은 공격팀의 엔드가 라인 반대 측으로 우회하여 전진하는 트릭 플레이.

어적인 영역에 배치할 수 있는지를 결정해야 한다.

이를 통해 조직의 생존 가능성을 보장하기 위해서 정말 가치 있는 항목으로 선정된 **'핵심가치'**[185]를 방어할 목적으로 가장 강력한 보호 및 분석 기능을 제공할 수 있다.

이를 통해 가시성과 방어에 필요한 도구들과 벡터화된 마이크로 세분화를 조직에 실제로 해를 끼칠 수 있는 자산에 집중할 수 있다. 전쟁이라는 관점에서 보면 이것은 가장 중요한 곳에 전투력을 집중함으로써 효율을 높이는 방법과 같다.

예를 들어 조직이 가상 머신에서 실행되는 웹 애플리케이션을 보호하려는 경우, 마이크로 세분화를 활용해서 통제되고 모니터링 가능하며 격리되고 세분화된 영역 내의 업무 파트너만 자산을 사용할 수 있도록 지원할 수 있다. 이 접근법을 사용하면 파트너는 자산에서 가장 가까운 방화벽이 끝나는 지점의 선택적 IP 주소와 네트워크 터널링 프로토콜을 사용하는 것으로 제한된다(Bigelow, 2016). 이 경우에는 후속 보안 통제가 적용되어야 한다. 해당 구성요소 또는 자산의 관리자와 사용자에 대한 대역 외 인증과 같은 인증 통제와 자산의 트래픽 자동 패치 및 모니터링과 같은 추가적인 통제 기능의 적용은 대단히 중요하다.

그러나 먼저 보호해야 할 고부가가치 자산을 결정하고, 어떤 애플리케이션과 운영체제가 **'핵심가치'** 범주에 속하는지 파악하는 것은 어려울 수 있다. 인프라와 내부 자산의 가치에 대한 계획이나 제대로 된 이해 없이 우발적으로 수

185 핵심가치(Crown Jewels): 왕관을 상징하는 보석. 크라운 주얼(crown jewel) 매수 대상 기업의 가장 가치 있는 자산을 말한다.

행되는 경우 마이크로 세분화는 이미 동적인 환경에 상당한 복잡성을 더할 수 있다. 대부분 경우 이러한 문제를 완화하기 위한 접근 방식은 특정 부하량 및/또는 시스템 범주를 식별하는 인프라에서 그룹을 만드는 개념에서 비롯된다. 그런 다음 보안 규칙이 해당 자산 그룹에 정책이라는 형태로 추가된다. 가상 시스템 또는 자산이 온라인 상태가 되면 해당 구성이 분석되고 정책과 비교된다. 그런 다음 하이퍼바이저는 정책 규칙 세트를 해당 자산에 동적으로 적용한다. 가상 자산을 다른 물리적 호스트로 이동하거나 전환하더라도 정책이 여전히 적용되어 있으면 정책과 관련된 규칙은 계속 활성화된다(Miller, 2015).

기본적으로 이 방법에서는 새로운 가상 환경에 대해서도 정책과 관련된 규칙 세트를 항상 사용하도록 설정해야 한다. 기본 할당으로 이 작업을 수행하지 않으면 해당 자산에 대한 보안 정책상의 이점이 없어지고, 실제 구동 시에 보안 구성요소를 만들 때의 이점이 제거된다.

운영상으로는 보안 팀에도 도움이 된다. 이 접근 방식을 사용하고 하이퍼바이저와 가상 인프라가 보유한 성능을 활용하면 새로운 호스트, 애플리케이션 또는 서비스가 온라인 상태가 될 때마다 보안 팀이 개별 규칙을 수정할 필요가 없다. 광범위하게 적용하는 것이 가능하지만 기술적으로 적용할 수 있는 정책을 활용하면 보안 팀의 효율성이 향상되고 문제 해결 기능이 향상될 수 있다.

〈마이크로 세분화〉 적용 시 우려되는 것들

마이크로 세분화의 이점에 대한 잠재적인 부작용은 정책을 세분화하는 과정에서 너무 세밀할 수 있다는 것이다. 가상으로 벽돌을 쌓는 방법으로 자산을 세분화해서 기능을 제한하는 과정에서 기능을 분할하는 것과 관리 시의 어려움을 만드는 것 사이에 미세한 경계가 있는데, 마이크로 세분화의 이점이 구현되려면 적용되는 **정책 전반에 걸쳐 일관성**이 있어야 한다. 적용되는 정책의 복잡성은 조직, 자산, 네트워크, 인프라, 비즈니스상의 요구사항 및 방어 요구사항에 따라 달라진다.

게다가 조직이 크고 인프라가 다양할수록 특정 정책이 시스템 전체에 걸쳐 전권을 위임하는 형태로 운용되지 않을 가능성이 커진다. 이런 현실 때문에 복잡한 규칙과 정책이 만들어질 가능성이 상존한다. 이러한 다양한 규칙들의 집합과 특정 구성 때문에 보안 팀은 개별 시스템에 대한 세부적인 제어를 유지해야 한다. 정책이 너무 세분화되면 문제를 분석한 다음 변경하거나 잠재적 위협을 표시하는 방법을 수정하는 데 더 많은 시간이 필요하게 된다. 다시 말해, 이 접근 방식에는 실질적인 이점이 있지만 **'설정한 다음 잊어버리는'** 형태와 같은 실질적인 방법은 없다.

미시적 수준에서 세분화에 접근하는 것을 고려하고 있는 사람들이 우려해야 할 다른 문제들이 있다. 한 가지 문제는 현재의 많은 마이크로 세분화를 위한 업체가 제공하는 기반 솔루션이 전적으로 네트워크 구성과 제어에 의존한다는 것이다. 최신 소프트웨어 정의 데이터 센터에서는 부하량, 시스템, 자산 및 애플리케이션이 몇 초 만에 돌아가거나 전원을 켤 수 있다. 데이터 링크 계층(=Layer2)에서 사용자 요구에 맞게 시스템 자원을 할당, 배치, 배포해 두었다가 필요할 때 시스템을 즉시 사용할 수 있는 상태로 미리 준비해 두는 기능

[186]만 사용하면 배포 속도가 느려지고 더 오랜 시간이 걸린다.

이러한 성능 저하와 장애로 인해 자산을 구축하는 속도가 느려지고 애플리케이션의 사용과 규모에 영향을 미치게 되며, 이는 모두 인프라 효율성에 역행하게 된다.

또 다른 문제는 클라우드 인프라 제공업체 간에 일관된 정책 구성이 없다는 것이다. 클라우드 공급업체는 더 심층적인 가상 인프라, 즉 클라우드에 대한 명령과 제어권을 가지고 있어서 종종 기술 스택의 다른 계층에 배포할 수 있는 보호 기능에 제한이 있다. 이러한 클라우드 서비스 제공업체는 클라우드 고객의 데이터 링크 계층 영역과 일치해야 하는 단일 가상 개별 클라우드를 구축하려고 시도한다. 그러나 각 클라우드 제공업체마다 고유한 미묘한 차이로 인해 각 조직은 클라우드 제공업체와 다른 구성 항목이 될 보안 정책을 점점 더 많이 관리해야 한다.

소프트웨어 정의 데이터 센터와 공공 클라우드 공급업체 간의 통일성이 부족해서 구성이 잘못될 가능성이 커지고 복잡성이 가중되어 지휘 · 통제가 제대로 이루어지지 않는다. 보안 구역 내에서 어떤 조치와 상호 작용이 일어나고 있는지에 대한 어떤 맥락이 있어야 가시성과 제어가 잘된다. 네트워크 기반 데이터 링크 계층의 마이크로 세분화를 사용하는 것만으로는 이러한 변화에 대한 상황별 통찰력이 없다. 이런 현상의 대부분은 세분화된 데이터 링크 계층 영역이 이러한 상호 작용에 대한 모든 제어권을 갖는 방화벽과 통합되기 때문에 발생하지만, 방화벽이 상황에 맞는 통찰력까지 제공해 주지 않는다. 해당

186 프로비저닝(Provisioning): 사용자 요구에 맞게 시스템 자원을 할당, 배치, 배포해 두었다가 필요시 시스템을 즉시 사용할 수 있는 상태로 미리 준비해 두는 것.

영역에 들어오고 나가는 트래픽만 중개한다. 이러한 맥락에 대한 이해가 부족하면 보안에 대응하는 것과 문제 해결을 방해할 수 있다.

부하량과 가상 인프라의 다른 구성요소 간에 사용할 수 있는 상황별 이해 없이 마이크로 세분화를 사용하는 세분화된 보안 정책을 적용하면, 유용하면서도 중요한 데이터 흐름이 차단될 수 있다. 필요에 따라 보안 관련 변경 사항을 상호 연관시켜 시각화와 조정을 위해 통합 도구를 사용할 필요가 있다. 이런 기능이 없으면 마이크로 세분화 전략이 제대로 된 능력을 구현하기가 어렵다.

이 접근 방식을 보다 적절하게 활용하려면 보안 팀이 데이터 링크 계층의 네트워킹 제어에만 의존하지 않고 애플리케이션을 미세하게 세분화할 수 있는 기능을 찾는 것이 중요하다. 이러한 접근 방식을 적극적으로 지원하는 오픈-소스 솔루션은 없지만, 마이크로 세분화 전략에 사용할 수 있는 도구들을 제공하는 업계 공급업체는 있다. **일루미오**(Illumio)라는 회사는 **적응형 보안 플랫폼인 ASP**(Adaptive Security Platform)라는 제품을 제공한다. 가상으로 시행해 볼 수 있는 노드인 **VEN**(Virtual Enforcement Node)을 통해 부하량 전반에 걸쳐 보안 적용이 가능하다.

일루미오는 '**가상 시행 노드 VEN**은 데이터가 다니는 경로에 있지 않고, 작업에 부하를 주는 운영체제 내에 있으며, 운영체제, 특히 리눅스 운영체제용 **iptables**[187], Windows 서버용 파일 보호용 응용소프트웨어[188] 등을 활용해서 정책을 시행한다.'라고 설명하였다. 보안 정책은 중앙 집중식 정책 연산 엔진을 통해 만들어진다. 이런 통제 지점은 인프라 전체에 분산된 모든 가상 시

187 iptables: 리눅스에서 제공하는 기본 방화벽이며, 다른 방화벽보다 빠르고 트래픽도 적은 것이 특징이다.

188 리눅스 WFP(Windows File Protection): 윈도우즈 파일 보호용 응용 소프트웨어.

행 노드에서 원격 측정을 통해 부하량에 대한 상황별 정보를 수신한다. 일루미오의 **정책 연산 엔진**[189]은 부하량 간의 관계를 활용하여 리눅스용 방화벽인 iptables 또는 윈도우용 파일 보호 응용소프트웨어에 설치할 정책을 만들어 낸다.

이런 방식으로 제어기능에 접근함으로써 보안을 위해 별도로 네트워크에 의존하지 않아도 된다. 기존의 모든 가상 LAN, 물리적 분리 또는 분할은 그대로 유지된다. 데이터 링크 계층 네트워크는 구성을 변경할 필요가 없으며 이전에 설치되거나 구축된 보안 프로토콜과 도구들은 그대로 유지할 수 있다. 이 도구와 기술을 사용하면 가상의 보안 도구들을 사용할 수 있으며 이전에 설치되었거나 배포된 보안 도구들을 없애지 않고서도 활용이 가능해진다.

사이버 공간에서 '고지' 탈환하기

여기서 적용할 수 있는 전쟁에서의 개념은 활동하는 적을 만나는 부분이다. 사이버전의 경우, 먼저 사용자를 침해하거나 공격하는 능력을 줄이는 데 집중함으로써 상대방으로부터 주도권을 되찾는 것이 관건이라는 의미다. 사용자는 가장 일반적인 공격의 수단이 되기도 하고, 표적으로 삼아서 공격하여 네트워크에서 교두보처럼 가장 먼저 확보하고자 하는 지점이다.

사용자는 침해 활동에서 가장 많이 양산되는 선동자가 되기도 하며 적들의

189 PCE(Policy Compute Engine): 정책 연산 엔진.

노력이 집중되는 곳이기도 하다. 많은 사람이 네트워크 또는 인프라 깊숙이 들어가는 것이 통제권을 얻기 위한 가장 강력하고 올바른 방향이라고 주장할 수 있지만, 이는 옳지 않다.

네트워크의 핵심 제어 요소인 방화벽을 관리하기 위해 무엇이 필요한지 고려할 때 주된 질문은 **'어떻게 자산을 관리하는가?'**이다. **'보안을 목적으로 방화벽을 활용하려면 무엇이 필요한가?'**에 대한 정답은 **관리자 계정과 패스워드**이다. 사이버전이나 보안의 역사에서 단순하게 생각해 보면 전적으로 자율적으로 운영되었던 공격 사례는 단 한 번도 없었다. 어느 순간, 사람에 의해서 공격이 활성화하거나, 공격이 확산 단계로 이동하기 전에 인적 구성요소를 활용함으로써 모든 사고가 발생한 것이었다.

목표가 진정으로 보안을 개선하는 것이라면, 데이터들이 이동하는 데 항상 필요한 인프라 영역에 초점을 맞추는 것보다는 항상 전투가 벌어지는 사이버 공간상의 영역이며 가장 표적이 될 가능성이 큰 부분을 통제하는 것이 더 타당하다. 이라크전에서는 가장 치명적이었던 길가의 폭탄과 IED처럼 도로도 항상 위협이 되는 공간으로 여겨졌다.

도로를 확보하고 검사한다고 해도, 그 도로를 교통의 흐름이란 측면에서 볼 때 그 도로를 통과할 수도 있고, 운전자들이 그 일시적인 환경에 접근할 수 있는 순간에 폭발물이 지표면 바로 아래에 있을 가능성도 항상 있었다. 네트워크 자체는 항상 싸움이 벌어지는 영역이다. 항상 **사이버 영역에서 전투가 벌어지는 곳**이 바로 네트워크이므로, **결코 '안전'할 수 없다**. 네트워크가 '양호'한 트래픽과 '불량'한 트래픽 모두를 위한 운송 수단인 경우 네트워크를 항상 싸움이 벌어지는 공간으로 간주해야 하겠지만, 보안에 대해서는 첫 번째 또는 주요 관심사가 되어서는 안 된다.

그러나 전쟁의 다른 모든 부분과 마찬가지로, '수천 개에 달하는 온라인 프로필과 계정을 통해 사용자를 보호하든가 아니면 기기를 통해 사용자를 보호하든가'에 대한 선택으로 인해 이러한 인식들이 좌우된다.

가상 사설 네트워크, 패스워드와 같은 문제를 완전히 없앨 수 있는 접근 방법 및 도구를 활용하면서 동시에 기기를 통해 사용자를 일관되게 보호하는 방향으로 초점을 맞추면 방어에 대한 요구사항이 줄어들 가능성이 훨씬 크다.

다시 말하지만, 이러한 요구사항에는 제대로 된 요구를 충족하는 오픈소스 솔루션이 없기 때문에, 이런 방향성을 가지고 위협을 해결하고자 하는 고객들에게 전략적으로 도움이 될 수 있는 업체가 제공하는 솔루션을 살펴보도록 하겠다. 미국방부가 사용자와 사용자의 기기를 방어하기 위해 널리 설치되고 공개적으로 사용하고 있는 솔루션 중 하나가 바로 **모바일 아이언**(MobileIron)이다.

모바일 아이언은 최근에 모바일 기기로 사용자가 인프라에 접근하는 데 필요한 ID를 만들어 주는 업계 최초의 모바일 중심 보안 플랫폼을 출시했다. 모바일 기기 자체가 ID이기 때문에 사용자가 패스워드를 기억하거나 입력할 필요 없이 사용자 기기에서 패스워드를 완전히 제거하면서도 안전한 사용자 인증이 가능하다. 관리가 되는 기기인지 관리가 되지 않는 기기인지에 관계없이 모든 기기에서 **제로 사인온**[190]과 조건부 접근이 가능하게 만드는 방법은 다음과 같다.

190 제로 사인온(Zero Sign-On): 이 기능은 Single Sign On 옵션의 확장이다. SSO를 사용하면 케이블 공급자 TV 자격 증명을 한 번 입력한 다음 지원되는 모든 앱에 자동으로 로그인할 수 있다.

1. **모바일 아이언**이 관리하는 모든 기기에서 사용자가 서비스에 로그인을 시도한다. 통합 종단관리 시스템[191]에 등록한다. 일단 등록이 되면 해당 기기에 ID 인증서가 할당되고, 해당 기기로 Push 기능[192]을 통해 관리하고 있던 애플리케이션 구성이 설치된다.
2. 해당 기기의 인증 프로그램이 **모바일 아이언** 접속 방법으로 재지정된다. 이렇게 하려면 관리하고 있던 클라우드 서비스에서 **ID 발급기**를 통해 접근하는 방법을 구성해야 한다. 기존 ID 발급기와 동일 기능을 하는 위임된 ID 발급기로 접근 방법을 구성할 수도 있다. 이 접근 방법을 사용하면 기기에서 분할된 터널링을 사용할 수 있어서, 관리 중인 응용 프로그램의 인증 트래픽만 검증하고 다음 단계를 확인한 이후에 다른 모든 트래픽이 사용하려는 서비스로 직접 전달된다.
3. 이 도구는 표준에 기반한 통행권에 해당하는 토큰(SAML[193] 또는 WSFed[194])을 서비스에 보내기 전에 사용자, 기기, 앱, 위협 및 기타 원격 테스트 등을 확인한다. 사용자의 신뢰도가 확인되면 할당된 ID 인증서를 발급받는다. 기기와 응용 프로그램에 대한 신뢰도는 모바일에서 전송되는 원격 테스트를 기반으로 검증되고 설정된다. 통합 종단관리 시스템과 관리 중인 응용 프로그램 제어와 구성을 등록한다. 등록되지 않는 응용 프로그램, 잠

191 UEM(Unified Endpoint Management): 통합 종단 관리.

192 Push : 이용자가 목록을 선택하면 서버에서 자동으로 정보를 해당 단말기에 직접 밀어 넣어 주는 기능.

193 SAML(Security Assertion Markup Language): 인증정보 제공자와 서비스 제공자 간의 인증과 인가 데이터를 교환하기 위한 xml 기반의 개방형 표준 데이터 포맷.

194 WSFed(Web Services Federation): 서로 다른 보안 영역이 ID, ID 속성 및 인증에 대한 정보를 중개할 수 있도록 하는 메커니즘.

재적으로 손상되었다고 표시되는 기기, 인증되지 않은 기기 또는 탐지된 다른 잠재적으로 위협으로 인식된 요소들이 연결을 시도하면 시스템은 해당 이상 내용을 감지하고 사용자에게 문제 해결과 장치의 보안 상태를 더욱 개선하는 방법에 대한 설명이 표시된 웹페이지가 제공된다. 또한, 이 시스템은 다른 위협 방어 도구와 통합되어 있어서 알려진 악성코드, 앱, 프로필 또는 알려진 악성 Wi-Fi 접속지점을 통해 연결하거나 연결을 시도하는 기기가 인프라에 접근할 수 없도록 통제한다.

4. 이 절차를 따르면 사용자는 이제 통제되고 안전한 기기인 상태로 인프라에 접근할 수 있다. 이는 또한 기기에 있는 응용 프로그램이 패치되고 안전하게 사용되도록 보장되어야 하며, 연결에 사용되는 네트워크가 안전하고 공격받았거나 손상된 통신 매체를 도입하는 수단이 되지 않도록 한다. 이 모든 일을 처리하는 데 패스워드를 사용하지 않아도 가능하다.

매니지드 보안 서비스 제공자[195] 또는 원**격 보안 운영 센터**와 같은 제3자가 관리하는 사용자들의 휴대 기기와 고정 설치된 데스크톱의 경우, 모바일 아이언은 생체인식 인증 방법[196]을 사용해서 표준 기반의 통합 로그인 방식[197]을 적

195 MSSP(Managed Security Service Provider): 매니지드 보안 서비스 제공자.

196 FIDO(Fast Identity Online): 신속한 ID 인증. ID와 Password 없이 인증하게 하는 생체인식 기술 같은 것을 말한다. FIDO Alliance는 FIDO 관련 기술표준을 마련하기 위한 기업 연합체. FIDO-2는 FIDO Alliance의 최신 사양을 말하며, FIDO…2는 사용자가 공통 기기를 활용해서 모바일 및 데스크톱 환경 모두에서 온라인 서비스에 대해 쉽게 인증할 수 있도록 지원하는 서비스다.

197 Zero Sign-On: Single Sign-On의 확장 버전으로, 한 번의 ID/Password 입력으로 서비스를 가능하게 하는 SSO와는 달리 ID/Password 없이 인증 가능한 서비스.

용할 수 있다. 이러한 접근 방식에서는 제3자 관리 도구를 활용해서 모바일 아이언에서 생체인식 인증 클라이언트 애플리케이션을 기기에 배포하는 것을 돕는다. 사용자는 또한 현재 관리되는 모바일 기기를 생체인식 인증 응용 프로그램에 등록해야 한다. 이 작업은 개선된 생체인식 인증 앱에서 등록을 위한 QR 코드를 스캔하면 완료된다. 이런 등록 절차를 거친 후 관리가 되는 기기를 사용하여 패스워드 없이 생체인식 인증을 수행할 수 있다.

이와 유사한 방식으로, 모바일 아이언 솔루션은 소규모 기업과 기타 규정 준수에 대한 제약이 적은 조직에서 점점 더 보편화되고 있는 관리 중인 기기를 통해 접근을 통제하는 방식을 사용하지 않는 기업에도 유용할 수 있다. 이를 활성화하는 방법은 기본적으로 다음과 같다.

1. 관리되지 않는 기기로 사용자가 클라우드 서비스에 로그인하려고 한다.
2. 서비스가 모바일 아이언으로 재지정된다. 모바일 아이언은 기기가 관리되지 않고 있음을 감지하고 최종 사용자에게 고유한 세션 ID가 포함된 QR 코드를 제시한다.
3. 사용자는 이제 모바일 아이언에 의해 관리되는 휴대전화를 사용해서 QR 코드를 인증한다. 사용자는 먼저 생체인식 기능을 사용해서 관리 중인 모바일 기기에서 모바일 아이언의 통합 종단 관리 애플리케이션을 인증한 다음 QR 코드를 스캔한다. 스캔한 QR 코드의 정보는 고유한 세션 ID를 포함한 접근을 요청한다.
4. 접근 요청은 특정 기기에서 세션 ID를 활성화하기 전에 사용자와 기타 원격 점검에서 유효성을 검사한다. 비밀번호가 전혀 필요하지 않았고, 사용

자는 클라우드 서비스에 로그인한다.

5. 기기와 사용자의 보안 상태에 따라 접근 요청은 사용자를 원격으로 브라우저를 격리하는 기술[198]을 활용해서 접속 방법을 변경할 수도 있다.

이 서비스는 클라우드에서 실행되며 일시적인 원격 브라우저 세션을 인스턴스화하고 바탕 화면의 로컬 브라우저에 픽셀만 표시한다. 원격 브라우저 세션은 로컬 브라우저에서 잘라 내기/복사/붙여 넣기를 비활성화하거나 원격 브라우저 세션에 데이터를 다운로드/업로드하는 것과 같은 데이터 유출 방지 제어를 적용할 수 있는 '보안 컨테이너형' 화면전시를 제공한다. 사용자가 로컬 브라우저를 닫으면 원격 브라우저 세션이 종료되고 로컬 브라우저나 바탕화면에 아무것도 저장되지 않는다. 방어 팀에서 피할 수 없는 공격에 대비하는 여러 방법을 고민해 왔지만, 최상의 방어라 하더라도 공격하지 못하는 것은 아니다. 우리는 또한 만약 공격을 허용하게 된다면 어떻게 할 것인지를 고려해야 한다. 공격을 당했을 경우, 피해를 최소로 제한하는 것을 목표로 해야 한다.

패스워드를 없애고 고통을 줄여라

패스워드로 인해 야기되는 위협을 제거하고 기기를 방어하기 위한 노력과

198 RBI(Remote Browser Isolation): 원격 브라우저 격리 기술. 의심스러운 웹, 이메일, 문서파일을 격리된 가상환경에서 열어 보며, 세션이 종료되면 격리에 사용된 가상 컨테이너를 완전히 삭제함으로써 보안을 강화하는 기술이다(출처: 데이터넷(http://www.datanet.co.kr)).

여러 생체인식 기술[199]을 복합 운용하는 부분을 좀 더 심도 있게 살펴보면, 사용자와 기기의 패스워드를 제거하기 위해서는 매우 중요한 몇 가지 개념을 이해하는 것이 필수적이다. 이미 잘 알려진 이중인증(2FA)[200]은 패스워드 문제를 제거하는 데 도움이 될 수 있는 가장 강력한 대역 외 인증 형태로 언급되고 있다. 이중인증은 매우 유용한 솔루션이며 모든 시스템에 광범위하게 사용되어야 하지만 전혀 공격할 수 없는 것은 아니다.

이중인증은 인증 지점을 추가하고 서로 다른 시스템과 장치 간에 인증 프로토콜(패스워드와 인증)을 세분화하는 데 도움은 되지만, 완벽하지는 않다. 결국, 공자(攻者)가 코드 하나가 아니라 두 개의 코드를 해독해야 한다는 의미일 뿐이다. 그리고 공자(攻者)가 이중인증 절차 중에서 교차지점에 중점을 두고 표적을 피싱하는 경우, 이런 접근 방법의 이점이 없어질 수 있다.

이미 보안 연구원들이 중국 정부와 연계한 해커단체가 이중인증을 우회했다는 증거를 발견한 사례가 있다(Cimpanu, 2019). 이런 공격은 중국 정부 소속으로 추정되는 국가 단위의 사이버전 단체인 APT-20과 관련이 있는 것으로 생각된다. APT-20 해커들은 이러한 명백한 침해 사례를 바탕으로 웹 서버를 표적이 되는 시스템의 초기 진입점으로 활용했다.

그 단체는 내부에 있는 동안 그들의 접근 권한을 극대화하기 위해 패스워드가 아닌 관리자 계정을 찾는 데 중점을 두었다. 해커들은 VPN 인증을 획득하는 데 초점이 맞춰져 있었다.

199 FIDO(Fast IDentity Online): 신속한 온라인 인증. 온라인 환경에서 ID/패스워드 없이 생체인식 기술을 활용해서 보다 편리하고 안전하게 개인인증을 하는 기술.

200 2FA(Two-Factor Authentication): 이중인증. 2개의 서로 다른 요소를 합쳐서 사용자를 식별하는 방식.

이런 관리자 계정과 패스워드를 확보하게 되면 해커들이 접근 권한을 높이고 공격 대상의 인프라로 깊숙이 침투할 수 있다. 또한, VPN 사용자 ID와 계정을 보다 안정적인 백도어로 활용할 수 있게 된다. 사용자 기기를 보호하는 것이 중요하다는 추가적인 증거로, APT-20 해커들은 해킹된 사용자 기기에 이미 설치된 합법적인 도구를 조작해서 광범위한 접근 권한을 획득했다. 해커는 로컬 보안 소프트웨어에 의해 탐지될 수 있는 자체 맞춤형 악성 프로그램을 내려받게 하는 것을 시도하지 않고서도 이 작업을 수행했다.

사건이 발생한 후 조사관들이 분석하던 도중에, 이중인증에 의해 보호되고 있었음에도 불구하고 해커들이 VPN 계정을 사용할 수 있었다는 사실을 확인하였다. 모든 세부적인 사항에 대해서는 여전히 불분명하지만, 그 해커단체가 이중인증을 우회하기 위해 사용했던 수단과 개념 정도는 알아낼 수 있다. APT-20 해커가 이전에 해킹당한 시스템에서 도난당한 RSA[201] 방식의 SecurID[202]를 사용했을 가능성이 가장 크다. 그런 다음 해커는 자신의 컴퓨터에서 훔친 토큰(=교환권과 유사)을 사용하여 유효한 일회성 코드를 만들어서 이중인증을 마음대로 우회한 것이다. 대부분 이런 방법은 유효하지 않다. 소프트웨어 형식의 토큰을 사용하려면 키 리모컨과 같은 물리적(하드웨어) 장치를 컴퓨터에 연결해야 한다.

그런 다음 해당 기기와 소프트웨어 토큰은 유효한 이중인증 코드를 만든다. 기기가 없는 경우 RSA SecureID 소프트웨어는 오류를 만들게 되고 인증

201 RSA(Rivest Shamir Adleman): 공개키와 개인키를 세트로 만들어서 암호화와 복호화를 하는 인터넷 암호화 및 인증 시스템.

202 RSA SecureID : 네트워크 리소스에 대한 사용자를 이중인증하기 위해 RSA가 개발한 메커니즘.

이 금지되어야 한다. 소프트웨어 토큰은 특정 시스템에 대해 만들어지지만, 물론 이 시스템 특정값은 희생자의 시스템에 누가 접근했는지를 확인하면 쉽게 검색될 수 있다. 이 특정값은 SecurID 토큰을 만들 수 있는 초기값인 Seed를 가져올 때만 확인되고, 실제 2가지 팩터의 토큰을 만들어 내는 데 사용된 초기값인 Seed와는 관계가 없어서 해커는 실제로 피해자 시스템의 특정값을 얻어야 하는 수고를 할 필요가 없다. 즉, 해커는 가져온 소프트 토큰이 이 시스템에 대해 생성되었는지 확인하는 검사를 간단히 패치할 수 있으며, 시스템 고유의 값을 훔치는 데 전혀 신경 쓸 필요가 없다. 이중인증 코드를 사용하여 RSA SecurID의 소프트웨어 토큰을 훔치는 방법만 있으면 된다. 소프트웨어 토큰과 명령 1개만 패치함으로써 유효한 토큰을 만들어 낼 수 있다(Schamper, 2019).

심지어 미국 **FBI**도 기기의 이중인증을 통해 사용자 계정을 보호하는 데 도움을 주기 위해 이중인증에만 의존하는 문제에 대한 권고사항과 통지서를 보냈다. 대부분의 이중인증 접근 방식을 우회하는 가장 간단한 방법은 **심 스왑 공격(SIM Swap Fraud)**[203]이다. 이 방법은 공격자가 모바일 네트워크 제공자를 설득해서 실행 가능한 대상의 전화기에 세부 정보를 제공하거나 제공자의 직원에게 뇌물을 주어 대상의 모바일 번호를 다른 기기로 옮기도록 만들어야 한다. 이를 통해 해커는 SMS 텍스트를 통해 전송된 이중인증 보안 코드를 수신할 수 있다.

203 심 스왑 공격(SIM Swap Fraud): 스마트폰과 같은 휴대전화의 가입자 식별장치로 사용되는 SIM 카드 속에 특정인의 서비스 정보를 입력해서 휴대전화 사용자인 것처럼 가장해서 인증을 통과하는 공격.

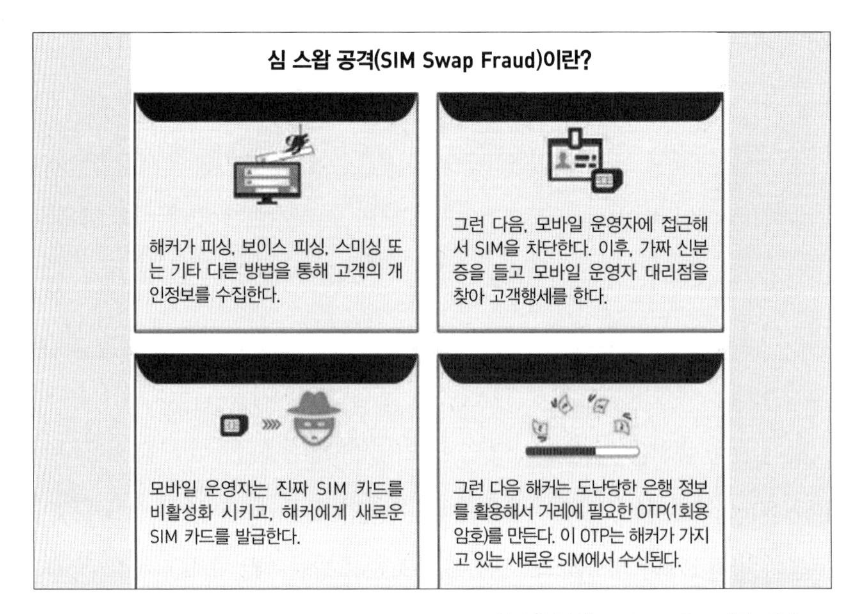

:: 심 스왑 공격(SIM Swap Fraud)의 4단계 ::

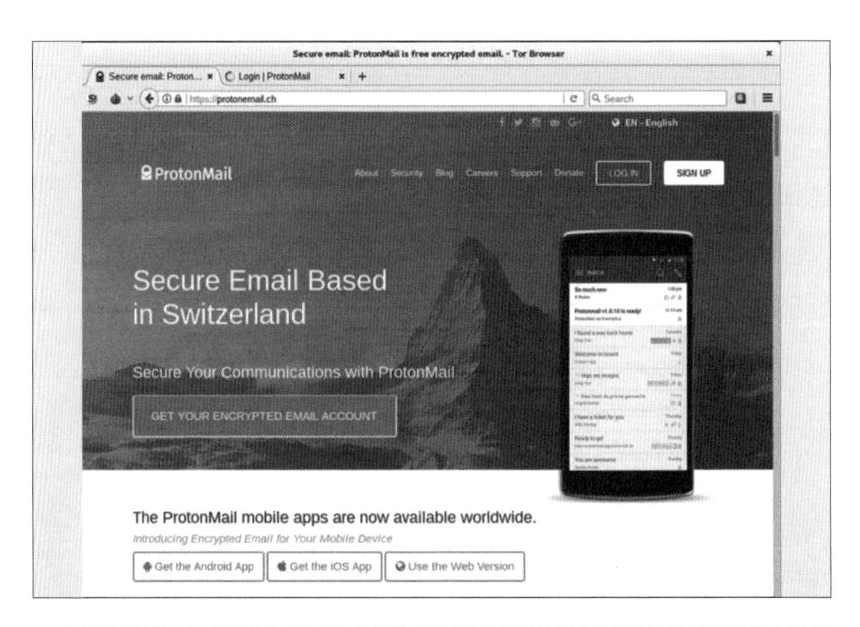

:: 프로톤 메일(ProtonMail)과 같은 보안 이메일 제공업체도 이러한 유형의 공격의 희생자로 나타나고 있다. 도메인 이름으로 끝나는 ".ch"에 주목해야 한다. 프로톤 메일(ProtonMail)의 정확한 도메인은 아니지만, 사이트는 대단히 정확하고 기능적으로 완벽하다 ::

심지어 구글과 G-mail도 이런 접근 방법의 희생양이 되었다.

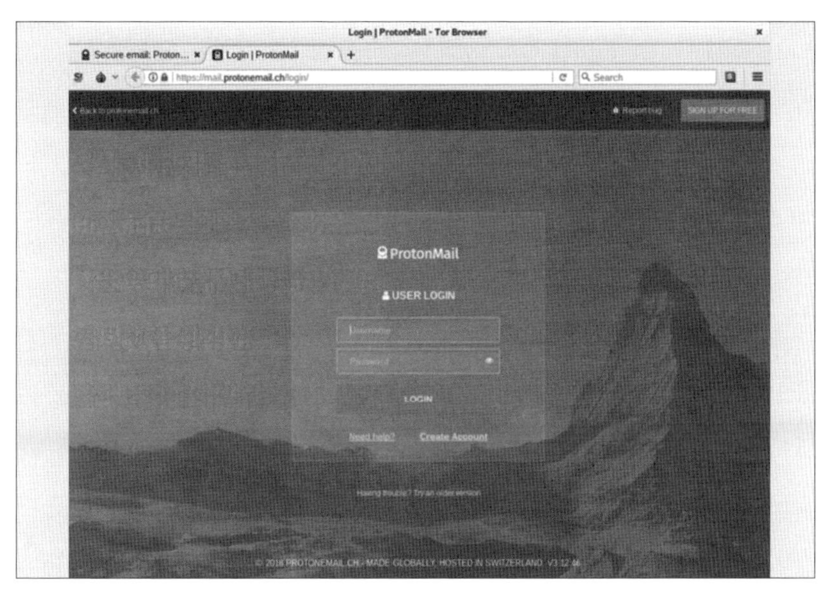

:: 사용자가 이중 인증 로그인 활성화 프롬프트를 포함하는 가짜 로그인 페이지로 재지정된다. 연결된 모든 인증이 손상되고 도용된다 ::

세 번째이자 훨씬 더 발전된 방법은 세션을 중간에 가로채는 방법이다. 이런 공격에서는 사이트는 진짜지만 브라우저를 통해 사용자와 주고받는 트래픽에서 인증과 코드가 도난당한다. 구체적인 기술적 접근 방법과 상관없이 이중 인증 프로세스를 우회해서 잠재적으로 공격 사이클을 투입시킬 방법이 있다는 것이 핵심이다. 해커, 특히 능력 있는 국가 단위 해커들은 이런 방법에 매우 능숙하며 이러한 전술에 적극적으로 관여하는 것으로 나타났다.

사용자 기기를 방어하는 목적은 방어적인 **'에지(Edge=말단)'**를 내부에서 최대한 바깥쪽으로 밀어내는 것이며, 희망사항이긴 하지만 더 잘 방어된 조직적

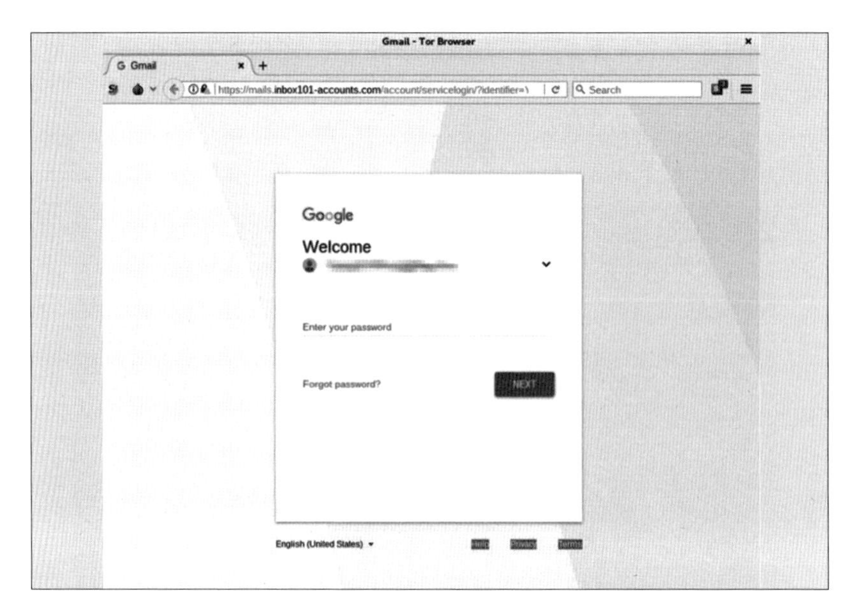

:: 위협 행위자가 확장된 URL에서 가짜 도메인 정보를 숨기도록 교묘하게 조작된 가짜 웹 페이지 ::

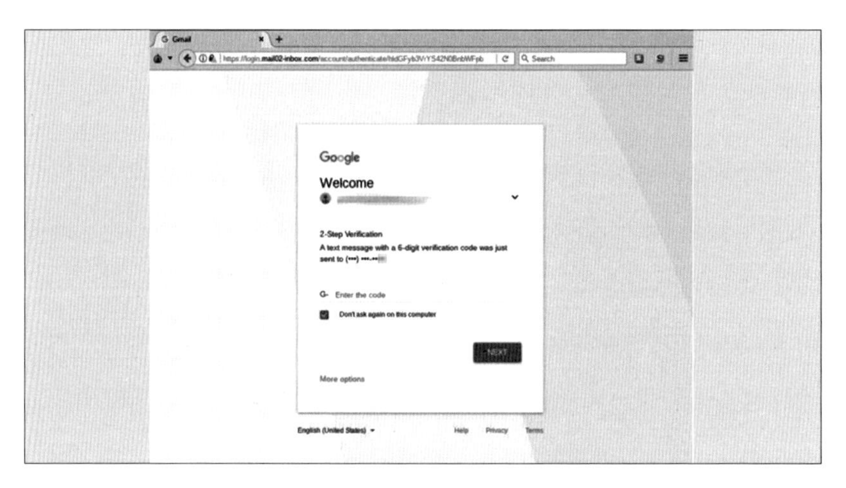

:: 사용자에게 Gmail 이중 인증을 입력하라는 메시지를 보여 주는 링크 ::

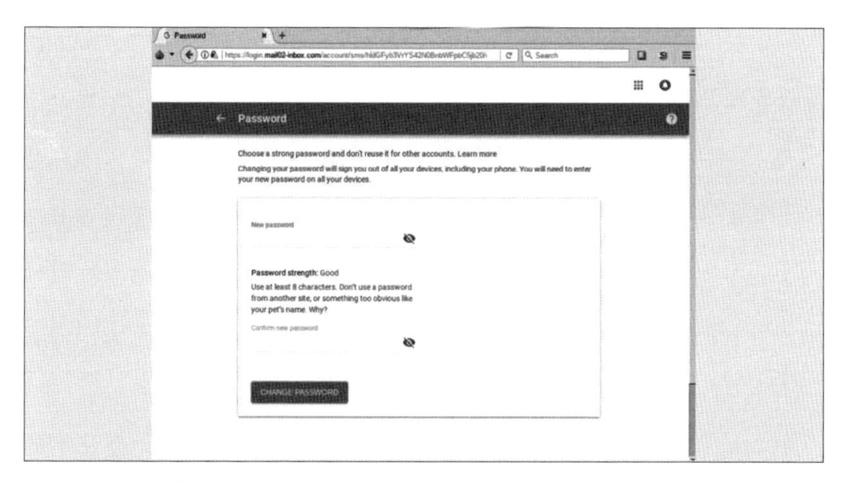

:: 그러나 사용자는 새로운 사용자 이름과 암호를 만들도록 재지정된다. 여기에서 사용자 이름이 실제로 도난당해서 계정을 피해 입히는 데 사용된다.크 ::

인프라를 구축하는 것이다. 사용자와 관련된 계정과 패스워드는 방자(防者)의 핵심 장애 지점으로 남아 있을 가능성이 크기는 하지만, 사용자 기기에 상주하는 방식의 보안 제어는 방어적 '에지의 말단'을 **'엔티티(Entity=자산)'**로 확장하고 손상된 사용자가 시스템에 공격을 안내하는 경로로 활용하는 경우에 미칠 수 있는 영향을 제한하는 현명한 방법이다.

정보 수집

사이버전 방어 영역에서 잘 적용할 수 있는 또 다른 물리적 전쟁 영역의 핵심은 정보 수집 분야다. 물리적인 전쟁에서 정보 수집은 다양한 잠재적 출처로부터 나온다. 뉴스 기사, 다른 사람과의 대화, 금융 기록 및 다른 여러 출처에서 나오는 모든 자료는 잠재적으로 적의 행동이나 계획과 관련 있는 중요한 통찰력을 제공할 수 있다.

말 그대로 모든 것이 잠재적으로 유용한 정보를 가질 수 있지만, 그 자료를 수집해서 실제로 활용하는 것은 대단히 힘들다. 전쟁에서 정보작전의 목표는 가장 가치 있는 활동과 데이터 지점을 찾아서 그 정보를 작전과 통합하는 것이다. 이 과정을 효과적으로 수행하면 데이터의 가치를 높일 수 있고, 세부적인 정보를 기반으로 시행되는 작전의 결과를 개선할 수 있다.

물리적 전쟁에서 정보는 해당 정보와 관련 있음을 잘 보여 주는 대상과 서로 관련 있는 데이터 지점을 어떻게 활용하느냐에 달려 있다. 간단히 말해서, 어떤 행위자가 특이하게 행동하는 것을 찾을 수 있어야 한다.

이라크 전역에서의 정보 수집 작전을 예로 들어 보자. 분명히 많은 IED 공격이 있었고, 그 사악한 장치들을 설치한 책임이 있는 몇몇 사람이나 운영자들이 있었다. 정보 수집 작전과 요원은 어떤 사람이 그런 혼란스러운 상황을 만들어 낼 수 있는지를 결정하는 데 유용한 지표를 찾는 것에 초점을 맞췄다. 즉, 가장 가능성이 큰 행위자의 프로필을 만들어 내는 것과 같이 연계 가능한 행동 지표와 기술적 데이터를 모으는 작업을 집중적으로 한 다음, 책임을 지울 수 있는 어떤 행위자가 발견될 때까지 추가 정보를 활용해 가면서 작전 범위를 줄여 가는 것을 의미한다.

기밀 수단이나 기술에 대한 누설 없이, 여기에는 인간 정보 수집(인터뷰), 오픈소스 수집, 휴대전화 또는 인터넷 활동 또는 유용한 것으로 판명될 수 있는 이미지까지 포함될 수 있었다. 이런 정보 수집 활동은 다른 사람에게 해를 입히기 전에 해서는 안 될 특정 개인의 행동과 행동에 대한 통찰력을 제공하기 위해 처리되고 분석될 수 있는 중요한 데이터를 산출할 수 있다. 이런 정보 수집은 때때로 공격적이거나 심지어 일반 대중에게 과도한 영향을 미치는 것으로 볼 수도 있지만, 향후 공격을 방지하는 데 도움이 된다는 필요성이 있었고, 조직에 대한 방어가 최선의 추측이 아닌 다가올 공격이라는 현실에 맞게 조정되었기 때문에 효과적이었다.

여기서 요점은, 위협 행위자와 악의적인 저항세력의 행동과 그런 행동에 대한 필요한 정보를 수집하기 위해, 정보기관이 평균적으로 무고한 개인의 사생활이나 일상 활동을 방해한다는 인식이 있을 것이라는 점이다. 그러나 국가를 더 잘 방어하고 생명을 구하기 위한 감시와 자료 수집은 협상의 대상이 될 수 없었고 정보 수십은 계속되어야 했다.

사이버전과 사이버 작전에서 정보 수집과 정보작전에 사용되는 데이터는 그만큼 가치가 있을 수 있다. 정보 수집 자산과 대상으로부터 핵심 데이터 지표와 정보를 원격으로 측정할 수 있으면, 방어 조치 계획과 기술 조정 그리고 적대적 행위 대응에 매우 유용할 수 있다. 그러나 물리적 영역의 정보작전에서와 마찬가지로 하위 장비로 유용하게 활용할 수 있는 정보 수집 장치와 방어를 더 잘하기 위해 사용할 수 있는 데이터 및 원격 측정에서 그 크기와 방향을 정할 필요가 있다. 수집할 수 있는 모든 것이 실제 가치가 있는 것은 아니며, 수집되는 모든 것이 실제 가치가 있는 것도 아니기 때문이다.

가치 있는 정보를 위한 모니터링을 논의할 때 자주 나타나는 문제를 한 발 물러서서 볼 수 있다면, 사용자들의 조치나 활동이 조직에 필요한 정보 생산에 얼마나 가치가 있는지 이해할 수 있다. 이런 기능과 관련된 오픈소스 또는 자유롭게 사용할 수 있는 솔루션은 많지 않다. 업계에서는 그런 것을 일반적으로

UAM[204] 또는 **사용자 활동 모니터링 솔루션**이라고 한다.

이런 기능은 일반적으로 기기, 네트워크 및 기타 IT 리소스에서 말단 사용자들의 조치를 모니터링하고 추적하는 소프트웨어 도구로 구성된다. 이런 솔루션은 정보와 원격 측정 기능을 활용해서 내부 위협을 탐지하고 현재 진행 중인 국가에 위협이 되는 지표를 찾는 데 주로 초점을 맞추고 있기 때문에 미 국방부에서 광범위하게 채택되고 있다. 대부분 제공된 솔루션의 모니터링 방법의 범위는 원하는 정보 수준에 따라 달라진다.

사용자 행위에 대한 모니터링을 정보 수집 시스템의 핵심 요소로 구현함으로써, 방자(防者)는 위협 활동의 잠재적 지표인 의심스럽고 이상한 조치를 더 쉽게 식별할 수 있다.

사용자 행위 추적이라고도 하는 사용자 행위 모니터링은 본질적으로 감시의 한 형태이다. 그러나 실제로는 사전 예방적 분석을 위한 정보 수집 기능으로서 사용되어야 한다. 이런 접근 방법을 활용하면 방자(防者)는 무식하거나 악의적인 의도를 가진 접근 권한, 활동, 손상된 장치 또는 데이터의 잠재적 오사용 지표를 확인하는 데 도움이 된다.

정보 생산을 지원하기 위해 사용자들의 행위와 관련 있는 데이터를 수집하는 목적은 방어 영역 전반에 걸친 모니터링을 강화하기 위한 것이다. 여기서 활용되는 기능은 사용자가 수행하는 모든 시스템, 데이터, 애플리케이션과 네트워크상에서의 작업을 포함하는 모든 유형의 사용자 행위를 모니터링할 수 있어야 한다. 여기에는 웹 검색 활동, 사용자가 허가되지 않은 데이터 또는 파

204 UAM(User Activity Monitoring): 사용자 조치 모니터링. 조직 내에서 사용자들이 하는 조치와 활동을 감시하는 솔루션을 말함.

일 등에 접근하는지 여부 등의 데이터도 포함될 수 있다.

사용자들의 행위를 모니터링하고 관리하기 위해 다음과 같은 다양한 방법이 구현되어 있다.

- 세션의 비디오 녹화
- 로그 수집 및 분석
- 네트워크 패킷 검사
- 키 입력값 기록
- 커널 모니터링
- 파일/스크린샷 캡처

사용자 행위 모니터링 솔루션을 사용하는 조직에서는 부적절하거나 악의적인 사용자 행위를 만들어 내는 특정 데이터를 해석해 낼 수 있다. 이런 행위들은 잠재적으로 디지털 시스템을 통과하는 모든 것을 포함할 수 있다는 점에 주목할 필요가 있다. 말 그대로 개인 사이트를 방문하거나 업무 시간에 다양한 온라인 상호 작용으로 발생하는 모든 것이 잠재적으로 이러한 데이터의 일부가 될 수 있다. 이런 정보 수집의 요점은 일반 사용자의 업무나 작업 능력에 영향을 미치려고 하는 것이 아니라 인프라를 더 잘 보호하기 위해 방자(防者)의 효율성을 강화하는 것이라는 점에 유의해야 한다.

정보 자산으로서의 사용자 행위 모니터링은 사이버전에서 핵심적인 전략이다. 종종, 방자(防者)는 사용자들이 민감한 데이터에 어떻게 접근하고 어떻게 활용하고 있는지에 대한 가시성 부족으로 어려움을 겪는다. 이러한 정보를 생산할 때 발생하는 사각지대로 인해 사용자들은 시스템에 대한 접근 권한을 얻은 공격자들에게 영향을 받기 쉬우며 대부분 신뢰할 수 있는 사용자로 작동되어 관련된 인증과 권한을 모두 사용할 수 있다. 제대로 수행된다면, 정보 생산에서 택한 이런 접근 방법은 다음 사항에 중점을 두어야 한다.

1. 권한을 가진 접근은 효과적인 작업 생산을 위해 필요한 사용자로만 제한한다. 시스템 관리자 및 전담 IT 엔지니어를 예로 들 수 있다. 원격 측정 데이터는 일반 사용자가 무제한으로 접근하거나 제어할 수 없도록 해야 한다.
2. 정보 데이터는 파워 유저가 아닌 자가 관리 도구와 시스템 프로토콜을 사용하는 것을 제한하기 위해 시행되어야 하거나 시행되어야 하는 제한사항이 무엇인지 아는 데 도움이 되어야 한다.
3. 사용자의 공유 계정과 패스워드를 기반으로 한 정보 데이터는 더 나은 방어 도구를 가능하게 하는 데 도움이 될 수 있다.
4. 사용자 조치에 대한 원격 측정은 그룹 구성원 간의 파일 전송, 포트 포워딩 및 디스크 공유와 같은 프로토콜을 거부할 수 있다.
5. 파일 공유 조치, 중요한 데이터에 대한 처리 지침, 인증된 서비스 및 애플리케이션과 같은 데이터 보호 정책을 수립하고 시행하는 데 데이터를 사용할 수 있다.

중요한 데이터를 내려받는 것과 같은 위험한 작업이 수행되는 경우에 보안팀은 작업의 심각도에 따라 대응할 수 있는 능력을 갖추어야 한다. 물론, 이것은 방자(防者)들이 방어 공간에 있는 사용자에 대한 고급 원격 측정과 데이터를 가지고 있어야 한다. 그리고 각 사용자와 말단 기기에 대한 세부 정보를 가지고 있어야 한다. 사용자와 기기가 방어 영역 안팎에서 작업할 때의 행위를 판단할 수 있는 분석과 조치는 구체적이고 상세해야 한다. 그리고 바로잡고자 하는 조치에 중점을 두어야 한다. 결과가 없는 분석은 단지 분석일 뿐이다. 군사 분야에서는 이를 **'분석으로 인한 마비 현상'**이라고 부른다.

물리적 전쟁의 분야와 마찬가지로, 더 나은 방어 위치 선점을 가능하게 만들기 위해 정보 수집과 선별된 데이터의 결과론적 상관관계가 대단히 필요하다. 사용자와 사용자의 기기는 적의 침투가 시작되는 곳이며, 방자(防者)가 활용할 수 있는 가장 먼 곳에 있는 방어자산이다.

따라서 방어 대응을 더 잘 수행하기 위해서는 그 시점에서 이용할 수 있는 정보와 분석 데이터를 얻어야 한다. 그리고 모니터링과 관련된 사용자의 개인적인 문제와 관계없이 조직이 살아남기 위해서는 방어 위치 선정이 가능하도록 데이터를 가지고 있어야 한다. 이 데이터는 적이 목표로 삼고 운용할 장소, 즉 사용자와 기기에서만 얻을 수 있다. 더 나은 방어 영역 내에 있는 다른 모든 것들은 분석과 귀중한 데이터를 제공할 수 있지만, 분석을 오로지 수집 장치에만 집중한다는 것은 작전이 이미 '전선의 내부에서 이루어지고 있음'을 의미한다. 이 사이버 공간은 당신이 전쟁에서 분석이나 하고 있어야 할 곳이 아니다.

결론

이번 9장에서는 물리적 전투 관행으로부터 사이버전 안에서 응용 프로그램에 적용할 수 있는 몇 가지 더 큰 원칙을 논의하였다. 두 영역의 형태는 서로 다르지만, 같이 활용할 수 있는 접근 방법과 유용한 기능이 있다. 전쟁에서는 적이 있을 만한 곳에 화력을 집중하는 것이 아니라, 적이 있는 곳에 화력을 집중하는 것이다.

사이버 공간에서는 이 2가지를 동시에 수행하는 것이 필요하다. 즉, 방자(防者)는 내부 자산을 지능적으로 보호하면서, 사용자가 '네트워크 밖'에 있는 자신의 개인 기기에서 운용할 때도 사용자를 적극 방호해야 한다. 이러한 활동을 지원하는 방법이 있기는 하지만, 오픈소스 솔루션이 소요되는 규모와 기능에 딱 들어맞게 구축되지 않기 때문에 공급업체별 솔루션과 기능이 별도로 필요한 경우가 많다. 이런 솔루션은 문제 해결에 중요한 접근 방법이 될 수 있다.

다음 10장에서는 있을 법한 국가 수준의 공격이 미래에는 어떤 영향을 줄 것인가에 대해 분석할 것이다. 우리는 또한 방자(防者)가 준비되지 않았을 때 이런 공격으로부터 어떤 영향을 받을 수 있는지에 대한 실제적이고 현실적인 예시를 제공할 것이다.

제10장

사이버전에서의 생존 가능성과 실패로 인한 잠재적 영향

"지금 당장 실행된 다소 부족한 계획이 다음 주에 실행될 완벽한 계획보다 낫다."

– George S Patton 장군

전쟁은 전쟁일 뿐이다. 타국 먼 최전선에서 일어난 '전통적인' 전투이든, 인프라에서 일어나는 디지털 교전이든, 그것은 만만치 않고 험악하기 짝이 없다. 오늘날 우리가 발견한 새로운 전쟁터는 본질적으로 일시적이며, 그 정의상 영원하며, 그 중심은 대단히 역동적인 곳이다. 남녀노소와 모든 기기, 애플리케이션, 그리고 지구상에 있는 모든 데이터와 데이터를 주고받는 것들이 말 그대로 살아 있는 전장을 돌아다니고 있다. 이 전투지역은 24시간, 365일 멈추지 않고 한순간도 쉬지 않는다. 이렇게 위험으로 가득 찬 공간에서 살아남는 유일한 방법은 확고한 전략적 접근 방법을 취하며, 물리적 그리고 디지털 전투 환경 사이에서 모두 잘 작동하는 실제 조치 가능한 것들을 잘 준수하는 것이다.

이번 10장에서는 이런 전투가 벌어지는 각축장 안에서의 작전을 위한 생존 가능성의 법칙에 대해 알아보고자 한다. 완벽하다거나 지배한다거나 하는 따위의 말은 하지 않겠다. 대신에 아주 솔직하면서도 최고의 기술로 문제 해결에 초점을 맞춘 실용적인 접근법을 이야기하고자 한다. 다만 끊임없는 공격 속에서 생존 가능성을 높이고 계속 나아가기 위한 노력에 관한 얘기를 할 뿐이다.

완벽한 해결책에 초점을 맞추고 모든 공격을 막아 내는 방어막을 구비하기 위해 고군분투하는 것은 우리가 스스로 그런 상황을 만들어 낸 것일 뿐이다. 전쟁과 전투에서 가장 좋은 결과는 오래 살아남고, 계속 나아갈 수 있는 충분한 여력을 가지는 것이다. 완벽하지도 않고, 완벽한 도구 또한 없지만, 디지털 안개가 걷힐 때 '마지막 승자'가 되는 방법은 분명히 있다.

이번 10장에서는 지속적인 개선과 발전을 위해 필요한 것과 불필요한 것을 살펴보고, 현재 채택하고 있는 사이버전의 미래에 대한 어떤 전술, 기술 및 접근 방식에 대해 논의해 보려고 한다. 안전띠를 매야 할 것이다. 왜냐하면, 전투에 참전하는 길은 항상 약간 울퉁불퉁하여 덜컹대기 때문이다.

전쟁에서 '법'이 무슨 소용 있는가?

제대로 된 질문이다. 결국 전쟁은 정의에 따르면, 법이 침해당하고 질서와 규율을 둘러싼 구조들이 혼란에 빠졌을 때 일어나는 일이다. 그럼 왜 법에 관한 이야기를 하는 것인가? 여기서 법은 전통적인 의미의 '법'을 의미하는 것이 아니다. 여기에서 의미하는 법은 우리가 관여할 수 있는 능력을 억제하고 제약한다는 관점에서의 법이 아니라, 위험한 공간에서의 지속적인 작전 능력과 생존을 유지하기 위한 **'법칙'에 관한 것**이다. 전쟁에서 여러분이 직면한 문제에 대한 확실한 접근 방식인 '법칙'을 의미하며, 실제 전투에 개입하면서 얻어 낸 분석과 실제 경험을 바탕으로 그 **법칙에 관한 이야기**를 하려고 한다.

이러한 '법칙' 또는 지침, 원칙, 모범사례 또는 여러분들이 그 어떤 용어로 부르든, 그것을 채택하는 것은 전쟁이란 영역에서 현재의 위협에 맞서면서 사이버와 물리적 두 영역 사이의 미묘한 뉘앙스를 해석하는 데 도움이 된다. 어느 분쟁 지역이든, 위협이 되는 지역을 경험한 후에도 생존해 있는 사람들에게는 중요한 뭔가가 있다. 전쟁이 지나간 자리에는 항상 남겨진 사람들이 있다. 그들은 주변에서 치열한 화력이 쏟아지고 전투의 분노가 들끓는 동안에도 생존을 위해 계속 노력했어야 했던 사람들이었다.

거기에는 치열한 전투에 임하는 지상군 부대들도 있다. 그들은 실패 없이 작전과 기능을 발휘하여야 한다. 그렇지 않으면, 심각한 피해를 보기 때문이다. 그리고 어떻든지 간에, 적들은 자신들이 선택한 작전을 계속하면서 인지하고 있던 적과 기회의 대상들에게 자신들의 의지를 강요하는 데 중점을 두고 활동하고 있다.

사람들은 항상 단순히 살아남기 위해 뭔가를 한다. 그리고 항상 마음 한구석에 자신들의 삶을 이어 나가기 위해서 그 위험한 순간에 그곳을 피하고 싶다는 생각을 한다. 효과적인 전투원의 생존법은 적을 압도하는 데 가장 적합한 훈련과 방법을 선택하고 자신들이 최고임을 확실하게 하는 것이다. 이런 상황은 우연히 만들어지지 않는다. 최후의 생존자가 되기 위해, 역사는 작전 공간에 대한 요구사항을 잘 이해하고 마주하는 문제에 잘 대처하는 전략적 접근 방법을 제대로 지켜 나가는 사람들이 승리하고 살아남는다는 것을 우리에게 몇 번이고 보여 주었다.

사이버전에서도 물리적 전쟁 못지않게 적용되는 법칙이 있다. 사이버 공간에서 우리는 경계도, 방호벽도, 교전규칙에 대한 명확한 설명도 없는 영역에서 활동한다. 그리고 모든 사이버 무기는 빛의 속도로 움직인다. 이번 10장에서 제공하는 '법칙'을 준수하거나 적어도 생각이라도 해 봄으로써, 사이버전의 최전선에서 활동하는 우리와 같은 사람들은 'RTB(Return To Base)', 즉 기지로 돌아갈 수 있는 최고의 기회를 가질 수 있게 될 것이다.

법칙 1. 기본 설정값(Default)은 곧 죽음(Dead)이다

오늘날 기술의 주된 문제 중 하나는 설정과 계정을 최초 설정대로 운용함으로써 발생된다. 요즘 업체들은 항상 새로운 소프트웨어와 기기의 기본 설정값을 가능한 한 개방적이고 기능이 작동되도록 설정함으로써 사용 편의성을 높여서 그들의 특정 제품이 잘 채택되도록 만든다. 예를 들어 라우터에는 종종 미리 정의된 패스워드와 기본 사용자 ID가 있다. 다른 기기의 경우, 사전 설치된 응용 프로그램과 같은 것이 있는데, 일반적으로 도구로 활용되거나 기술적인 조치가 필요할 때 사용 가능토록 '하드 코딩'된 기본 설정값(Default)으로 로그인할 수 있는 자격증명을 보유하고 있다.

그 이유는 구성하기 쉬운 기본 설정값으로 되어 있으면 새 기기나 소프트웨어를 더 쉽고 편리하게 운용할 수 있기 때문이다. 그러나 이는 도구를 운용하거나 응용 프로그램을 운용할 때 지켜야 할 보안에는 도움이 되지 않는다. 절대 변경되지 않고 안전하게 설정된 기본 설정값은 심각한 보안 문제를 발생시키고 적대세력이나 해커에게 데이터 및 네트워크에 손쉽게 접근할 수 있는 권한을 제공한다. 웹 서버, 컨테이너 및 응용 프로그램 서버의 구성을 기본 설정값이나 계정으로 구성하게 되면, 다양한 보안 문제를 야기할 수도 있다.

이런 방법이 얼마나 쉬운지를 보여 주기 위해, 이번 10장에 관한 연구를 하는 동안, 수천 개의 구글 독(Google Dork)[205]을 활용해서 별도의 명령 스크립

205 구글 독(Google Dork): Google hacking, Google Dorking이라고도 한다. 구글에서 제공해 주는 서비스 중의 하나이며, 고급 검색 연산자를 사용하는 검색 문자열을 제공하여 간단한 검색어로 찾기 어려운 정보를 반환해 준다.

트를 만들었다. 그리고 그중 몇 개를 실행, 활용이 가능하면서 쉽게 접근할 수 있는 대상이 몇 개인지 확인했다. 그러자 3분도 채 되지 않아 수백 개의 취약한 응용 프로그램과 다양한 기기와 로그인 인증서가 발견되었다. (관련된 모든 식별된 데이터가 제거된) 샘플을 다음 그림에서 볼 수 있다.

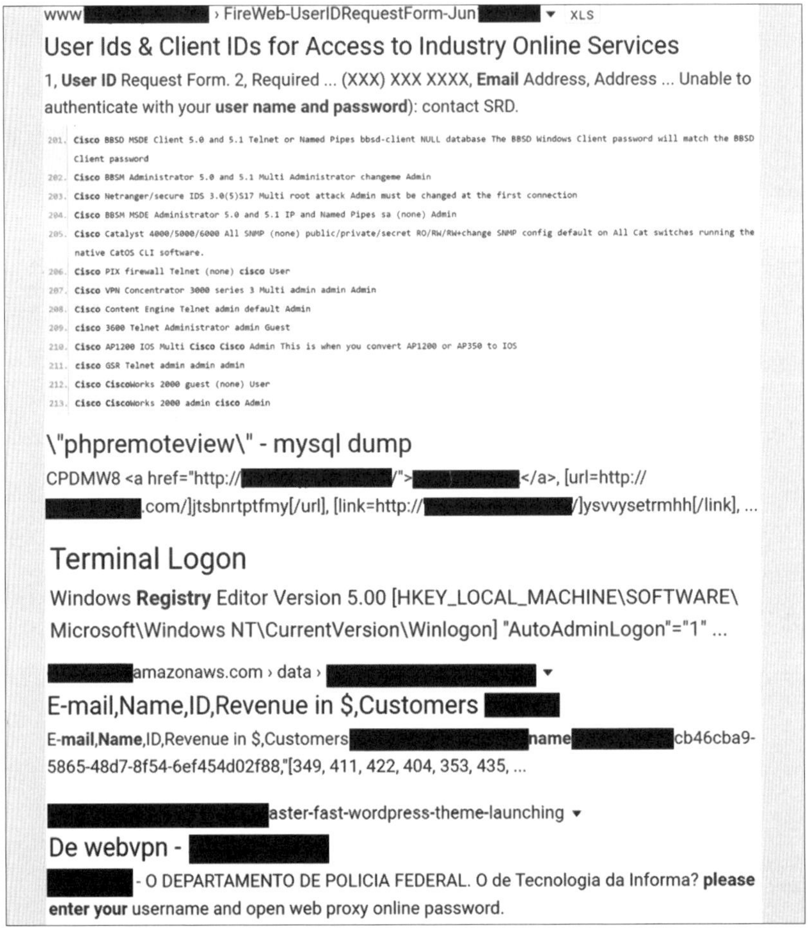

www › FireWeb-UserIDRequestForm-Jun ▾ XLS

User Ids & Client IDs for Access to Industry Online Services

1, **User ID** Request Form. 2, Required ... (XXX) XXX XXXX, **Email** Address, Address ... Unable to authenticate with your **user name and password**): contact SRD.

201. **Cisco** BBSD MSDE Client 5.0 and 5.1 Telnet or Named Pipes bbsd-client NULL database The BBSD Windows Client password will match the BBSD Client password
202. **Cisco** BBSM Administrator 5.0 and 5.1 Multi Administrator changeme Admin
203. **Cisco** Netranger/secure IDS 3.0(5)S17 Multi root attack Admin must be changed at the first connection
204. **Cisco** BBSM MSDE Administrator 5.0 and 5.1 IP and Named Pipes sa (none) Admin
205. **Cisco** Catalyst 4000/5000/6000 All SNMP (none) public/private/secret RO/RW/RW+change SNMP config default on All Cat switches running the native CatOS CLI software.
206. **Cisco** PIX firewall Telnet (none) **cisco** User
207. **Cisco** VPN Concentrator 3000 series 3 Multi admin admin Admin
208. **Cisco** Content Engine Telnet admin default Admin
209. **cisco** 3600 Telnet Administrator admin Guest
210. **Cisco** AP1200 IOS Multi **Cisco** **Cisco** Admin This is when you convert AP1200 or AP350 to IOS
211. **cisco** GSR Telnet admin admin admin
212. **Cisco** **Cisco**Works 2000 guest (none) User
213. **Cisco** **Cisco**Works 2000 admin **cisco** Admin

\"phpremoteview\" - mysql dump

CPDMW8 <a href="http://"></a>, [url=http://.com/]jtsbnrtptfmy[/url], [link=http://]ysvvysetrmhh[/link], ...

Terminal Logon

Windows **Registry** Editor Version 5.00 [HKEY_LOCAL_MACHINE\SOFTWARE\Microsoft\Windows NT\CurrentVersion\Winlogon] "AutoAdminLogon"="1" ...

amazonaws.com › data › ▾

E-mail,Name,ID,Revenue in $,Customers

E-**mail**,**Name**,ID,Revenue in $,Customers**name**cb46cba9-5865-48d7-8f54-6ef454d02f88,"[349, 411, 422, 404, 353, 435, ...

aster-fast-wordpress-theme-launching ▾

De webvpn -

- O DEPARTAMENTO DE POLICIA FEDERAL. O de Tecnologia da Informa? **please enter your** username and open web proxy online password.

:: 노출된 취약한 응용 프로그램과 로그인과 관련된 여러 스크린샷 샘플 ::

발견된 정보가 언뜻 보기에는 위협적이지 않은 것처럼 보일 수 있지만, 분명한 것은 재택근무를 하는 한 연구원이 한 시간도 안 되어 잘못 구성되어 있고, 개방되어 있으며, 건드려 볼 수 있는 많은 양의 데이터를 스크립트 하나로 찾을 수 있었다는 사실이다. 시간이 조금 더 많이 걸리더라도 일부 대상을 좀 더 구체적으로 수집할 수 있는 프로그램이 있었다면, 그 결과가 훨씬 더 좋았을 것이다. 그리고 네트워크 대부분이 서로 연결되어 있다는 특성과 일반적인 내부 보안 통제의 부족으로 인해 더 많이 악용될 수 있는 여지가 있었다.

앞에서 보여 준 스크린샷 샘플에서 일부는 VPN 로그인 인증서, 이메일과 사용자 ID, 로그인 정보와 공격에 사용될 수 있는 다양한 정보가 포함되어 있었다. 그리고 이 모든 결과는 설정값과 사용자 계정이 기본값으로 설정된 것을 검색하는 스크립트를 기반으로 했다. 딱히 대단한 기술이 필요한 것은 아니었다. 이 스크립트를 더 잘 프로그래밍하고 명령어를 기민하게 조정 · 대응하고 구문을 분석할 수 있는 자동화된 머신러닝(ML) 장비에 연결했다면, 문제가 될 가능성은 기하급수적으로 늘어난다.

자료를 찾아보려고 깃허브를 검색하다 보면, Changeme.py라는 인기 있는 도구를 https://github.com/ztgrace/changeme에서 발견할 수 있다.

Changeme는 공동계정의 인증정보뿐만 아니라 기본 및 백도어 인증정보에 중점을 두고 검색한다. 이 도구의 기본 모드는 HTTP 기반의 인증정보를 검색하는 것이지만, 스크립트를 약간 수정하면 다른 인증정보도 검색할 수 있다. 수집된 인증정보와 관련된 데이터를 yaml 파일로 저장한다. 요즘 시스템에 사용되는 거의 모든 프로토콜을 통해서 정보를 수집할 수 있다. 단일 IP 주소, 호스트 및 서브넷, 호스트 목록, Nmap xml[206] 파일과 같은 네트워크를 스캐닝한 출력물, (해커들과 침투 테스트를 위해서 인기 많은 세계 최초 사물인터넷 검색엔진인) 쇼단[207] 쿼리 등을 활용해서 대상을 지정할 수 있다.

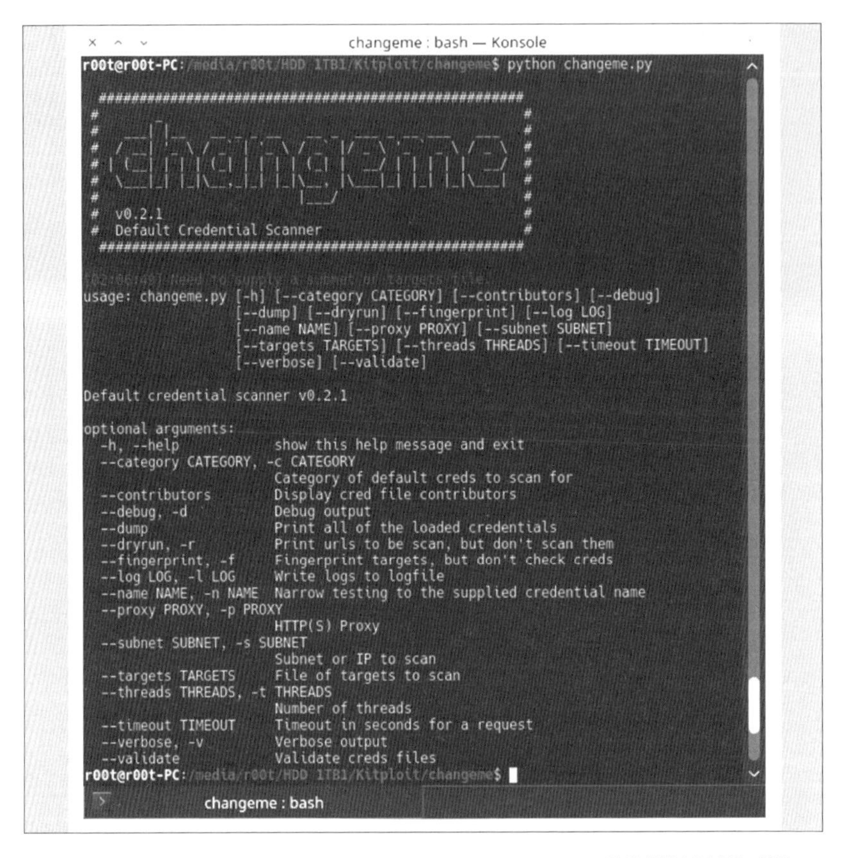

:: Change me의 옵션을 보여 주는 화면 ::

206 Nmap(network mapper): 원래 고든 라이온(Gordon Lyon)이 작성한 보안 스캐너이다. 컴퓨터와 서비스를 찾을 때 쓰이며, 네트워크 "지도"를 함께 만든다. 여기서 만든 파일 형태 중의 하나가 xml 형식이다.

207 쇼단(Shodan): 세계 최초 사물인터넷(IoT) 검색엔진. 일반 검색엔진과 달리 인터넷에 연결된 모든 기기의 다양한 정보를 제공한다. 흔히 '어둠의 구글' '해커들의 놀이터'로 불린다.

```
#  v1.0.3                                                  #
#  Default Credential Scanner by @ztgrace                  #
############################################################

[20:53:36] Your version of changeme is out of date. Local version: 1.0.3, Latest: 1.0.4
Loaded 1 default credential profiles
Loaded 1 default credentials

[20:53:37] Configured protocols: http
[20:53:37] Loading creds into queue
[20:53:37] Nexus Repository Manager body matched: <title>Nexus Repository Manager</title>
[20:53:37] Fingerprinting completed
[20:53:37] Invalid Nexus Repository Manager default cred admin:admin123 at http://172.17.0.3:8081/service/local/authentication/login
[20:53:37] [+] Found Nexus Repository Manager default cred admin:admin123 at http://172.17.0.3:8081/nexus/service/local/authentication/login
[20:53:37] Scanning Completed


[20:53:37] Found 1 default credentials

Username    Password    Evidence    Target                                                          Name
----------  ----------  ----------  --------------------------------------------------------------  ------------------------
admin       admin123                http://172.17.0.3:8081/nexus/service/local/authentication/login  Nexus Repository Manager
```

:: Change me 로그온 ::

다음은 Changeme의 일반적인 검색 사례이다.

- 단일 호스트 검색 ↳ ./changeme.py 192.168.59.100
- 서브 넷에서 기본 인증정보를 검색 ↳ ./changeme.py 192.168.59.0/24
- Nmap 파일을 활용한 스캔 ↳ ./changeme.py subnet.xml
- 5초 단위로 Tomcat 기본 인증정보를 서브 넷에서 검색 ↳ ./changeme.py -n "Apache Tomcat" --timeout 5 192.168.59.0/24
- 대상 목록을 채우고, 인증정보의 기본값 확인을 위해 Shodan을 활용 ↳./changeme.py --shodan_query "Server: SQ-WEBCAM" --shodan_key key goeshere -c camera
- SSH 및 알려진 SSH 키 검색 ↳ ./changeme.py --ssh, ssh_key 192.168.59.0/24
- 프로토콜 구문을 활용, 호스트에서 SNMP 인증정보를 검색 ↳ ./

changeme.py snmp://192.168.1.20

이런 사례의 핵심은 그냥 일반 연구원이 그런 자원에 대한 접근을 칮는 것이 이렇게도 쉽다면, 기본 설정값을 제거하는 것이 가장 우선순위가 높은 문제가 되어야 하는 것이 확실하지 않느냐 하는 것이다. 그렇게 하지 않으면 기본값으로 설정된 것들과 연결된 전체 네트워크가 위협받고 대부분 피해가 발생할 수도 있다.

봇과 자동화된 인공지능/머신러닝(AI/ML) 도구를 활용해서 이런 정보 수집을 더욱 쉽게 할 수 있기 때문에 국가 수준의 능력까지 활용할 필요도 없다.

법칙 2. 전략적으로 생각하고 움직여라

전쟁에서는 전장에서 행동의 자유가 생존 가능성을 높이는 데 대단히 중요한 요소로 간주된다. 대부분 전장이라는 혼돈의 상황에서 끊임없이 변화하고 혁신하는 적들의 행동은 방자(防者)의 사고와 계획을 능가한다. 공자(攻者)와 방자(防者), 그들 간의 방책들은 끊임없이 물고 물리는 양상으로 펼쳐진다. 전술적 움직임이 가능하게 하면서 전략적 사고에 더욱 신중해야 한다는 것을 한쪽이 인식해야만 힘의 균형이 깨지기 시작한다.

특히 사이버전에서는 더 그렇다. 지난 20년 동안, 지구상의 주요 강대국들은 전술적인 의미에서 서로에 대해 어느 정도 개입해 가면서 지내 왔다. 누가 최고의 정보를 가지고 있고, 어떤 부대가 가장 최신의 강력한 공격 솔루션을 갖고 있는지, 끊임없이 물고 물리는 국가 간의 전술적 분쟁을 통해서 관계를 유지하고 있었다. 이러한 분쟁의 전략적인 측면이 싸움의 일부라는 주장이 있을 수 있지만, 실제로 이런 전술적 싸움의 전략적 결과는 사이버전에서 끝나지 않는 체스게임처럼 진행되었다. 지금까지 어떤 나라도 완전한 '승리'를 보여 주지 못했다. 그렇다. 약간의 이득과 손실은 있었지만, 국가 차원의 사이버전에 대한 전략적 싸움에서 어떤 결과가 나왔는지를 살펴보면, 실질적인 이득을 제대로 보여 주지 못했다.

어떤 부대나 조직이 전장에서 살아남고 발전하기 위해서는 가장 큰 수준의 전략을 채택해야 한다. 행위자와 그 지휘 · 통제 시스템 및 인프라 사이에 있는 전반적인 복잡성과 의존성을 깨닫지 못하는 것은 실패를 연습하는 것과 같다.

전략적 사고와 인내심의 부족으로 인한 전술적 기동이 얼마나 나쁜 결과로 이어질 수 있는지를 보여 주는 고전적인 사례는 **커스터 대령의 최후의 전투**(Custer's Last Stand) 시나리오에서 찾을 수 있다.

1876년 6월 22일, **테리** 장군은 **조지 A. 커스터 대령**과 그가 지휘하던 제7 기병대를 인디언의 지도자였던 **'앉아 있는 황소'**를 추격하기 위해 보냈다. 그 추격은 **리틀 빅혼**(Little Bighorn) 계곡까지 이어졌다. 테리 장군의 계획은 커스터 대령이 남쪽에서 **라코타**와 **샤이엔** 지역의 인디언을 공격하는 것이었다. 이렇게 하면 인디언 부대를 커스터 휘하의 기동력 있는 기병대가 통제 가능한 작은 단위의 부대로 나눌 수 있었다. 6월 25일 커스터의 정찰대는 '앉아 있는 황소'가 이끄는 부대가 주둔하고 있던 위치를 알아냈다. 커스터 대령은 다음 날 새벽에 '앉아 있는 황소'가 지휘하던 부대를 공격할 수 있는 위치로 이동했다. 커스터에게는 불행한 일이지만, '앉아 있는 황소'의 정찰병들이 커스터의 군대가 진지로 이동하는 것을 발견하고 '앉아 있는 황소'에게 커스터의 공격을 알리기 위해 움직였다.

발각되었다는 것을 알아차린 커스터 대령은 부대를 재정비하고 후퇴를 계획하는 전략적 조치 대신, 공격을 선택했다. 6월 25일 정오, 계획된 공격보다 하루빨리 커스터 대령은 자신의 연대를 3개 대대로 나누었다. 커스터 대령은 병력을 나누어 3개 중대를 마을로 보냈다. 이어 남쪽에 3개 중대를 더 보내서, 인디언의 퇴로를 차단하고, 5개 중대를 동원해 북쪽에서 마을을 공격했다.

그러나 그가 선택했던 전술적 조치들은 재앙으로 끝이 났다. 커스터 대령의 부대는 전투력이 분산되고 적의 반격으로 인해 3개의 핵심 부대가 서로를 지원할 수 없게 되어 버렸다. 리틀 빅혼 전투가 전개되면서 커스터 대령과 제7기병대 전체가 인디언들의 일련의 기습으로 인해 희생되었다.

커스터 대령의 정보참모는 '앉아 있는 황소'의 병력을 800명 미만으로 추산했다. 그러나 실제로는 2,000명이 넘는 **수**(Sioux)족과 **샤이엔**(Cheyenne)족 전사들이 있었다. 그가 가진 정보에 따르면 인디언 전사들은 그들의 방어를 위해 손으로 들 수 있는 간단한 무기와 활과 화살만 가지고 있었을 것이라고 했다. 이 역시 잘못된 정보였다. '앉아 있는 황소'의 병사들은 고급 자동 소총으로 무장되어 있었고, 많은 기병대도 보유하고 있었다.

조지 암스트롱 커스터 대령은 리틀 빅혼 전투에서 인디언 부대를 전략적으로 과소평가했고, 10대 1이 넘는 병력에 의한 측면 공격으로 인해 완전히 궤멸되었다. 그가 수집한 정보와 의사 결정에 결함이 있었던 것이다. 부분적으로 검증된 데이터 포인트와 최선의 추정치에 기초한 전술적 판단은 한 세기 이상 군사 분야의 역사를 통틀어 가장 어리석은 결과를 낳았다. 적이 이미 알고 있던 행동으로 대응하고 전술적 추격에 참여하려 했던 그의 성급한 조치는 적들의 손아귀에서 놀아나게 되었고, 그와 그의 모든 병사의 목숨을 앗아 갔다.

커스터 대령은 적에 대한 부분적인 데이터를 바탕으로 전술적 행동을 선택했고, 그와 군대가 직면하고 있던 상황을 제대로 이해하지 못했다. 그들은 적의 병력이 얼마나 많은지 몰랐고, 그들이 직면하고 있는 기술에 대해서도 몰랐으며, 전장의 어느 지역이 방어 가능한지에 대한 제대로 된 정보도 거의 없었다. 그들은 단지 자신들이 받은 자극에 전략적으로 반응했고, 모든 것이 지옥으로 떨어졌다. 사이버전에 종사하는 사람들이 초점을 맞춰야 할 것은 바로 그와 같은 교전 모델을 피하는 것이다.

어떤 집단이든 생존의 열쇠는 먼저 전략이라는 개념을 채택하고, 그런 다음에 전술을 채택하는 것이지, 그 반대가 되어서는 안 된다. 너무 자주 침해당하거나 악용되는 조직은 반드시 사이버 공간이라는 실제가 아니라 업체들의 마케팅 때문에 채택되는 전술적 통제를 구현하는 데 초점을 맞추고 있는 것이 분명하다. 리더들과 방어 실무자들이 인프라 보안을 위한 조직의 전략을 구체적으로 기술한 한 문장을 인용할 수 있는 경우는 드물다. 물리적 전쟁에서는 '우리는 테러와의 전쟁에서 승리할 것이다.' 또는 '공중을 지배하고, 전장을 통제한다.'라는 말이 맞을 수도 있다. 이런 말들은 단순하게 들리지만, **비전의 명확성과 단순성**이라는 면에서 보면 좋은 전략적인 진술의 핵심이다.

사이버전에서도 이렇게 해야 한다. 조직이 취해야 할 전략은 **'인프라를 보호하는 동시에 사용자를 보호한다.'** 또는 **'모든 기기를 최말단에서부터 우선적으로 방어한다.'**와 같은 문장으로 간단하게 표현할 수 있다. 물론 이것이 완벽하지는 않지만 단순하고 간결하며, 그 전략에 직접 관여할 방자(防者)들에게는 구체적으로 추진하기가 쉬워진다.

일단 그 전략이 방자(防者)의 그룹 전체에 의해 공유되고 이해되면, 전략적으로 활용할 수 있도록 조정하고 돕는 전술을 채택할 수 있다. 전략은 공간과 전술과 도구들이 발전함에 따라 계속 업데이트되고 협조되어야 하지만 항상 명확하고 유용한 전략이 있어야 한다. 그리고 커스터 대령의 사례와는 다르게, 전략은 다양한 검증된 출처가 반영된 데이터 포인트를 기반으로 실제 적의 조치에 대해서 천천히 신중하게 대응하는 것을 기초로 해야 한다. 사이버전에서 기능에 기초한 전략적 방어는 어설픈 전술적 대응이 아니라 올바른 접근 방식이다.

법칙 3. 디테일이 생명이다

전쟁에서는 아주 작은 **디테일**이 삶과 죽음, 승리와 실패의 차이를 만들어 낼 수 있다. 역사를 보면, 무시되었던 디테일 때문에 전쟁의 승패가 갈리기도 했다. **벤자민 프랭클린(Benjamin Franklin)**은 '못이 없어서, 말발굽을 갈지 못했다. 말발굽을 갈지 못해서, 말을 잃어버렸다. 말이 없어서, 기병을 만들지 못했다. 기병이 부족해서, 전투에서 패했다. 전투에서 패해서, 나라가 무너졌다. 모두 말발굽에 박을 못이 부족해서 벌어진 일이다.'고 말했다. 그는 또한 1758년 가난한 리처드의 연감(Poor Richard's Almanack)에서 '자그마한 것을 소홀히 하면, 큰 재앙이 올 수도 있다.'라고 말했다.

그 격언이 진리라는 구체적인 역사적 예가 있다. 1862년 9월 17일, 미국 역사상 가장 피비린내 나는 전투였던 남북전쟁 당시 **앤티텀 전투**(Battle of Antietam)는 거의 23,000명의 사상자를 낳았다. **로버트 E. 리**(Robert E. Lee) 장군은 북 버지니아군 4만 5천 명을 나누어 1862년 9월 9일 포토맥강을 건너 메릴랜드로 진입한 후, 지휘관들에게 직접 손으로 작성한 각급 부대들의 위치를 상세히 설명해 놓은 편지를 전달하려고 했다. 그 편지는 파발마로 지휘관들에게 전달하려 했지만, 전령이 휴식을 취하기 위해 도중에 멈춰 섰을 때 실수로 주머니에서 편지 하나를 떨어뜨렸다.

그 편지는 불과 며칠 후 어느 담벼락 근처에서 시가 3개에 쌓인 봉투와 함께 한 북군 병사에 의해 발견되었다. 이렇게 제대로 전달되지 않은 편지 하나가 북군 사령관 **조지 B. 맥클렐런**(George B. McClellan) 장군에게 보고되었다. 북군 사령관이었던 맥클렐런 장군과 그의 9만 대군에게 로버터 E. 리 장군이 지휘하던 부대의 정확한 위치를 알려 주게 된 것이었다. 그 정보는 전쟁의 향방에 영향을 미칠 전략적 승리를 북군에게 가져다주었다.

사이버 보안과 사이버전에서 대부분의 인프라는 큰 규모에 초점이 맞추어져 있다. 시스템 전반에 걸쳐 방자(防者)의 목표 대부분은 과거에 실패했던, 즉 높은 '벽'을 가진 큰 규모의 방어선을 계속 만들어 내는 것이었다. 방어선이 장애가 된다고 이전 섹션에서 설명한 바와 같이, 이는 보안을 위해서 해야 하는 것과 반대되는 것이다.

또한, 디테일에 중점을 두는 것은 중점과 '시선'이 높은 벽으로 방어선을 치는 것에서 인프라의 핵심이 되는 내·외부로 기동하는 위협으로 전환할 것을 요구한다. 내부의 방어 강화를 위해서는 호스트 기반 격리, 데이터 저장소와 데이터베이스에 대한 구분관리, 세분화된 접근 통제, 동작 이상 징후를 기초로 하는 벡터 분석 등이 필요하다. 잠재적 위협적인 활동을 나타내는 이러한 디테일한 사항은 잠재적 위협에 대비하고 방어하는 측의 능력을 발전시키는 대응 및 교전규칙의 일부가 되어야 한다. 세부 정보와 문제를 해결할 수 있는 강력하면서도 구체적으로 분석하는 데 집중하지 않으면, 최고 기술 수준의 '큰 방화벽'이라 하더라도 시스템 보안을 발전시키는 데 도움이 되지 않는다.

다음 섹션에서 볼 수 있듯이, 적들이 간단한 방법으로 성벽을 살펴볼 수 있다면, 아주 강력하고 높은 벽을 쌓아도 가치가 없게 된다.

법칙 4. 패스워드를 없애라

"어떤 보안의 연결 고리에서든 가장 약한 고리는 기술 자체가 아니라 기술을 운용하는 사람이다. 강철로 만들어진 문은 자신에게 호소할 연민도, 이용할 두려움도, 자신에게 유리하게 사용할 불안감도 없다. 그러나 그것들은 무한한 취약성과 제한된 에너지를 가진 존재에 의해 작동된다. 영리한 얼굴과 진홍색 혀로 쉽게 피할 수 있는 것을 억지로 강요하는 데 시간을 낭비하는 이유는 무엇인가?"

– A.J. 다크홈(AJ. Darkholme), Rise of the Morningstar

모든 조직이 직면하게 될 가장 큰 장애물은 내부 직원이다. 사이버 보안에 관한 연구에서 리더들의 거의 84%가 직원들의 과실을 가장 큰 보안의 위협으로 꼽았다. 또한, 상당수는 직원들이 원격으로 작업할 때 데이터 침해의 위험이 더 크다고 생각하는 것으로 나타났다.

다양한 연구에서 수집된 데이터에 따르면, 리더들이 보고한 데이터 침해 4건 중 거의 3건은 기본적인 사이버 보안 관행에서 사용자 부주의로 인한 인프라 침해에 대해 최소한 부분적으로 책임이 있다고 밝혔다. 이 책의 앞부분에서 논의한 바와 같이 해커와 국가 수준의 공격 활동들이 '아래'로 이동함에 따라, 중소기업에 점점 더 많은 영향을 미쳤다. 이런 소규모 기업과 업체들은 제한된 예산과 제한된 보안 도구로 운영되는 경우가 많았기 때문에 더 큰 문제에 직면하게 된 것이다.

사용자와 그들이 사용하는 기기는 이제 인프라 보안 장비로부터 가장 먼 거리에 있다. 그들은 사이버 공간에서 맹위를 떨치고 있는 사이버 전쟁에서 '최전방'이며 공자(攻者)가 공격을 위해 인프라에 접근할 수 있는 첫 번째 장소이기도 하다. 이 주제와 관련 있는 앞부분에서 우리는 어떻게 공격이 활성화됐는지에 대한 실체를 집어내고, 역사적으로 어느 시점에 공격이 활성화되었는지를 살펴보면, 발생했던 사례의 대부분이 사용자에서부터 시작되었다는 것을 보여 주는 구체적인 데이터가 있었다는 점을 생각해 보라. 사용자에서부터 시작되었다는 각종 데이터를 보면 훈련과 교육이 사용자를 '고쳐 놓지' 못한다는 것을 알 수 있다. 사용자가 10만 명인 기업에서는 클릭률이 1%(=1,000명)만 되어도 문제가 발생할 가능성이 너무 크다.

사용자 대부분이 보안에서 주요한 역할을 하기 위해 자신의 패스워드에 의존하는 현실에서 사용자 보안에 대한 문제는 더욱 분명해진다. 이 주제에 관한 장에서 언급했듯이, 패스워드에 의존하는 것은 관리 면에서 악몽일 뿐만 아니라 언젠가는 실패를 초래할 수 있는 관행이다.

이런 사이버 전장의 최전선을 더 잘 보호하기 위해 몇 가지 방법과 기술을 사용할 수 있다.

- **인증 프로그램의 일부로서의 생체인식을 활용:** 패스워드는 숫자와 문자의 문자열에 불과하고, 때에 따라서는 특수 문자에 불과하지만 생체인식 데이터는 훨씬 더 구체적이고 유용할 수 있다. 패스워드를 제거하는 데 도움이 되는 다양한 생체인증 프로토콜과 도구가 있다. 더 혁신적인 유형 중 일부는 시장에 새로 출시되었으며, 주로 연구 단계에 있긴 하지만 곧 신상정보 및 접근관리 도구와 세트로 제공될 수 있다.
- **뇌파에 기초한 인증 방법을 활용:** 센서를 활용하여 뇌파 측정 또는 뇌파를 캡처함으로써 컴퓨터는 신원을 인증할 수 있다. 뉴욕 빙엄튼(Binghamton) 대학의 과학자들은 45명의 지원자를 모집해서 각 개개인의 뇌가 어떤 단어에 어떻게 반응하는지를 측정했다. 연구원들은 각각의 뇌의 반응을 기록했는데, 그 반응들은 모두 달랐다. 그 정보는 94%의 정확도로 각 개인을 식별하기 위해 컴퓨터 시스템에 의해 사용되었다. 그 시스템은 로그인

:: 연구원이 사용했던 뇌파 인증 장치 ::

메커니즘에 적용되었고 사용자들은 특정 단어에 관한 생각만으로 로그인하도록 요청받았다. 분명히, 이 방법은 현재로선 먼 얘기일 수 있지만, 비용 절감과 필요한 센서의 크기가 점점 줄어들면서 이 접근 방식은 가까운 미래에 실현 가능할 수 있다.

- **심장 박동에 기초한 인증:** 사용자는 스마트 워치 또는 유사한 기기를 가지고 있으며, 밴드 또는 심전도 센서를 하나는 손목에, 다른 하나는 밴드 외부에 설치한다. 심장 박동이라고도 하는 사용자의 심전도, 심장 초음파, 데이터가 캡처된다. 그런 다음 사용자는 밴드 또는 스마트 워치의 센서를 활성화한다. 사용자는 로그인 프로필을 설정한 후 밴드 또는 장치를 사용하여 신원을 확인한다. 고유한 심장 박동은 사용자가 착용하는 동안 특정 장치를 잠금 해제하는 생체인증 메커니즘 역할을 한다.

:: Nymi에서 만든 심장 박동을 통한 인증 도구 ::

- **음성 및 주변 소음을 활용한 인증:** 또 다른 형태의 생체인식 데이터는 소리를 활용해서 인증 보안을 강화하는 방법이다. 뉘앙스(Nuance) 사의 음성 인식 기술을 기반으로 하는 앱을 통한 음성 프린트를 활용해서 사용자들은 은행 계좌에 로그인하고, 송금하고, 잔액을 확인할 수 있다.

서로 다른 소리는 또한 전통적인 로그인 시스템의 보안을 위해 사용될 수 있으며 이러한 접근 방식을 강화하기 위해 음성 프린팅 솔루션과 결합될 수 있다. 스위스 취리히에 있는 스위스 연방 공과대학교의 연구팀은 주변 소음을 이용해서 다중 요소 인증의 보안을 강화하는 **사운드 프루프**(Sound-Proof)라는 도구를 개발했다.

이런 접근 방식에서 사운드 프루프가 적용된 사이트에 접근하기 위해서 녹음을 하려면 사용자의 전화기에 앱이 있어야 한다. 앱을 설치하고 나서 컴퓨터의 마이크는 접근을 요청하는 컴퓨터가 있는 방 근처에서 몇 초간의 주변 잡음을 녹음하기 시작한다. 소프트웨어는 각 장치에서 녹음을 위한 디지털 서명을 만든 다음 즉시 비교한다. 일치하는 경우 또는 매우 좁은 허용 범위 내에 있는 경우, 시스템은 사용자의 스마트폰이 같은 방에 있다고 가정하기 때문에 두 번째 핀을 입력할 필요 없이 사용자에게 사이트에 대한 접근을 허용한다.

중점이 잘 설정되어 있고 능력 있는 국가 수준의 해커나 위협단체들은 이러한 접근 방식을 공격하고 회피하는 방법을 분명히 가지고 있겠지만, 그러기 위

:: 주변의 소리와 음성을 활용해서 인증하는 앱, 사운드 프루프(Sound Proof) ::

해서는 통합된 노력이 필요할 것이며 단순히 패스워드에 의존하는 것만큼 성공하기 쉽지는 않다. 여기서 방자(防者)들이 취할 가능성 있는 방법은 가장 '비용 대비 효과'가 크면서도 가장 단순한 기술을 사용하는 것이다.

적이 먼저 사용하려고 하는 보안 인프라의 끝단을 추가로 확장하려고 하는 곳에 사용자가 있다면, 논리적으로 이런 곳이 핵심 위치가 된다. 사용자의 문제를 제거하고 패스워드 기반 인증 프로토콜이 만들어 내는 명백한 문제를 제거하는 기술과 도구를 사용하는 것이 모든 방어 노력의 핵심적인 요소가 되어야 한다.

법칙 5. 피해 반경을 줄여라

만약 우리가 사이버전의 실체를 말해 주는 이 책 전반에 걸쳐 제시된 사실들을 받아들인다면, 우리도 언젠가는 **'한 방 맞을 수밖에 없을 것'**이라는 입장을 가지는 게 대단히 중요하다. 본질적으로 전쟁의 환경이 변한다는 것은 위험한 상황이다. 언제든지 임의의 금속 덩어리가 공간을 가로질러 날아올 수 있고, 그 공간에서 생존한다는 것에 계속 영향을 미칠 수도 있다. 항상 우리가 하는 모든 것들이 그런 전쟁터에 있고 그 전장 환경이 끊임없이 변화하고 있을 때, 부정적 결과가 있을 가능성은 초 단위로 커진다.

디지털 공간은 위험으로 가득 차 있고, 인류가 여태껏 보지 못했던 유일한 공간이며, 어떤 식으로든 모든 것을 건드려 볼 수 있는 공간이며, 존재하는 모든 능력이 상대적으로 공평하게 서로 적극적으로 참여할 수 있는 공간이다. 솔직히 말해서, 전쟁에서는 불가피하게 치고받는 상황이 될 것으로 예상할 수 있다.

이런 전투 공간에서는 실제 감염 또는 공격이 그렇게 부정적인 영향을 미치는 것은 아니다. 실제로 이러한 감염과 공격 사례들이 전파되는 능력을 제한하고 억제할 수 있다면 IT팀들이 공격받은 시스템을 다시 이미지화하고 '수정'하는 데 불편함이 없을 것이다. 하지만 그런 성가신 감염이나 공격이 유행병처럼 퍼지게 된다면 상황은 달라진다. 그렇게 된다면, 사람의 몸에 비유했을 때 몸의 작은 상처가 동맥 출혈이라는 심각한 상황으로 변하는 것과도 같다. 그것은 어떤 대가를 치르더라도 막아야 하는 변화인 것이다. 생존 가능성을 높이기 위해서는 폭발 반경이 반드시 억제되어야 한다.

인프라에서 '폭발'이 발생한 경우, 그 피해를 어느 정도까지 중단시킬 수 있는가? 폭발이 진정되기 전에 얼마나 많은 '피해'를 감수해야 할까? 제대로 세분화된 보안 인프라는 폭발력이 커지는 것을 제한할 수 있어야 하며, 이러한 인프라는 인프라의 기능을 손상시키지 않고 제한할 수 있을 만큼 충분히 강해야 한다. 육군의 전차 조종수들이 말하는 '완전무장' 상태에 도달하기 위해서는 인프라와 전략의 일부가 되어야 할 몇 가지 원칙이 있다.

- **해커들은 이미 여기에 들어와 있다:** 적은 이미 성문 안에 들어와 있다. 방어선에 기초한 보안모델은 근본적으로 그리고 표면적으로 인프라 보안에 실패했으며 수십 년 동안 국가 주도의 해커 또는 개별 해커들이 전 세계 인프라에 접근할 수 있도록 허용했다. 이런 상황을 상정해서, 적이 이미 내부에 있음을 인식하는 것이 리더와 기술자가 인프라 보안을 보다 잘 해결할 수 있도록 지원하는 핵심이 되는 전략적 중요 포인트다. 물리적 전쟁에서

와 마찬가지로, 문제를 해결하는 접근법은 공간의 실체에 기초해야 하며, 이 공간의 실체는 아마도 모든 것이 이미 침해되어 있는 상태에서 적을 전선 너머로 가두는 것은 헛수고라는 것이다.

- **만능열쇠는 제거되어야 한다:** 국가 수준 및 개별 해커들은 조직에서 관리자 역할을 하는 사람들을 공격한다. '만능열쇠'를 손에 넣기 위해서 그렇게 하는 것이다. 관리자 로그인 또는 계정 하나가 인프라를 구성하는 여러 요소에 대한 실질적인 권한이 없는 1,000명의 사용자보다 더 가치 있다. 이러한 권한이 집중된 관리자는 거의 모든 작업을 수행할 수 있다. 이런 계정과 관리자는 반드시 보호되어야 하며, 어떤 대가를 치르더라도 접근성에 대해서 면밀하게 감시하고 추적해야 한다. 위험에 처한 관리자 한 명은 네트워크 내부에서 폭발하는 잠재적인 전술 핵탄두와도 같다. 여기서 가장 좋은 방법은 관리자 계정과 접근 권한을 마치 핵물질처럼 제한하고 통제하는 것이다. 그런 변동성 있는 자산에는 완벽한 주의와 보살핌 외에는 다른 어떤 것도 방해되어서는 안 된다.
- **세분화를 대규모로 적용하기:** 해커가 침입했을 때, 특정한 한 구성요소를 공격하거나 손상을 입게 만들거나 전체 시스템을 장악하게 두어서는 안 된다. 내부로부터 인프라를 '완전무장' 상태로 전환하려면 여러 계층의 방어를 적용해야 한다. 여러 단계에서 적용되는 역할에 기반을 둔 접근 제어, 그리고 그와 관련된 통제, 계정 권한에 대한 엄격한 제한, 모니터링, 서버 및 호스트 세분화와 관련된 자산의 세분화, 모든 자산에 대한 악성 프로그램 방지 및 업데이트된 패치, 화이트 리스트 소프트웨어는 실행을 허용해야 하는 유일한 소프트웨어이며, 파워쉘(Powershell)과 같은 기본 도구는

엄격하게 제어하거나 제한해야 한다.

- **보안이 강화된 자산을 사용:** 지금까지의 강화 시스템은 일반적으로 자산에 대한 보안을 강화하고 취약점을 줄이기 위해 무엇을 해야 하는지에 대한 지침을 주는 STIG[208]에 의존해 왔다. 미 국방부는 461개의 STIGs를 하달했으며, 반정기적으로 더 많은 STIGs를 내려보내고 있다. STIG는 운영체제, 데이터베이스 응용 프로그램, 오픈소스 소프트웨어, 네트워크 장치, 무선 장치, 가상 소프트웨어, 모바일 운영체제를 포함한 다양한 소프트웨어 패키지에 적용 가능하고 사용할 수 있다. 다른 어떤 조직보다 오랫동안 사이버전에서 선전을 벌여 온 국방부와 같은 조직의 이러한 검증된 가이드를 활용하면 보다 공식화된 접근 방식으로 인프라를 더 빨리 보호할 수 있다. STIG에서 제안하는 구성의 전체 목록은 https:// stigviewer.com/에서 확인할 수 있다.

Windows 10에 대한 STIG에서 내린 보안 강화와 관련된 예제를 아래와 같이 제시했다. 자세한 내용을 보려면 이전에 인용한 STIG에서 제공하는 스티그뷰어(stigviewer) 웹 사이트를 확인하면 된다. 샘플은 다음과 같다.

208 STIG(Security Technical Implementation Guide): 보안 기술 구현 지침. 특정 제품에 대한 사이버 보안 요구사항으로 구성된 표준 지침.

ID 찾기	영향	제목	설명
V-63797	높음	비밀번호가 LAN Manager 해시에 저장되지 않도록 시스템을 구성해야 한다.	LAN Manager 해시는 약한 암호화 알고리즘을 사용하며 이 해시를 사용하여 계정 암호를 검색하는 몇 가지 도구를 사용할 수 있다. 이 설정은 LAN Manager의 사용 여부를 제어하고….
V-63651	높음	요청된 원격 지원은 허용되지 않아야 한다.	원격 지원을 통해 다른 사용자가 사용자의 로컬 세션을 보거나 제어할 수 있다. 요청된 지원은 로컬 사용자가 특별히 요청하는 도움말이다. 이렇게 하면….
V-63869	높음	디버그 프로그램 사용자 권한은 관리자 그룹에만 할당되어야 한다.	부적절한 사용자 권한 부여는 시스템, 관리 및 기타 높은 수준의 기능을 제공할 수 있다. '디버깅 프로그램' 사용자 권한을 가진 계정은 모든 프로세스에 디버거를 연결할 수 있거나….
4V-63325	높음	높아진 권한으로 Windows Installer Always 설치를 사용하지 않도록 설정해야 한다.	표준 사용자 계정에 권한을 높게 부여해서는 안 된다. 응용 프로그램을 설치할 때 Windows Installer가 권한을 높이도록 설정하면 악의적인 사용자와 응용 프로그램을 얻을 수 있으며….
V-63353	높음	로컬 볼륨은 NTFS를 사용하여 포맷해야 한다.	접근 권한과 감사를 설정하는 기능은 시스템의 보안과 적절한 접근 통제를 유지하는 데 중요하다. 이를 지원하려면 NTFS 파일을 사용하여 볼륨을 포맷해야 하며….
V-63667	높음	기 설치된 장치가 아닌 경우 자동 재생을 해제해야 한다.	자동 실행을 허용하면 시스템에 악성 코드가 발생할 수 있다. 자동실행은 드라이브에 미디어를 삽입하는 즉시 드라이브에서 읽기를 시작한다. 그 결과 프로그램의 설정 파일 또는….

기본 원칙을 준수하면서 전투 공간에서 살아남기 위한 '법칙'이 될 수 있는 다른 기술, 전략 또는 전술은 항상 존재하게 마련이다. 앞에서 설명한 기본 법칙은 항상 생각해야 하는 기본이 되는 몇몇 주요 항목들을 제공하기 위한 것이다. 생존 상황에 있는 모든 것과 마찬가지로, 가장 먼저 생각해야 하고 중요하게 생각해야 할 것은 항상 간단한 것들이다. 기본을 무시한다면 분명 앞으로 나타나는 문제는 더 큰 문제가 될 것이다.

장애로 인한 영향

민간기업과 통화 시스템에 상당한 경제적 손실을 초래하는 것 외에도, 사이버전은 다양한 방법으로 중요한 국가 기반시설에 해를 끼칠 수 있다. 그중의 한 가지 방법으로, 사이버전은 대중들에게 필수적인 서비스의 제공에 영향을 미칠 수 있다. 이런 현상은 지난 10년 동안 전력망과 의료 부문에 대한 사이버 공격으로 나타났다. 둘째, 물리적 피해를 일으킬 가능성이 있다. 10년 전 이란에 대한 스턱스넷 공격으로 입증되었다. 사이버전의 전술은 의료 서비스 제공에도 영향을 미칠 수 있다.

의료 서비스 피해

의료 분야가 디지털화와 네트워킹이 증가하는 방향으로 계속 변화함에 따라 의료 분야에 대한 공격의 가능성은 더욱 현실로 다가오고 있다. 새로운 의료기기는 이제 병원의 거의 정보기술 시스템에 의해 거의 모든 분야에 연결되어 업무의 자동화를 가능하게 하고, 의료보험 신청이나 환자 관리를 도와주기도 한다. 이런 디지털 의존성의 증가는 '공격 표면'을 확대하게 만들고 함께 더욱 안전한 인프라 또는 더 나은 사이버 보안 관행의 대폭적인 개선이라는 방향성과는 일치하지 않는다. 의료 분야의 인프라는 특히 취약하며 환자와 해당 의료장치에 연결된 사람들에게 잠재적으로 생사를 좌우하기도 한다.

2017년에 있었던 워너크라이 랜섬웨어 공격은 미국 캘리포니아주 할리우드의 한 병원뿐 아니라 싱가포르의 병원, 영국의 또 다른 대형 병원에도 영향을 미쳤다. 싱가포르 병원에 대한 공격 이후 조사를 통해서 그 병원의 네트워크에 대한 공격이 10개월 이상 지속되었다는 사실을 밝혀냈다. 해커들은 특수 악성 소프트웨어를 사용해서 총리를 포함한 특정 환자에 대한 데이터베이스를 뒤져 볼 수 있었다. 시간이 지남에 따라 해커들은 처방전을 변조하거나 네트워킹된 시스템을 차단할 가능성도 있었다. 할리우드와 영국 병원에서 있었던 워너크라이의 경우, 공격으로 인해 수술이 중지되기도 했고, 데이터를 제대로 사용할 수 없게 되어 의료 시설이 정상적으로 운영되지 못했다.

환자들은 이런 공격 때문에 말 그대로 외면당하고 치료까지 거부당했다. 더 많은 디지털 의존성이 의료와 병원 시스템에 스며들수록 기능을 멈추게 하는 공격으로 인해 제대로 운영되기가 더 어려워질 것이다. 다른 의료 시설들도 곧 공격을 받을 것이다. 제약회사의 경우, 지적재산권 도난의 표적이 될 수도 있고, 침투를 통해서 그들의 조제법이나 치료법이 변조되거나 판독이 불가능해질 수도 있다. 이런 작전들이 자연스럽게 항상 파괴적인 것은 아닐 수도 있지만, 여전히 재산 도난 이상의 피해를 일으킬 수도 있다.

의약품 공급체계 또는 백신이 영향을 받을 경우, 전체 의료 산업과 의료 공급자에 대한 소비자의 신뢰에 의문이 제기될 수 있다. 바이러스나 질병과 같은 위험한 물질을 저장하는 연구 시설에 대한 공격 가능성도 존재한다.

ICS(산업제어 시스템)에 대한 피해

산업제어 시스템에 대한 사이버 공격은 일반적으로 다른 유형의 사이버 작전보다 빈도가 낮았다. 그러나 이런 공격의 빈도는 증가하고 있으며, 이 부문의 잠재적 영향의 심각성은 명백히 드러나고 있다. 빛과 전력이 며칠만 없어도 문명 세계는 암흑시대로 추락할 것이고, 혼란이 뒤따를 것이다. 인터넷 사용을 가능하게 하는 산업제어 시스템의 네트워킹 능력의 성장과 인류에 대한 잠재적 이익 때문에 이 영역은 특히 공격에 취약해졌다. 인프라의 상호 연결성, 그리고 점점 더 정교해지는 국가 수준 해커들의 능력과 그들의 사이버 무기 능력으로 인해, 전 세계 산업제어 시스템에 이미 여러 개의 탐지되지 않은 해커들의 공격이 존재할 가능성은 매우 커졌다.

국가 수준의 위협단체는 펌웨어와 공급망의 구성요소들을 통해 산업제어 시스템에 대규모 피해를 만들어 내기 위해 노력할 것이다. 또한, 산업제어 시스템에 사용되는 악성 프로그램이 보호되지 않은 다른 산업제어 시스템에 의도치 않은 부수적 손상을 일으킬 수도 있다. 또한, 국가 수준의 해커들이 이미 자체 전파 가능한 악성코드를 설치했는데, 이 악성코드는 명령이 '떠들썩하게'

전달되기를 기다리면서 시스템을 악용할 위험이 있다.

산업제어 시스템 또는 **SCADA 시스템**[209] 공격이 미칠 수 있는 영향을 고려할 때, 소규모 공격이라도 이러한 시스템이 점점 더 나쁜 상황으로 치닫는 결과를 초래할 수 있는 현실에 집중하는 것이 중요하다.

국운을 위협하다

인공지능(AI), 사이버 전쟁, 그리고 이러한 문제들이 국가 안보에 미칠 수 있는 영향에 관한 한, 해답보다는 불확실성이 더 많다. 사이버 전쟁, 인공지능(AI), 그리고 사이버 보안이 핵 안보와 심지어 민주주의의 구조에 어떻게 영향을 미치는가 하는 것이 앞으로 주요한 문제가 될 것이다.

인공지능(AI)으로 증강된 사이버 기능은 이미 작동 중이다. 신흥 기술과 특히 그러한 영역 내에서 우발적이거나 우발적인 긴장 고조와 관련된 잠재적인 군사적 위험이 있다. 글로벌 네트워크의 상호 연결 특성과 원자력 시스템에 영향을 미치려는 국가의 집중적인 노력에 의해 잠재적인 취약성이 증가하는 것을 고려해야 한다.

인공지능(AI)은 기존의 사이버전 무기를 획기적으로 더 강력하게 만들 수 있는 매우 현실적인 잠재력을 지니고 있다. 인공지능(AI) 기술의 빠른 발전과 자율 시스템에서의 능력 발전은 향후 공격을 증폭시킬 수 있다. 과대광고를 피

209 SCADA(Supervisory Control And Data Acquisition): 감독 제어 및 데이터 수집의 약자. 특정 산업현장 전체 또는 지리적으로 넓게 펴져 있는 산업단지를 전반적으로 감시하고 제어하는 집중화된 시스템.

하고 필요한 이해를 명확히 하기 위해서, 여기 인공지능(AI)과 사이버 전쟁이 이러한 영역에서 결합할 수 있는 몇 가지 구체적이지만 가능한 방법이 있다.

자율 시스템과 머신러닝(ML)의 발전은 더 많은 네트워크와 물리적 시스템이 사이버전에 취약하다는 것을 의미한다. 국가 수준의 해커 또는 위협단체가 더 많은 인공지능(AI)을 활용해 사이버 공격에 대한 접근성을 높여 무한대로 규모를 늘려 가며 실행할 수 있다. 이러한 공격이 확산되는 속도는 서로 다른 민간과 군사 영역에서도 가속화될 것이다. 차세대 인공지능(AI) 사이버 도구의 속도와 폭은 국가 전체에 불안정한 영향을 미칠 수 있다.

단순히 사이버 무기를 통한 공격 외에도 국가 수준의 해커나 위협단체는 인공지능(AI) 또는 머신러닝(ML) 기술을 활용하여 공통 데이터를 특정하는 애플리케이션을 지원하는 시스템을 목표로 공격할 수 있다. 이러한 공격은 중요한 데이터 지점을 **스푸핑** 하거나 중요한 시스템에 잘못된 데이터를 대규모로 투입하는 데 사용될 수 있다. 이와 같은 공격은 예측할 수 없고 감지할 수 없는 오류, 시스템 오작동 또는 시스템 제어에 대한 동작 조작을 유발할 수 있다.

의사결정엔진의 일부로 인공지능(AI) 또는 머신러닝(ML)을 사용하는 민간 시스템은 알고리듬이 제대로 작동할 수 있도록 고품질 데이터에 의존한다. 이러한 최말단 데이터 저장소를 공격한 다음 데이터 세트에 가짜 데이터를 주입한다. 이렇게 보안이 확보되지 않은 시스템은 '정상적'으로 계속 작동하지만 실제로는 결함 있는 데이터를 기반으로 의사 결정을 내릴 수 있으며, 이는 원자력 제어 조치나 병원 환자 도구와 같은 시스템에 있어 큰 재앙이 될 수 있다.

핵을 다루는 시스템이나 핵무기 시스템에서 발생한다면, 물리적 공격으로부터 방어해야 하는 국가의 능력에 심각한 영향을 줄 수 있다. 게다가 시스템 자체의 신뢰도에 의문을 가지게 될 것이며, 안전하다고 믿고 있던 다른 나라들까지도 의문을 가지게 될 것이다. 유효하지 않은 데이터로 인해 핵관련 시스템은 의문투성이가 될 수 있다.

이전 섹션에서는 사이버 전쟁과 산업통제 시스템, 의료 및 기타 중요한 시스템과 관련하여 더 큰 문제가 무엇인지에 초점을 맞췄다. 다음 절에서는 몇 가지 잠재적 공격 시나리오를 상세히 설명하여 향후 사이버 전쟁 교전에서 무엇이 더 현실적인지 명확히 하고자 한다.

딥페이크로 인한 위협 시나리오

A국가가 외부 에이전트와 해커를 사용하여 B국가와 경쟁 관계에 있는 지도부에 딥페이크 영상 또는 음성을 전송한다. 그 영상들은 제3국의 고위 군 지휘관들이 B국가를 공격하기 위해 공모하고 있다는 것을 보여 준다. 간단히 말해서, 이러한 딥페이크는 리포스팅을 표적으로 하는 특정 트위터와 인스타그램 인플루언서들에게 함께 인터넷에 유출된다. 이는 그 지역에서 민간인들의 공황과 방어적 위치의 확대를 야기한다.

B국가는 실제 물리적 또는 살상 조치로 인식된 위협에 대응하면서 전쟁을 일으킨다. 인공지능(AI)과 머신러닝(ML) 도구를 이 시나리오에 주입해서 긴장을 고조시키거나 소셜 미디어의 전달을 가속화하여 담론을 촉진할 수 있다.

데이터 조작에 의한 위협 시나리오

A국가는 머신러닝(ML) 기반의 사이버 공격을 활용하여 B국가의 민간 항공 관제 및 추적 시스템을 위한 데이터를 조작한다. 주입된 가짜 데이터는 항공 교통 관제사가 유효한 트랙을 잠재적 위협으로 해석하게 만든다. 사상자를 방지하기 위해 군사적 조치를 하며 유효한 트랙(비행기 또는 제트 여객기)이 물리적으로 제거된다.

이렇게 될 경우, 시스템과 이를 구동하는 구성요소의 보안 및 정확성에 대한 의문이 제기된다. 전체 산업이 영향을 받고, 세계 경제도 영향을 받는다. 시민들이 공격 결과에 반응하면서 시민 불안과 불화도 뒤따를 것으로 보인다. 사회 불안이 잠재적으로 만연해 있다.

민주적 절차 공격에 의한 위협 시나리오

유권자 등록 데이터베이스와 지방, 주, 그리고 전국 선거 시스템의 열악한 보안 상태, 그리고 지하 커뮤니티에서 이용할 수 있는 유권자 정보의 유통이 증가한 탓에 A국가는 투표 과정에서 공격을 당한다. 유권자 등록 기록을 사용하여 A국가는 표적화된 지역에서 허위 정보 캠페인을 만들어 낸다. 그 캠페인에서는 선거 관리들이 선동적인 선거 슬로건을 선전하는 것을 보여 주는 조작된 트윗과 게시물이 온라인에 게시된다. 동시에 투표제도가 훼손됐음을 알리는 내러티브(Narratives)로 선거 운동을 전개하고, 유권자의 입력 데이터와 상관없이 야당에 대한 모든 투표가 집계된다.

이런 것들은 사이버전에서 벌어질 수 있는 몇 가지 사례일 뿐이다. 공격하는 국가가 물리적 사이버 공격으로 생각될 만한 공격을 하지 않았다 하더라도, 표적이 된 국가들은 그 결과를 직접 체감할 수밖에 없다. 해커들은 표적이 되는 사이버 활동에 의해 작동되고 악의적인 명령과 통제 실체에 의해 조정되는 '소프트한' 전술을 사용함으로써 여전히 적에게 영향을 미칠 수 있다.

전쟁의 본질과 사이버 충돌을 둘러싼 현실은 변화하고 있으며, 협조된 방식으로 풀어내지 않는다면 관리하기 어려운 괴물이 될 것이다.

결론

진정한 사이버전에서의 생존을 위해서는 완전히 헌신적인 리더십, 기술 팀 및 파트너 간 협조가 필요하다. 이러한 유형의 갈등에서 살아남는 것은 기술적으로, 정치적으로, 재정적으로, 그리고 절차적으로 대단히 복잡한 문제이다. 전투에서는 이동과 기동 능력, 기본 개념과 확실한 훈련이 조직의 생존에 도움이 될 것이다. 생존이 목표다. 가장 오래 살아남은 자가 승리한다.

사이버 방어의 목표는 공격하는 측의 영향력을 최소화하고, 해커들이 사용하는 비용을 증가시키며, 공격이 성공했는지에 대한 불확실성을 증가시키고, 탐지와 교정 가능성을 높이는 것이다. 생존 가능성은 시스템, 서브시스템, 장비, 프로세스 또는 프로시저가 장애 발생 시와 그 이후에 계속 기능을 발휘할 수 있게 만드는 능력이다. 디지털 전장이 계속 변화함에 따라 이 분야가 우리의 관심의 초점이 되어야 한다. 조직의 중요한 기능이 계속 유지될 수 있고 전체 인프라가 무용지물이 되지 않는 한, '그것을 통해 싸우는' 능력은 남아 있다.

과거의 사이버전을 통해 미래의 사이버전을 예측하는 통찰력을 제공하는 것이 이 책의 목적이다. 그리고 이 사이버 공간에서 실제로 적용 가능한 전략, 전술, 도구에 대한 실제적인 정보를 제공함으로써, 저자는 여러분이 여러분의 조직을 더 잘 방어하는 데 사용될 수 있는 지식의 한 조각이라도 찾기를 바란다.

변화무쌍한 사이버전장을 상대할 때, 사고가 정체되어 현재의 위협이 무엇인지에만 신경을 쓰다 보면 앞으로 다가올 공격에 제대로 대응하지 못하게 된다는 것을 이 책을 통해서 알았으면 한다. 디지털 전투에서는 모든 것이 무기가 될 수 있고, 모든 것이 방패가 될 수 있다. 이 모든 것은 그 물건이 어떻게 쓰이고, 그 방패나 창을 휘두르는 사람들에 의해 얼마나 능숙하게 사용되는가에 달려 있다.

부록 – 2019년에 발생한 주요 사이버 사건

2019년 11월

- 이란 해커들이 산업제어시스템의 주요 제조업체와 운영자들의 계정을 목표로 삼았다. (국가 산업스파이 작전)
- 비국가적 해커로 추정되는 인물이 영국 노동당의 컴퓨터 시스템을 대상으로 DDos 공격을 통해 일시적으로 마비시켰다. (국가 차원의 정보 혼란과 선거 개입)

2019년 10월

- 이스라엘의 한 사이버 보안업체가 WhatsApp의 취약점을 악용해 최소 20개국 고위 정부 및 군 관계자를 대상으로 한 스파이웨어를 판매한 것으로 드러났다. (국가 차원의 간첩행위와 정보 수집)
- 미국 정부가 후원하는 해킹 작전으로 조지아 전역에 걸쳐 사건 자료와 개인 정보가 담긴 정부 및 법원 웹사이트를 포함하는 2,000개 이상의 웹사이트가 차단되었다. (국가 차원의 정보 혼란과 정보 수집)
- 인도는 데이터 추출용으로 설계된 북한의 악성코드가 원자력 발전소의 네트워크에서 확인되었다고 발표했다. (국가 차원의 산업스파이 및 정보 수집)
- 북한 해커로 추정되는 자들이 유엔과 다른 NGO에서 북한 관련 문제에 종

사하는 개인들로부터 인증서를 훔치려고 시도했다. (국가 수준의 정보 수집)

- NSA와 GCHQ는 러시아가 사이버 스파이 작전에서 이란 해커단체 도구와 인프라를 활용해서 중동 지역을 정찰한 것을 발견했다. (국가 산업스파이 및 거짓깃발 작전)
- 러시아 해커들은 2013년부터 몇몇 유럽 국가의 대사관과 외교부를 겨냥한 작전을 벌였다. (국가 차원의 정보 수집)
- 이란 해커들은 2013년 ~ 2017년까지 전 세계 170여 개 대학을 대상으로 34억 달러 상당의 지적 재산권을 빼돌리고 훔친 데이터를 이란 고객들에게 판매했다. (국가 차원의 IP 도난 및 정보 수집 작전)
- 중국 해커들은 2010년 ~ 2015년까지 자국의 C-919 여객기 개발을 지원하기 위해 외국 기업으로부터 지적재산권을 훔치기 위해 다년간 작전을 벌였다. (국가 차원의 IP 도난 및 정보 수집 작전)
- 가입자가 1억 명이 넘고 중국 정부가 후원하는 정치선전용 앱이 위치 데이터, 메시지, 사진, 검색 기록 등에 대한 접근 권한을 부여하고 원격으로 음성 녹음을 활성화하도록 프로그램된 것으로 드러났다. (국가 차원의 허위 정보 및 정보 수집)
- 모로코 정부는 이스라엘로부터 구입한 스파이웨어를 활용해서 2명의 인권 운동가를 표적으로 삼았다. (국가 차원의 정보 수집)
- 국가가 지원하는 한 해커단체'가 동유럽 지역의 외교관들과 저명한 러시아어 사용자들을 표적으로 삼아 정보를 수집했다. (국가 차원의 정보 수집 작전)
- 중국 해커들이 독일, 몽골, 미얀마, 파키스탄, 베트남, ISIS와 관련된 유엔 안전보장이사회 결의안과 관련 있는 개인들, 그리고 아시아의 종교 단

체와 문화 교류를 위한 비영리 단체들을 표적으로 삼아 정보를 수집했다. (국가 차원의 정보 수집)

- 이란 해커들이 트럼프 선거 캠페인을 비롯해 전·현직 미국 정부 관료와 언론인, 해외에 거주하는 이란인들을 상대로 연쇄 공격을 감행했다. (국가 차원의 허위 정보 및 정보 수집)
- 국가의 지원을 받는 중국 해커들이 미얀마, 대만, 베트남, 인도네시아, 몽골, 티베트, 신장 지구 등에서 2013년부터 최소 6차례 이상 스파이 활동을 벌인 것으로 드러났다. (국가 차원의 정보 수집)
- 이집트 정부는 언론인, 학자, 변호사, 인권 운동가, 야당 정치인들을 상대로 일련의 사이버 공격을 실시했다. (국가 차원의 정보 수집)
- 중국 해커들이 2019년 상반기 동남아시아 전역의 정부기관, 대사관, 기타 정부 관련 대사관을 노렸던 것으로 밝혀졌다. (국가 차원의 정보 수집)

2019년 9월

- 미국이 이란의 사우디 석유시설 공격에 대한 보복으로 이란에 대한 사이버 작전을 수행했다. 이 작전은 물리적 하드웨어에 영향을 미쳤으며 이란의 정치적 선전 활동을 방해하려는 목표를 가지고 있었다. (국가 차원의 산업 스파이 작전)
- 에어버스(AirBus)는 영업 비밀을 노린 해커들이 회사의 하청업체 4곳을 노린 일련의 공급망에 대한 공격을 가했다고 밝혔다. (국가 차원의 IP 도난 및 정보 수집 작전)
- 2019년 7월, 미국의 전력회사 3곳을 공격했던 중국 정부의 지원을 받는

해커단체가 이후 17곳을 추가로 노렸던 것으로 드러났다. (국가 차원의 산업스파이 작전)

- 러시아 정부와 관련 있는 해커들이 동유럽과 중앙아시아 전역의 각국 대사관과 외교부를 상대로 피싱 작전을 벌였다. (국가 차원의 정보 수집)
- 중국 해커들이 모바일 악성코드를 활용해서 달라이 라마와 관련이 있는 고위 티베트 의원들과 개인들을 표적으로 삼았다. (국가 차원의 허위 정보 및 정보 수집)
- 북한 해커들이 2019년 여름에 미국에서 북한 핵 프로그램과 대북 경제제재를 연구하는 주체들을 대상으로 피싱 캠페인을 벌인 것으로 드러났다. (국가 차원의 산업스파이 작전)
- 이란 해커들이 미국 · 호주 · 영국 · 캐나다 · 홍콩 · 스위스 등 60여 개 대학을 표적으로 지적 재산권을 빼돌렸다. (국가 차원의 IP 도난 및 정보 수집 작전)
- 화웨이(Huawei)는 미국 정부가 자사의 인트라넷과 내부 정보 시스템을 해킹해서 사업 운영을 방해하고 있다고 비난했다. (국가 차원의 산업스파이 작전)

2019년 8월

- 중국은 이전에 공개되지 않은 애플, 구글, 윈도우 폰용 악성 프로그램을 활용하여 위구르족에게 악성코드를 배포하기 위해 손상된 웹사이트를 활용했다. (국가 차원의 허위 정보 및 정보 수집)
- 중국 정부의 지원을 받는 해커들이 최첨단 암 연구와 관련된 정보를 얻기 위해 미국의 여러 암 연구소를 노린 것으로 드러났다. (국가 차원의 IP 도난 및 정보 수집 작전)

- 북한 해커들이 북한의 핵 개발 노력과 핵 관련 국제 제재를 연구하는 사람들을 중심으로 적어도 3개국의 외교 관계자들을 상대로 피싱 캠페인을 벌였다. (국가 차원의 산업스파이 작전)
- 화웨이(Huawei) 기술자들은 아프리카 2개국의 정부 관리들이 정치적 경쟁자들을 추적하고 암호화된 통신에 접근할 수 있도록 도와주었다. (국가 차원의 허위 정보 및 정보 수집)
- 체코 공화국은 그 나라의 외교부가 나중에 러시아로 확인된 불특정 외국으로부터의 사이버 공격의 희생자라고 발표했다. (국가 차원의 정보 수집)
- 인도의 사이버 스파이 의심 단체가 경제 무역, 국방 문제, 대외 관계와 관련된 정보를 얻기 위해 중국 정부 기관과 국영 기업을 대상으로 피싱 캠페인을 벌였다. (국가 차원의 정보 수집)
- 바레인의 몇몇 정부 기관과 중요 인프라를 제공하는 업체의 네트워크가 이란과 관련 있는 해커들에 의해 침투되었다. (국가 차원의 산업스파이 작전)
- 기존에 정체불명의 중국 간첩단이 2012년부터 통신 · 헬스케어 · 반도체 제조 · 기계학습 등 중국 정부가 전략적 우선순위로 지목한 업종에서 외국 기업의 자료를 수집하기 위해 활동한 것으로 드러났다. 이 단체는 또한 가상화폐 절도와 홍콩의 반체제 인사들에 대한 감시에도 적극적이었다. (국가 차원의 IP 도난 및 정보 수집 작전)
- 러시아 해커들이 프린터, VoIP 전화, 비디오 디코더와 같은 취약한 IoT 장치를 활용하여 고부가가치 기업 네트워크에 침입하는 것이 관찰되었다. (국가 차원의 정보 수집)
- 정체불명의 스페인어를 쓰는 스파이 단체가 7년간 벌인 작전을 통해 베네

수엘라 육군 고위 간부들이 가지고 있던 민감한 매핑 파일을 훔쳤던 것으로 밝혀졌다. (국가 차원의 정보 수집)

2019년 7월

- 중국 정부의 지원을 받는 해커들이 미국 3대 전력회사의 직원들을 상대로 스피어 피싱 작전을 벌였다. (국가 차원의 산업스파이 작전)
- 암호화된 이메일 서비스 제공업체인 프로톤메일(ProtonMail)은 러시아 정보기관의 활동을 조사하는 기자들과 전직 정보기관 관계자들이 보유한 계정에 접근하기 위해 국가가 지원하는 해커단체에 의해 해킹당했다. (국가 차원의 정보 수집)
- BASF, Siemens, Henkel 등 몇몇 주요 독일 기업들은 중국 정부와 연계된 것으로 알려진 정부가 지원하는 해킹 작전의 희생양이 되었다고 발표했다. (국가 차원의 산업스파이 작전)
- 중국의 한 해커단체가 정보기술(IT)과 외교, 경제개발에 관여하는 동아시아 전역의 정부기관들을 노린 것으로 드러났다. (국가 차원의 정보 수집)
- 미국 해안경비대는 한 상선이 공해상을 항해하는 동안 악성코드로 인해 네트워크가 중단되었다는 보고를 받은 후 경고를 발령했다. (국가 차원의 정보 수집)
- 이란의 한 해커단체가 중동에서 활동하는 금융, 에너지, 정부 기관과 관련된 링크드인 사용자들을 겨냥했다. (국가 차원의 정보 수집)
- 마이크로소프트는 지난 한 해 동안 싱크탱크, NGO, 그리고 전 세계의 다른 정치 단체들을 대상으로 한 거의 800개의 사이버 공격을 탐지했으며,

대부분의 공격은 이란, 북한, 그리고 러시아에서 시작되었다고 밝혔다. (국가 차원의 정보 수집)

- 리비아는 몇몇 아프리카 국가에서 선거에 영향을 미치기 위해 러시아 댓글 공장과 협력한 혐의로 두 명의 남자를 체포했다. (국가 차원의 정보 유출 및 선거 개입)
- 크로아티아 정부 기관들은 정체불명의 국가가 지원하는 해커들의 일련의 공격을 받았다. (국가 정보 수집)
- 미국 사이버사령부는 이란과 연계된 해커단체와 연관된 악성코드가 정부 네트워크의 표적이 되고 있다고 경고했다. (국가 차원의 산업스파이 작전)

2019년 6월

- 서방 정보기관이 2018년 말 러시아 인터넷 검색 업체 얀덱스(Yandex)를 해킹해 사용자 계정을 염탐했다는 주장이 제기됐다. (국가 정보 수집)
- 7년 동안, 중국의 한 첩보 조직은 반체제 인사, 관리, 그리고 스파이로 의심되는 사람들을 추적하기 위해 30개국에 걸쳐 운영되는 10개의 국제 휴대전화 제공업체들을 해킹했다. (국가 정보 수집)
- 미국은 미사일과 로켓 발사를 통제하기 위해 사용되는 이란 컴퓨터 시스템에 대해 공격적인 사이버 작전을 개시했다고 발표했다. (국가 산업스파이 작전)
- 이란은 여러 네트워크에 걸쳐 CIA가 지원하는 것으로 알려진 사이버 스파이 네트워크를 해체하는 데 도움을 주었다고 발표했다. (국가 정보 수집)
- 미국 관리들은 러시아 그리드 시스템에 해킹 도구를 운영하려는 지속적인 노력이 러시아에 대한 억지력과 경고라고 밝혔다. (국가 산업스파이 작전)

- 미국의 그리드 규제 기관인 NERC는 러시아와 연계한 것으로 의심되는 주요 해커단체가 전력회사의 네트워크를 정찰하고 있다고 경고했다. (국가 산업스파이 작전)
- 중국은 홍콩 시위대의 통신을 방해하기 위해 암호화 메시지 서비스인 텔레그램에 대해 DoS 공격을 가했다. (국가 정보 유출 및 선거 개입)
- 이란인으로 의심되는 단체가 이라크, 파키스탄, 타지키스탄의 통신 서비스를 해킹한 것으로 밝혀졌다. (국가 산업스파이 작전)
- 중국 정보당국은 호주대학을 해킹해 학생들이 공무원으로 채용되기 전 정보원으로 양성하는 데 사용할 수 있는 자료를 수집했다. (국가 정보 수집)

2019년 5월

- 두 개의 서로 다른 중동 국가의 정부 기관들은 중국 정부가 지원하는 해커들의 표적이 되었다. (국가 산업스파이 작전)
- 중국 정부가 지원하는 해커단체가 필리핀 전역의 정체불명의 단체들을 노리고 있는 것으로 보도되었다. (국가 정보 수집)
- 이란은 미국, 이스라엘, 사우디아라비아에 대한 잘못된 정보를 퍼뜨리기 위해 이용되고 있는 웹사이트와 계정과 관련된 네트워크를 개발했다. (국가 정보 유출 및 선거 개입)

2019년 4월

- 국제사면위원회 홍콩 사무소는 중국 해커들이 지지자들의 개인정보에 접근하여 공격함으로써 희생자가 발생했다고 발표했다. (국가 정보 수집)

- 2014년 우크라이나로부터 독립을 선언한 러시아가 지원하는 단체인 루한스크 인민공화국의 해커들이 우크라이나 군부와 정부 조직을 공격 대상으로 삼았다. (국가 정보 유출 및 선거 개입)
- 해커들은 국방부 장관이 부패하다는 소문을 퍼뜨림으로써 그의 신용을 떨어뜨리기 위해 리투아니아에서 허위 이메일 주소를 사용했다. (국가 정보 유출 및 선거 개입)
- 핀란드 경찰은 핀란드 선거의 투표 결과를 공표하는 데 사용된 웹 서비스에 대한 DoS 공격을 조사했다. (국가 정보 유출 및 선거 개입)
- 제약회사 바이엘(Bayer)이 민감한 지적 재산권을 노린 중국 해커들의 공격을 막았다고 발표했다. (국가 차원의 IP 도난 및 향후 스파이 정보 수집 작전)

2019년 3월

- 이란의 한 사이버 스파이 단체는 사우디아라비아와 미국의 정부와 산업 디지털 인프라를 표적으로 삼았다. (국가산업스파이 캠페인)
- 국가의 지원을 받는 베트남 해커들이 외국 자동차 회사를 표적으로 IP를 취득할 수 있도록 지원했다. (국가 IP 도난 및 향후 스파이 정보 수집 작전)
- 이란 정보기관이 이스라엘의 4월 선거를 앞두고 전 이스라엘 방위군 총참모장과 이스라엘 야당 지도자 베니 간츠의 휴대전화를 해킹했다. (국가 정보 유출 및 선거 개입)
- 북한 해커들은 산업 스파이 활동의 일환으로 이스라엘 보안 회사를 목표로 삼았다. (국가 산업스파이 작전)
- 러시아 해커들은 오는 5월 EU 선거를 앞두고 다수의 유럽 정부 기관들을

겨냥했다. (국가 정보 유출 및 선거 개입)

- 인도네시아 중앙 선거관리위원회는 중국과 러시아 해커들이 인도네시아의 대통령 선거와 입법 선거를 앞두고 인도네시아의 유권자 데이터베이스를 조사했다고 보고했다. (국가 정보 유출 및 선거 개입)
- 자유시민 단체들은 정부가 지원하는 해커들이 2019년 내내 이집트 인권운동가, 언론, 시민사회단체들을 표적으로 삼았다고 주장했다. (국가 정보 유출 및 선거 개입)
- 유엔 안전보장이사회는 북한이 2015년에서 2018년 사이, 6억7,000만 달러의 외화와 암호 화폐를 훔치는 등 국제 제재를 회피하기 위해 국가 차원의 해킹을 이용했다고 보고했다. (국가 IP 도난 및 정보 수집 작업)
- 이란 해커들은 전 세계 200개 이상의 석유 가스 및 중장비 회사의 수천 명을 대상으로 기업 기밀을 빼돌리고 컴퓨터의 데이터를 훔쳤다. (국가 IP 도난 및 정보 수집 작업)
- 카슈미르에서 인도군에 대한 공격이 있은 후, 파키스탄 해커들은 거의 100개의 인도 정부 웹사이트와 중요한 시스템을 목표로 삼았다. 인도 관리들은 그들이 공격에 대항하기 위해 공격적인 사이버 조치를 취했다고 보고했다. (국가 산업스파이 작전)
- 미국 관리들은 적어도 미국의 27개 대학이 해군 기술에 대한 연구를 훔치기 위한 작전의 일환으로 중국 해커들의 표적이 되었다고 보고했다. (국가 IP 도난 및 정보 수집 작업)

2019년 2월

- 유엔 국제 민간 항공 기구는 2016년 말 중국과 관련 있는 해커들이 악성코드를 외국 정부 웹사이트로 퍼뜨리는 데 그들의 접근 권한을 이용했다고 밝혔다. (국가산업스파이 작전)
- 트럼프와 김정은 간 베트남 정상회담에 앞서 북한 해커들이 외교 행사 관련 문서를 미끼로 한 피싱 작전에 나선 국내 기관을 표적으로 정보를 수집한 것으로 드러났다. (국가 정보 수집)
- 미국 사이버사령부는 2018년 미국 중간선거 때 2016년 대선 당시 대미 정보공작에 관여한 러시아 기업 인터넷 연구기관에 대한 인터넷 접속을 차단했다고 밝혔다. (국가 정보 유출 및 선거 개입)
- 러시아 정보기관과 관련된 해커들이 선거 보안과 민주주의 증진에 노력하고 있는 시민사회 단체를 통해서 100명 이상의 유럽인들을 표적으로 삼았다. (국가 정보 유출 및 선거 개입)
- 국가가 지원하는 해커들이 호주 연방 의회뿐만 아니라 여러 정당의 컴퓨터 시스템에 접속한 초기에 적발되었다. (국가 정보 유출 및 선거 개입)
- 유럽의 항공 우주 회사인 에어버스(AirBus)는 일부 유럽 직원들의 개인 및 IT 신원 정보를 도용한 중국 해커들의 표적이 되었다고 밝혔다. (국가 정보 수집)
- 노르웨이의 소프트웨어 회사인 Visma는 회사의 고객들로부터 영업 비밀을 훔치려고 시도했던 중국 국가 보안부 해커들의 표적이 되었다고 밝혔다. (국가 IP 도난 및 정보 수집 작업)

2019년 1월

- 러시아 정보기관과 관련 있는 해커들이 국제 전략문제 연구소를 표적으로 삼은 것으로 밝혀졌다. (국가 차원의 정보 수집)
- 보안 연구원들은 이란의 해커들이 적어도 2014년부터 통신과 여행 산업을 표적으로 삼아 중동, 미국, 유럽, 그리고 호주의 개인정보를 감시하고 수집해 왔다고 밝혔다. (국가 차원의 정보 수집)
- 미국 민주당 전국위원회는 2018년 1월, 중간선거 이후 몇 주 동안 러시아 해커들의 표적이 되었다고 밝혔다. 한국 국방부는 알려지지 않은 해커들이 국방부 조달청의 컴퓨터 시스템을 손상시켰다고 발표했다. (국가 차원의 정보 유출 및 선거 개입)
- 미국 증권거래위원회는 2016년 미국, 러시아, 우크라이나 해커 집단을 비공개로 거래하는 증권거래위원회의 온라인 기업 신고 포털을 침해한 혐의로 기소했다. (국가 차원의 정보 수집)
- 이란은 중동, 유럽, 북아메리카의 정부 기관뿐만 아니라 통신과 인터넷 인프라 제공업자를 대상으로 다년간 전 세계 DNS 탈취 작전을 벌여 온 것으로 밝혀졌다. (국가 차원의 산업스파이 작전)
- 해커들은 극우파를 제외한 모든 정당을 표적으로 한 수백 명의 독일 정치인들의 신상 정보, 사적인 통신, 재정 정보를 공개했다. (국가의 정보 유출 및 선거 개입)

사이버전의 실체, 전술 그리고 전략

초판 1쇄 인쇄일 2023년 03월 31일
초판 1쇄 발행일 2023년 04월 10일

지 은 이 체이스 커닝엄(Chase Cunningham)
옮 긴 이 김원태
펴 낸 이 양옥매
디 자 인 표지혜
마 케 팅 송용호
교 정 조준경

펴낸곳 도서출판 책과나무
출판등록 제2012-000376
주소 서울특별시 마포구 방울내로 79 이노빌딩 302호
대표전화 02.372.1537 **팩스** 02.372.1538
이메일 booknamu2007@naver.com
홈페이지 www.booknamu.com
ISBN 979-11-6752-284-9 (03390)